Françoise Malby-Anthony

Die Elefanten von Thula Thula

Françoise Malby-Anthony
mit Kate Sidley

Die Elefanten von Thula Thula

Mein aufregendes Leben mit Frankie und ihrer Elefantenherde im südafrikanischen Naturreservat

mvgverlag

Bibliografische Information der Deutschen Nationalbibliothek
Die Deutsche Nationalbibliothek verzeichnet diese Publikation in der Deutschen Nationalbibliografie. Detaillierte bibliografische Daten sind im Internet über http://dnb.d-nb.de abrufbar.

Für Fragen und Anregungen:
info@mvg-verlag.de

1. Auflage 2023

Türkenstraße 89, 80799 München
Tel.: 089 651285-0, Fax: 089 652096

Wichtige Hinweise
Ausschließlich zum Zweck der besseren Lesbarkeit wurde auf eine genderspezifische Schreibweise sowie eine Mehrfachbezeichnung verzichtet. Alle personenbezogenen Bezeichnungen sind somit geschlechtsneutral zu verstehen.

Übersetzung: Gerrit ten Bloemendal
Redaktion: Petra Holzmann
Umschlaggestaltung: Sonja Vallant
Umschlagabbildung: Kim Mcleod
Satz: Helmut Schaffer, Hofheim a. Ts.
Druck: CPI books GmbH, Leck
Printed in the EU

ISBN Print 978-3-7474-0479-9
ISBN E-Book (PDF) 978-3-96121-867-7
ISBN E-Book (EPUB, Mobi) 978-3-96121-868-4

Für alle Tierfreunde überall auf der Welt,
die dieselbe Leidenschaft und Vision für
den Schutz der Wildtiere mit mir teilen,
und für das großartige Thula-Thula-Team,
das mir bei meinen wilden Abenteuern
in Afrika immer zur Seite steht.

INHALT

1 Ein Elefant in meinem Garten 9
2 Wie das Land war, bevor wir hier lebten 19
3 Die riskante Rettung eines Nashorns 39
4 Unser zwei Tonnen schwerer Problemjugendlicher 50
5 Das heikle Problem mit Thabos Horn 56
6 Eine Freundin für Thabo 63
7 Retten, aufpäppeln und auswildern 77
8 Die Lebensrettung kleinerer Tiere 83
9 Weihnachtsglocken und feine Düfte 91
10 Familienzuwachs 100
11 Corona erreicht Thula Thula 104
12 Ein Plan muss her 110
13 Die Hunde, die mein Leben beherrschen 118
14 Thabo versus Baggerlader 126
15 Wir sind alle aufeinander angewiesen 132
16 Verzweifelte Zeiten, verzweifelte Maßnahmen 140
17 Die Liebenswürdigkeit von Fremden (und Freunden) 149
18 Was uns gehört, ist … Bergbauland? 154
19 Große Pläne für große Katzen 165
20 Die cleveren Tatortreiniger 172
21 Stimmt etwas nicht mit unserer Matriarchin? . 178
22 Ein Weihnachtsbesuch mit einer Botschaft 184

23 Orangen für die Königin 189
24 Savannah 200
25 Das Leben nach Frankie 208
26 Probleme mit Genehmigungen 214
27 Größer, besser, heller 221
28 Notizen über ein Land in Flammen 228
29 Der große Geist von Ubuntu 235
30 Das stille Aussterben 240
31 Menschen versus Tiere 249
32 Im Busch wird es niemals langweilig 256
33 Weshalb (oder wie) überquerten die Elefanten die Straße? 261
34 Alarmstufe Schwarz 269
35 Ein verrückter Traum geht in Erfüllung 276
36 Höhen und Tiefen 280
37 Thabo und Ntombi werden untersucht 286
38 Rambo trifft Thabo 294
39 Das gelobte Land 299
40 Liebe und Verbindung 305

Danksagungen 312
Bildnachweise 315

1 EIN ELEFANT IN MEINEM GARTEN

Frankie stand direkt vor meinem Gartentor. Was machte sie denn da?

Ich behielt sie im Auge – das muss man bei Frankie, denn sie ist etwas unberechenbar. Man weiß nie genau, was unsere streitlustige Leitkuh vorhat. Groß und stolz bewegte sie sich ein paar Schritte auf unser Haus zu. Fast wirkte es so, als wollte sie in unseren Garten hereinspazieren, dachte ich. Der Gedanke ließ mich schaudern. Zum Glück war das unmöglich. Denn am Boden unter dem Tor sorgten fünf Stromdrähte und 8000 Volt dafür, dass die Tiere draußen blieben. Frankie konnte diese Barriere niemals überwinden.

Ich kam ein paar Schritte näher, um Frankie besser beobachten zu können. Ich traute meinen Augen nicht! Frankie befand sich tatsächlich in meinem Garten! Irgendwie hatte sie die Stromdrähte überwunden – vielleicht war kein Strom drauf – und bewegte sich schnurstracks auf mein Haus zu. Mit großer Selbstsicherheit betrat sie das verbotene Terrain.

Mein erster panischer Gedanke in diesem Moment war: Wo sind die Hunde? Ich blickte hektisch nach links und nach rechts. Eine Begegnung zwischen sieben bellenden Hunden und einem mächtigen Elefanten würde ganz sicher in einer Katastrophe enden.

Ich war aufgelöst und rief mit gedämpfter, zitternder Stimme: »Tina … Lucy, Miley, hier!« Manchmal hören diese kleinen Biester richtig schlecht, aber diesmal spürten sie die Dringlichkeit in meiner Stimme und folgten mir schnell und ruhig ins Haus. Sie rannten hinein, ich schloss die Tür und lehnte mich dagegen, während ich vor Angst zitterte und spürte, wie das Adrenalin durch meinen Körper schoss.

»Kommt her, meine Lieben, shhh …«, sagte ich, als ich sie um mich herum versammelte und streichelte, damit sie ruhig blieben. Mein kleiner Gypsy hatte sich zu mir gekuschelt und schlotterte. Sogar die frechen Kläffer Alex und Shani, beide französische Pudel, benahmen sich vorbildlich – die meisten Hunde haben einen ziemlichen Respekt vor Elefanten.

Frankie konnte Hunde nicht leiden. Oder besser gesagt, sie hasste sie. Gin kann von Glück reden, dass er noch am Leben ist, nachdem er vor ein paar Jahren auf Frankie losgegangen war und sie im Gegenzug auf ihn. Gin rannte dann so schnell, dass seine Pfoten den Boden nicht mehr zu berühren schienen.

Wir beobachteten Frankie durch die Glasscheiben in der windigen Holztür.

Ich glaubte nicht, was ich sah! Es war im Juli 2018 und in all den Jahren davor hatte Frankie nicht einmal meinen Garten betreten. Aber genau das tat sie jetzt, selbstsicher und in aller Seelenruhe. Sie war keineswegs aggressiv oder angespannt. Eher als würde sie einen kleinen Rundgang um ihr eigenes Zuhause machen.

Sie näherte sich uns langsam, Schritt für Schritt, bis sie von meiner Tür nur fünf, sechs Meter entfernt war. Frankie hätte die Tür leicht mit einer leichten Bewegung ihres Rüssels eindrücken können, wenn sie gewollt hätte.

Frankie und mich verbindet seit Langem eine besondere, aber etwas komplizierte Beziehung. Kurz nachdem Frankie vor etwa zwanzig Jahren zusammen mit ihrer damaligen Herde bei uns in Thula Thula eingetroffen war, hat sie mich und meinen Mann Lawrence fast umgebracht, als wir ihr mit unserem lauten Quad einen Schrecken eingejagt hatten. Nie werde ich das Bild vergessen, wie sie mit angelegten Ohren und Feuer in den Augen auf uns zugeschossen kam und ihr lautes Trompeten die

Luft durchschnitt. Damals dachte ich, dass das mein letzter Tag wäre.

Wir haben überlebt und können die Geschichte immer wieder erzählen. Lawrence hat die Elefantin nach mir benannt, da sie, wie er sagte, das gleiche streitlustige französische Temperament besitze wie ich. Allerdings war Frankie am Anfang mehr als nur streitlustig. Mit ihrer leichten Reizbarkeit und ihrem unberechenbaren Naturell machte sie uns alle etwas nervös, vor allem, wenn wir Gäste hatten, die an unseren *Game Drives* teilnahmen. Mit zunehmendem Alter wurde sie zwar ruhiger und vertrauensvoller, aber man musste trotzdem noch vor ihr auf der Hut sein. Uns verband eine gesunde gegenseitige Hochachtung.

Und da standen wir jetzt, die beiden Frankies – lediglich durch ein paar Meter Rasen und ein bisschen Holz und Glas voneinander getrennt.

Die Elefantendame sah uns an und wirkte so, als würde sie zögern. Für einen kurzen beängstigenden Moment war ich mir sicher, dass sie hereinkommen würde. Dann aber wandte sie sich ab und spazierte in Richtung Pool.

Hinter ihr hatte sich die ganze Herde, 28 Elefanten stark, am Zaun versammelt – von Mandla, unserem größten Bullen, bis zum kleinen Themba, der hinter seiner Mutter Nandi hertrottete. Die Elefanten schienen mindestens genauso verblüfft wie ich, als sie sahen, wie ihre Leitkuh auf einem Gelände herumspazierte, von dem alle wussten: Zutritt verboten. Nana, unsere sanfte und ehrwürdige alte Dame und Frankies Vorgängerin als Leitkuh der Herde, muss geschockt gewesen sein ob so viel pöbelhaftem Verhalten.

Als Anführerin der Herde hat die Leitkuh Führungsqualitäten und korrektes Auftreten zu zeigen. Frankies Aufgabe war es, den anderen Elefanten ein Beispiel zu sein und alle, die aus der Reihe tanzen, wieder zur Räson zu bringen. Aber jetzt war sie es, die die Regeln ungeniert missachtete.

Nach dem Motto »was meine Mama kann, kann ich auch«, beschloss ihr Sohn Brendan, es seiner Mutter nachzumachen, und näherte sich langsam dem Tor. Würde ich bald zwei Elefanten in meinem Garten haben? Oder womöglich die ganze Herde?

Als Brendan auf die Stromdrähte stapfte, hörten wir das typische elektrische Knistern, sofort gefolgt von einem wilden Trompetenschrei. Die Drähte funktionierten, so viel war sicher. Brendan hatte einen heftigen Stromschlag abbekommen und trat den Rückzug an.

Gemütlich und neugierig setzte Frankie ihren Rundgang fort und spazierte beinahe eine Stunde lang herum. Dabei sah sie sich auch die Weideflächen bis hinunter zum Staudamm an, hielt inne, um die herrlichen rosa Blüten des Kapokbaums zu bewundern und ruhte sich kurz im Schatten einer mächtigen Maulbeerfeige aus. Sie hob ihren Rüssel hoch, um etwas von der leichten Brise aufzunehmen, die an heißen Tagen ein wenig Abkühlung verspricht. Sie wirkte so, als betrachtete sie alles mit dem prüfenden Blick eines Käufers: »Hmm, ein schönes Haus, das könnte mir gefallen.«

Ich fragte mich inzwischen, ob sie sich tatsächlich hier »niederließ« und ich für immer mit einem Elefanten im Garten in meinem Haus festsitzen würde, als Frankie sich wieder zum Tor begab.

Alle Augen waren auf sie gerichtet.

Die Hunde und ich beobachteten sie durch die Tür, die Elefanten von hinter dem Zaun. Was würde sie als Nächstes tun? Frankie machte sich langsam, aber überlegt auf den Weg zum Tor. Es war ein Wunder, dass sie beim Betreten des Gartens keinen Stromschlag abbekommen hatte, aber ob ihr das beim Verlassen erneut gelingen würde, war die Frage. Meine Befürchtung war, dass sie einen Schlag abbekommen und fuchsteufelswild vor meiner Haustür stehen würde.

Sie hob einen ihrer vier mächtigen Füße an und stellte ihn genau zwischen die Drähte. Spätestens jetzt wirkten die anderen Elefanten sehr beunruhigt, scharrten mit ihren Füßen und blickten sorgenvoll drein. Einige trompeteten ihre Sorgen lautstark in den Himmel. Andere deuteten mit ihren Rüsseln auf den Boden, als würden sie sagen: »Sei vorsichtig … da ist ein Draht … und Vorsicht, da ist noch einer … Pass auf, wo du hintrittst, Frankie.«

Frankie aber blieb ganz ruhig, hob den nächsten Fuß an, und wieder einen und stellte jeden vorsichtig auf den Boden ab, sodass sie eine Berührung der Drähte mit einer akrobatischen Eleganz vermied, die man einem vier Tonnen schweren Elefanten niemals zutrauen würde.

Als sie auch den letzten Draht gemeistert hatte, feierten die anderen Elefanten ihre Rückkehr mit in die Höhe gestreckten Rüsseln als Zeichen der Siegesfreude. Ein Grollen ging durch die Herde und einer trompetete kurz und laut. Man muss Elefanten nicht verstehen, um zu ahnen, dass sie sagten: »Du hast es geschafft, Frankie! Du bist zurück! Bravo!«

Frankie aber drehte ihren großen Kopf zu mir, die ich hinter der Tür kauerte und meine Hunde beruhigte. Ihre Augen trafen meine, und sie schwenkte ihren Kopf, als wollte sie sagen: »Wer ist nun die Matriarchin, Madam? Ich weiß, dass du denkst, du bist es, aber wer ist in Wirklichkeit der Boss?«

Am Abend des nächsten Tages war ich mit den Hunden alleine zu Hause. Sie wirkten etwas unruhig und fläzten nicht wie sonst üblich entspannt irgendwo auf dem Sofa. Wenn man im Urwald lebt und sich die eigenen Hunde etwas komisch verhalten, ist man gut beraten, der Ursache sofort auf den Grund zu gehen, da dann nämlich meistens irgendetwas nicht stimmt. Oft ist es nur ein Affe in den Bäumen, aber manchmal ist es auch weniger harmlos, wie etwa eine Schlange draußen vor der Tür. Ich hob den kleinen Gypsy von meinem Schoß und ging zum Fenster, um nachzusehen.

Es war dunkel, ich hatte meine Brille nicht auf der Nase und ich konnte nichts Außergewöhnliches erkennen. Unter dem Sternenhimmel sah ich nur den großen dunklen Umriss des afrikanischen Flammenbaums, der mir im Frühling mit seinen grandiosen roten Blüten immer so viel Freude bereitet. Und einen großen dunklen Umriss.

Es war eine sehr stille Nacht, absolut windstill, aber komischerweise bewegten sich die Äste des Baums so, als wäre es windig. Ich hatte eine leise Befürchtung, wie ein Déjà-vu: Bei dem großen dunklen Umriss handelte es sich ganz und gar nicht um einen Baum, sondern um einen Elefanten!

Sofort schickte ich eine Nachricht in die WhatsApp-Gruppe der Ranger und der wichtigsten Mitarbeiter: *Mist! Frankie ist wieder in meinem Garten!*

Auch diesmal war sie sehr nah. Nur wenige Meter von der Tür entfernt, unmittelbar vor den beiden Stufen, die mein Haus von der Rasenfläche trennten.

Ich schrieb eine weitere Nachricht: *Können Elefanten Treppen steigen?*

Ranger Promise antwortete mit einer ganzen Reihe von Emojis mit weit geöffneten Augen.

Nicht wirklich hilfreich! Fakt war, dass niemand Rat wusste. Anders als eine Antilope, ein Pavian oder irgendein anderes Tier, das ab und an in meinen Privatbereich eindringt und zusammen mit meinen Hunden Chaos anrichtet, verscheucht man einen vier Tonnen schweren Elefanten nicht einfach mal so aus dem Garten.

Abgesehen von der Grenzverletzung, von der Frankie genau wusste, dass sie verboten war, war ihr Verhalten sehr ungewöhnlich. Eine Matriarchin sollte die Herde nachts niemals allein lassen. Und da Frankie allein war, fragte ich mich, wo die anderen Elefanten waren? Vielleicht waren sie in der Nähe, aber ich konnte sie in der Dunkelheit weder hören noch sehen.

Frankie verweilte die ganze Nacht in meinem Garten. Ganz offensichtlich gefiel ihr mein Haus – ich hoffte nur, dass sie nicht vorhatte, einzutreten.

»Du hast über 4000 Hektar zum Herumwandern, Frankie«, murmelte ich. »Wieso willst du ausgerechnet in meinem kleinen Garten sein?«

Sie trieb sich herum, verschlang meine neu gepflanzten einheimischen Barberton-Gerberas und genoss die Nachtluft. Sie war eine ganze Weile still, und ich dachte, sie würde vielleicht ein kurzes Nickerchen im Stehen machen, wie es Elefanten gern tun. Als die Dämmerung anbrach, verließ sie den Garten wieder, wie sie gekommen war: völlig geräuschlos und behutsam über die Stromleitungen schreitend, ging sie den Weg hinunter zu ihrer Familie.

Ein paar Tage später, als ich zur Veröffentlichung meines ersten Buches im Vereinigten Königreich weilte, besuchte Frankie meinen kleinen Garten erneut. Die Mitarbeiter des Reservats gerieten in Panik, und Lynda, die Leiterin der Verwaltung und Buchhaltung, rief Andrew, einen der Ranger, zu Hilfe. Was genau sie von ihm erwartete, wusste ich nicht. Jedenfalls beschloss Andrew, das Gespräch mit Frankie zu suchen. Während der Rest des Personals von meinem Haus aus zusah, sprach er leise und versuchte, sie zum Gehen zu überreden. »Na los, Frankie, Zeit nach Hause zu gehen. Komm schon …«

Die Herde stand am Tor und beobachtete die Szenerie mit großem Interesse. Frankies Partner Gobisa, ihre Söhne Mabula, Ilanga und Brendan sowie ihre Tochter Marula waren insbesondere von dem Anblick fasziniert, wie sich ihre Mutter erneut Zutritt zum Garten verschaffte.

Andrew hat eine besondere Beziehung zu allen Elefanten. Irgendwie scheinen seine ruhigen Worte zu ihnen durchzudringen. Aber Frankie war an diesem Tag schlecht gelaunt und wollte nichts von seinen ruhigen Worten und vernünftigen Vorschlägen wissen. Mit flatternden Ohren stürmte sie auf ihn zu. Er rannte die drei Stufen zu meiner Veranda hinauf und schaffte es gerade noch rechtzeitig in mein Haus.

Danach beschlossen sie, Frankie bei ihrem Rundgang durch meinen kleinen Garten in Ruhe zu lassen, und schließlich verließ sie ihn so, wie sie ihn betreten hatte.

Wie immer, wenn mir die Herde Rätsel aufgab oder es ein Problem mit ihr gab, wendete ich mich an die Ranger und an Christiaan, unseren Naturschutzmanager. Nur für Frankies seltsames Verhalten hatte keiner eine Erklärung. Normalerweise kommen Elefanten nicht so nahe an Orte heran, an denen sich Menschen, Hunde und Autos aufhalten, es sei denn, sie sind auf der Durchreise.

»Diese Besuche werden langsam zu einem Problem«, sagte ich zu Vusi, unserem Betriebsleiter, der für schwierige Dinge wie Zäune und Wasserversorgung zuständig war – und jetzt auch noch für einen einbrechenden Elefanten. »Wir können nicht zulassen, dass Frankie im Garten herumstreunt, wann immer ihr danach ist!«

»Es ist gefährlich«, stimmte er mir zu. »Auch für uns Mitarbeiter. Und für die Gäste ebenso.«

Mein Haus ist ein Teil des Komplexes, das wir »Haupthaus« nennen. Der Empfang und das Verwaltungsbüro befinden sich im ursprünglichen *farm house* mit seiner schönen alten Fassade in kapholländischem Stil. Drumherum gibt es eine Reihe von Häuschen und Nebengebäuden, darunter mein Haus und mein Büro sowie Unterkünfte für einige der Büroangestellten. Wenn Frankie in meinen Garten kommen konnte, könnte sie auch ihnen einen Besuch abstatten.

»Vielleicht ist sie groß genug, um einfach über einige der Drähte hinwegzusteigen. Ich werde den Sicherheitsdienst beauftragen, einen weiteren Draht auf den Boden zu legen«, sagte Vusi. »Das wird sie abschrecken.«

»Danke, Vusi. Es wird schön sein, nachts einzuschlafen, ohne mich fragen zu müssen, ob ein Elefant in meinem Garten ist.«

Vusi ließ den zusätzlichen Draht anbringen, aber Frankie kam einfach wieder.

Eines Morgens, nicht lange nach Frankies nächtlichem Besuch, hörte ich einen Tumult vor dem Büro. Portia, die Marketingassistentin, fuchtelte ausdrucksstark mit den Armen und erzählte den Büroangestellten irgendeine lange Geschichte.

Sie winkte mich herbei und sagte: »Françoise, Sie werden nicht glauben, was gerade passiert ist!«

»Dann erzähl!«, antwortete ich. Portia neigt von Natur aus zu dramatischen Erzählungen, also erwartete ich eine von einer Schlange im Schrank oder einem Frosch in ihrem Schuh. An solchen Vorkommnissen herrscht im Busch kein Mangel.

Sie fuhr mit vor Schreck geweiteten Augen fort. »Wie jeden Morgen ging ich im Badeanzug zum Pool, um ein paar Bahnen zu schwimmen, als ich mitten auf dem Rasen plötzlich etwas im Augenwinkel sah, einen großen grauen Felsen. Irgendwie war mir nicht mehr bewusst, dass dort auf dem Rasen überhaupt kein großer Stein liegt, und so ging ich weiter zum Pool. Dann hörte ich Andrews Stimme, in aufgeregtem Flüsterton: ›Portia, Portia, geh zurück … Frankie ist im Garten!‹ Ich sah nach hinten und erkannte, dass der große graue Felsen Frankies Hintern war!«

Das ganze Büro brach in Gelächter aus.

»Das ist nicht lustig. Sie war direkt neben mir! Ich drehte mich um, rannte um mein Leben und klopfte an Swazis Tür.«

Swazi, der Reservataufseher, setzte die Erzählung fort.

»In ein Handtuch gehüllt und mit vor Angst geweiteten Augen stand Portia vor meiner Tür und sagte: ›Swazi, Swazi, lass mich rein! Frankie ist im Garten!‹ Sie betrat mein Zimmer und schloss die Tür hinter sich. Ich rannte zur anderen Seite, öffnete die Fensterläden und sah Frankie, unmittelbar vor uns. Dieser riesige Elefant, unmittelbar vor dem Fenster. Portia und ich zitterten vor Angst!«

Die Büromitarbeiter lachten, schrien und schauderten.

Die Büromitarbeiter sprechen heute immer noch von dem Ereignis, als Portia auf dem Weg zum Pool beinahe mit Frankies Hintern zusammengestoßen wäre. Es ist witzig, dass Portia diese Begegnung, immer wenn wir über Frankie reden, als etwas Kostbares empfindet: »Frankie war so schön und nah. Es war eine unvergessliche Erfahrung, die ich nie vergessen werde.«

Warum Frankie meinen Garten heimgesucht hat, ist mir bis zum heutigen Tag ein großes Rätsel geblieben. Den wahren Grund dafür können wir uns nur aus menschlicher Perspektive vorstellen. Wollte sie vielleicht die Küche besuchen, in der Baby Tom vor vielen Jahren gerettet worden war? Oder gab es etwas anderes, was sie uns mitteilen wollte?

Das waren alles Fragen, die wir nicht beantworten konnten.

2 WIE DAS LAND WAR, BEVOR WIR HIER LEBTEN

Bevor Afrika in einzelne Länder, Provinzen, Ortschaften und Farmen aufgeteilt wurde, bevor Eisenbahnen, Schnellstraßen, Zäune und Grenzposten entstanden, bevor Einkaufszentren und Bürotürme und Vororte gebaut wurden, bewegten sich die Elefanten frei über den ganzen Kontinent. Bei ihrer Suche nach Nahrung oder Wasser, oder um Gefahren zu entkommen oder einen wirtlicheren Lebensraum zu entdecken, legen Elefanten als wandernde Art schnell mal 100 Kilometer zurück. Einige der Straßen und Eisenbahnen, die in kolonialer Zeit erbaut wurden, wie jene, die das Drakensberge-Gebirge durchquert, entstanden genau auf solchen Elefantenrouten.

Die Elefanten in unserer Provinz KwaZulu-Natal sind bis nach Mosambik gewandert. Die Freiheit ermöglichte sehr großen Herden, sich in neuen Gebieten anzusiedeln. Heute ist die Bewegungsfreiheit der Elefanten auf kleine, inselähnliche Wildreservate beschränkt, da der Mensch ihren Lebensraum zerstört hat oder in ihn vorgedrungen ist.

Je mehr Menschen dort leben und je mehr Land wir für uns beanspruchen, umso zahlreicher werden die Konflikte mit den Elefanten. Unsere Herde kam aus dem Grund zu uns, weil sie aus dem Wildreservat, in dem sie lebte, ausgebrochen war, um sich auf den benachbarten Feldern über die Ernte der Bauern herzumachen.

Solche oder ähnliche Situationen sehen wir auch anderswo auf der Welt. In Indien wird der Lebensraum der Elefanten ebenfalls immer kleiner, dort werden sie inzwischen sogar vertrieben oder von Bauern und Dorfbewohnern getötet

Dabei scheinen wir zu vergessen, dass diese fantastischen Tiere hier schon lange vor uns lebten.

Es ist kein Geheimnis, dass Elefanten sehr groß sind und sehr viel fressen: Bis zu 200 Kilogramm Nahrung braucht ein ausgewachsener Elefant – pro Tag. Das sind viele Bäume und Sträucher, und schon deshalb brauchen sie einen großen Lebensraum. Beschränkt sich dieser aber auf ein kleines Gebiet, zerstören sie ihn womöglich selbst.

Nachdem Lawrence und ich Windy Ridge erworben hatten, besaßen wir 1500 Hektar Land. Da sich 400 Hektar jenseits einer öffentlichen Straße befanden, schied dieses Land, auf dem die örtliche Bevölkerung ihr Vieh grasen ließ, als Teil des umzäunten Bereichs aus, den wir als Wildreservat vorgesehen hatten. So blieb uns nur eine Fläche von etwa 1000 Hektar als kleines Schutzgebiet, dem wir den Namen »Thula Thula« gaben. Das Wort *thula* bedeutet auf Zulu »Ruhe« und wird oft mit gesenkter Stimme ausgesprochen. Mütter flüstern »thula, thula«, um ein Kind in den Schlaf zu wiegen. Genau das wollten wir den Tieren und Menschen in dem Land, in dem Elefanten seit Jahrhunderten gejagt wurden, bieten: Frieden und Ruhe.

Im August 1999 trafen die ersten sieben Elefanten ein. Man erzählte uns, es wären »Problemelefanten«, die erlegt worden wären, wenn wir sie nicht aufgenommen hätten. Lawrence wusste, dass wir mehr Land benötigen würden, wenn wir unsere Herde entweder durch Aufzucht oder durch Aufnahme geretteter Elefanten vergrößern wollten. Dies war nicht nur aus praktischen und rationalen Gründen geboten, sondern auch aus rechtlicher Sicht. Denn Bestimmungen des Umweltministeriums schreiben eine bestimmte Fläche pro Elefant vor.

Lawrence war jemand mit einer großartigen Vision und großen Plänen. Er träumte davon, ein riesiges Schutzgebiet in Zululand zu schaffen, das sich bis in den hohen Norden der Provinz erstrecken und nicht nur unser Land, sondern auch andere kleine Farmen und Gemeindeflächen umfassen würde.

»Stell es dir mal vor, Frankie«, sagte er zu mir, während sein Gesicht vor Begeisterung strahlte und er mit seinen Händen unseren Besitz und das Land dahinter bis zum Horizont beschrieb. »Das ganze herrliche Buschland, die Tiere. Ein großes, sicheres, gut organisiertes Wildreservat, bis rauf nach uMfolozi.«

Das war eine großartige Idee, aber zu dem Zeitpunkt fehlte uns einfach das Geld dazu. Wir standen erst am Anfang. Keiner kannte uns. Wie sollten wir da Spenden für den Landankauf sammeln? Aber Lawrence war fest entschlossen. Stunden und Tage verbrachte er damit, Menschen für seine Vision zu gewinnen. Es gab endlose anstrengende Treffen mit Verantwortlichen der Gemeinde, aber seinem Engagement für seinen Traum und für das Wohl der Tiere tat das keinen Abbruch.

Und so konnte er doch einige Erfolge verbuchen. 2008, mehr als zehn Jahre nach dem Erwerb von Thula Thula, wuchs unser Land um weitere 1000 Hektar. Land, das der Nationalparkverwaltung gehörte, aber der Gemeinde zur Nutzung zur Verfügung gestellt worden war. In diesem Areal, Fundimvelo genannt, gab es kein Wasser, sodass es für die Viehzucht nicht geeignet war. Die wenigen Wildtiere, die sich dort aufhielten, kämpften ums Überleben, und oft überwanden sie den Zaun, in der Hoffnung, in Thula Thula Wasser und besseres Grasland zu finden.

Lawrence wandte sich an die *Amakhosi*, die lokalen Stammesführer. Auch wenn sie eher als symbolische Aushängeschilder dienen und meistens nur wenig politische Macht besitzen, spielen sie dennoch als Unterhändler, Berater und Streitschlichter eine bedeutende Rolle im Leben der Landbevölkerung. Unser Verhältnis zu den Amakhosi ist äußerst wichtig für uns, und im Laufe der Jahre sind großes Vertrauen und gegenseitiger Respekt entstanden.

Lawrence' Vorschlag sah ein gemeinsames Schutzprojekt auf Fundimvelo vor. Wir würden es als Teil von Thula Thula betreiben und seine Infrastruktur entwickeln. Die Amakhosi zögerten keinen Augenblick. Wir rissen den Zaun zwischen den beiden Arealen ab, sodass unsere wunderschöne Elefantenfamilie mehr Platz zum Herumstreifen hatte, während die Tiere auf Fundimvelo Zugang zu unserem Wasser und Grasland erhielten.

Lawrence, Vusi und das Team bauten einen großen Damm auf dem ehemaligen Gemeindeland. Das aufgestaute Wasser wurde zu einem beliebten Ort für unsere Elefanten und natürlich für unsere Flusspferdfamilie. Nach dem Tod von Lawrence im Jahr 2012 nannten wir den Damm in Gedenken an ihn »Mkhulu-Damm«. *Mkhulu* ist das Zulu-Wort für »Großvater«, wie unsere Mitarbeiter Lawrence liebevoll nannten. Seine Asche wurde an diesem wunderschönen, friedlichen Ort verstreut.

Kurz vor seinem Tod hatte Lawrence mit den Amakhosi über ein weiteres Stück Land an der Grenze zu Fundimvelo verhandelt, das sich perfekt für die Erweiterung von Thula Thula eignete. Dann musste ich die schwierigen Verhandlungen übernehmen, bei denen ich mich nicht nur mit den Bräuchen und Landrechten der Zulu, sondern auch mit staatlichen Regularien und Fragen des Naturschutzes auseinandersetzen musste – und das alles auf Englisch und Zulu. Ein enormer Lernprozess für eine französischsprachige Frau, die einfach nur ihren kleinen Flecken Erde zu einem Wildreservat machen wollte. Sieben Jahre später, im Jahr 2019, waren die Verhandlungen immer noch nicht abgeschlossen, aber ich blieb fest entschlossen, Lawrence' Traum zu verwirklichen.

Oft besuchte ich den Mkhulu-Damm am Abend, wenn sich der Himmel rosa und golden färbte und die Flusspferde grunzten und schnaubten und Ringe und Wellen im Wasser bei untergehender Sonne bildeten, die sich darin spiegelte. Es war kaum zu glauben, dass dieser Stausee, der von Vögeln, Insekten und

Tieren besucht wurde, während der schrecklichen Dürre, die 2013 begann und drei lange Jahre andauerte, zu einer steinharten, rissigen Schlammwüste ausgetrocknet war. Ihrem enormen Überlebenstrieb folgend verließen unsere Nilpferde Romeo und Julia und das Krokodil Gucci damals unseren Stausee, um ihr Glück auf der anderen Seite des Reservats zu suchen, wo ein anderer kleiner Stausee noch ein wenig Wasser hatte.

Wie immer setzte irgendwann doch der Regen ein und der Stausee füllte sich wieder. Und so kehrte Normalität ein und auch unsere Flusspferde, Krokodile und andere Wildtiere kehrten zurück. Das Wildreservat füllte sich erneut mit Leben, wirkte reich, die Pflanzen gediehen und den Tieren ging es gut. Wieder bewunderte ich die Widerstandskraft der Natur, die uns Menschen ein Beispiel sein sollte: Irgendwann kommt der Regen, so viel ist sicher, man muss nur lange genug durchhalten.

Der Mkhulu-Stausee ist ein beliebter Halt bei unseren Beobachtungsfahrten, den *game drives*. Die Gäste nehmen an zwei Fahrten pro Tag teil, eine am frühen Morgen und eine am späten Nachmittag. In Begleitung unserer Ranger verfolgen und beobachten sie die Tiere im Buschland – vor allem natürlich die Elefanten – und teilen faszinierende Erlebnisse und spannende Geschichten miteinander. Bei ihrem Abschied sagen die Gäste immer, dass sie so viel gelernt hätten.

Diese Fahrten sind der Höhepunkt eines Aufenthalts im Busch. Das Gefühl von Freiheit und die Aufregung, wenn man in einem offenen Fahrzeug losfährt und nie genau weiß, was der Tag bringen wird, sind einfach großartig. Keine Fahrt ist wie die andere. Aber immer passiert etwas Aufregendes, Amüsantes oder Überraschendes, etwas, das Herz und Seele berührt und in eine wunderbare Erinnerung oder ein tolles Foto mündet.

Jede Fahrt endet mit einem Picknick-Stopp irgendwo im Busch – die Morgenfahrt verspricht heißen Kaffee, die Abendfahrt Cocktails. Der Mkhulu-Stausee bietet sich dafür geradezu an, vor allem, wenn die Elefanten gekommen sind, um zu trinken oder Abkühlung zu suchen. Die Beobachtung der Elefanten ist dann ideal, wenn die Tiere sich nicht durch die Anwesenheit von Menschen gestört fühlen. »Ich möchte sie so sehen, wie sie sind, und beobachten, was immer sie tun, wenn ich nicht da wäre«, sagte Ranger Victor. »Das ist die Erfahrung, die ich mir auch für unsere Gäste wünsche, das Gefühl, einfach im Hier und Jetzt an diesem wunderschönen Ort mit den Elefanten zusammen zu sein.«

Ab und an schließe ich mich den Rangern an und beobachte am Ende einer arbeitsreichen Woche den Sonnenuntergang über dem Busch. Ein Tag ist mir besonders in Erinnerung geblieben. Es kam mir vor, als wüssten die Elefanten, dass es Freitagnachmittag wäre, Zeit, sich zurückzulehnen, zu entspannen und mit Freunden abzuhängen. Die ganze Familie war zu ihrem geliebten Mkhulu-Stausee gebummelt, genauso wie wir Menschen – nun ja, wir spazierten nicht, sondern waren hingefahren und hatten am Stausee geparkt.

Es war ein grandioser Abend mit weichem Licht. Die Flusspferde beobachteten uns vom Wasser aus, nur ihre Augen, Ohren und Nasenlöcher waren zu sehen. Mit einem Gackern bedeutete eine Frankoline-Mutter ihren Küken, dass sie ihr ins hohe Gras folgen sollten. Ein Graufischer schwebte über dem See, verharrte plötzlich im Rüttelflug, tauchte ins Wasser und kam mit einem winzigen, zappelnden Buntbarsch wieder hervor.

Die Elefanten zeigten sich von ihrer charmantesten und fotogensten Seite. Marula spazierte am Wasser entlang, während die gut gelaunten Jungtiere herumplanschten und mit ihren Füßen auf den Schlamm stampften.

Unser weiblicher Gast, der die Beobachtungsfahrt genoss, hatte die weite Reise aus Amerika auf sich genommen, um sich einen lang gehegten Traum zu erfüllen: Thula Thula zu sehen und die Elefanten zu treffen, in die sie sich aus der Ferne verliebt hatte.

Als passionierte Amateurfotografin konnte sie einfach nicht aufhören, Fotos zu schießen – ihre Finger müssen vom Drücken des Auslösers wund gewesen sein. Sie waren aber wirklich sehr schön.

Wie stolze Eltern betrachteten wir unsere glückliche Herde und unterhielten uns über sie. Die Ranger von Thula Thula kennen jeden einzelnen Elefanten, seinen Namen und seine Geschichte, wissen, wer seine Eltern sind und wer seine Geschwister. Außerdem kennen sie den Charakter der einzelnen Elefanten und ihre Stimmungen, sie wissen, wann sie entspannt sind, wann sie etwas Freiraum brauchen, ob sie verspielt oder einfach nur neugierig sind.

»Sind die Kleinen nicht gewachsen?«, sagte ich zu Khaya, unserem jüngsten Ranger.»Ich kann nicht glauben, wie groß Tom geworden ist.«

»Sie würde nicht mehr in Ihre Küche passen, Madame«, sagte er. »Nicht einmal mehr durch die Tür!«

Tom hatte sich als Neugeborenes von ihrer Herde entfernt und war unter dem Elektrozaun hindurch zu meinem Haus spaziert – und wurde so zum Star meines ersten Buches *Ein Elefant in meiner Küche*. Heute, sieben Jahre später, ist sie eine wunderschöne, temperamentvolle junge Dame, die gerne mit den Ohren schlägt und grimmig dreinschaut, um einen zu erschrecken. Außerdem liebt sie den Klang ihrer eigenen Stimme – sie hat einen unverwechselbaren Trompetenton –, sie ist ein ziemlich lauter kleiner Elefant geworden.

»Und wie findest du meinen Jungen, ist er nicht hübsch?«, fragte Vusi, während er stolz auf seinen eigenen Namensvetter, den kleinen Vusi, zeigte, der nur ein Jahr älter ist als Tom.

»Aber natürlich«, sagte ich nachsichtig. »Dein Vusi ist ein sehr schöner kleiner Elefant.«

»Vielleicht kommt er nach der anderen Seite der Familie«, sagte Khaya scherzhaft. Die Ranger lieben sich wie Brüder, necken sich aber auch gerne gegenseitig.

»Die Narbe in seinem Gesicht von der Schlinge sieht man nur noch, wenn man genau hinschaut. Sie ist gut verheilt«, sagte Vusi, während er den Elefanten mit dem Fernglas beobachtete.

Im Alter von nur einer Woche war der kleine Elefant in die Schlinge eines Wilderers geraten. Sie hatte sich um sein Maul gewickelt, was ihn am Säugen hinderte. Zum Glück entdeckte seine Mutter Marula unseren Ranger Vusi, der gerade seine obligatorische Tour durch das Wildreservat drehte, und schob den kleinen Elefanten sanft zu ihm. Vusi – der Mensch, nicht der Elefant – erkannte das Problem sofort und rief unseren Tierarzt an, dem es gelang, den Elefanten von der Schlinge zu befreien.

Vusi hat Glück gehabt. Er wäre verhungert, wenn wir ihm nicht geholfen hätten.

»Hallo, Bafana«, sagte Khaya und zeigte auf seinen Lieblingselefanten. »Sieh ihn dir an, was für ein Prachtkerl er ist! Und da ist Kink. Er steht wie immer am Rand der Herde, ein schüchterner Bursche.«

Kink – Nandis Jüngster und Nanas Enkel – ist leicht zu erkennen, weil er einen markanten Knick in seinem Schwanz hat. Als wir ihn zum ersten Mal sahen, stellten wir schnell fest, dass auch andere in Nanas Familie einen solchen leichten Knick im Schwanz haben. Offenbar handelt es sich um eine genetische Eigenschaft, die sie neben ihrem ruhigen Wesen und ihren guten Manieren geerbt haben.

Während Nanas Familienmitglieder im Allgemeinen höflich und gut erzogen sind, sind Frankies Nachkommen eher schelmisch. Die Kleinen können regelrechte Rabauken sein, bis die Älteren sie in die Schranken weisen. Frankies Angehörige haben auch die schönen langen, geraden Stoßzähne der Matriarchin.

Für Elefanten sind ihre Stoßzähne sehr nützliche Werkzeuge, sie können zum Graben nach Wasser, zum Anheben von Baumstämmen und zum Entrinden von Bäumen verwendet werden. Außerdem sind sie im Kampf recht praktisch und schützen den

Rüssel und das Gesicht vor Verletzungen. So wie wir Menschen Rechts- oder Linkshänder sind, haben Elefanten einen rechten und linken Stoßzahn. Sie bevorzugen eine Seite mehr als die andere, der Stoßzahn auf der bevorzugten Seite ist normalerweise durch den Gebrauch abgenutzter.

Jedoch entwickeln nicht alle Elefanten Stoßzähne – und das Fehlen von Stoßzähnen ist ein erheblicher Nachteil, insbesondere für die Bullen im Kampf. Deswegen leben männliche Tiere ohne Stoßzähne weniger lang und vermehren sich weniger erfolgreich – ihr Gen für Stoßzahnlosigkeit wird so auf natürliche Weise herausselektiert. In den letzten Jahrzehnten haben sich die Stoßzähne jedoch für die Elefanten infolge einer schrecklichen Veränderung zu einer Bürde entwickelt. Denn Wilderer bevorzugen Elefanten mit größeren Stoßzähnen, weil sie dann mehr wertvolles Elfenbein verkaufen können. Infolgedessen verschwanden die Gene der großen, zuchtfähigen Männchen mit großen Stoßzähnen nach und nach aus dem Genpool.

Während des 15-jährigen Bürgerkriegs in Mosambik schlachteten Soldaten und Kämpfer auf beiden Seiten Elefanten ab, um Elfenbein zur Finanzierung ihrer Kriegshandlungen oder um Fleisch zu gewinnen. Dabei wurden schätzungsweise 90 Prozent der Elefanten in der Region, die heute den Gorongosa-Nationalpark bildet, getötet. Viele der Elefanten, die überlebten, haben keine Stoßzähne und haben auch nie welche entwickelt. Der Grund: In jener Zeit und an jenem Ort war es für die Elefanten von Vorteil, keine Stoßzähne zu haben. Denn so blieben sie am Leben und konnten sich fortpflanzen. So hatte die Wilderei in einem relativ kurzen Zeitraum, evolutionär gesehen, eine erhebliche Auswirkung auf den Genpool der Elefanten.

»Wie heißt denn das große Tier mit nur einem Stoßzahn?«, fragte die Fotografin, ohne den Blick vom Sucher zu nehmen.

»Gobisa. Er ist der älteste Bulle«, sagte Andrew. »Gobisa war ein Elefant, der einst in Gefangenschaft lebte und als Reittier für

Safaris benutzt wurde. Wenn man ihn heute so sieht, würde man das nicht glauben. Er wurde erfolgreich ausgewildert und kam hierher, um den jungen Bullen in Thula zu zeigen, wie sie sich verhalten sollen. Ohne ein starkes männliches Vorbild können diese jungen Kerle ziemlich lästig werden.«

»Erinnert ihr euch, wie aufgebracht Mabula war, als er Gobisa zum ersten Mal begegnete?«, fragte Victor mit einem Lachen. »Er wollte wissen, wer dieser große neue Bulle in Thula Thula war.«

»Er war nicht angetan«, stimmte ich zu.

Victor erinnerte sich weiter: »Aber Gobisa dachte: ›Okay, wir können es auf die einfache oder auf die harte Tour machen.‹ Was glaubst du, wofür er sich entschieden hat?«

»Sag schon! Wofür hat sich Mabula entschieden?«, fragte sie, senkte die Kamera und beugte sich vor, um das Ergebnis zu hören.

»Für die harte Tour«, sagte Victor und brach sofort in Gelächter aus.

»Es war ein Rumpeln und Poltern im Dschungel«, sagte ich, und erinnerte mich, wie die beiden großen Tiere aufeinander losgingen und wie der Klang ihrer Trompeten die Luft zerteilte. »Die Erde bebte!«

»Und, wie ging es aus?«

»Gobisa legte seinen riesigen Rüssel auf Mabula und drückte ihn ganz zu Boden«, sagte Victor und demonstrierte den Vorgang mit seinem Arm als Rüssel. »Wisst ihr, dass Gobisa in der Zulu-Sprache ›sich beugen‹ bedeutet? Und genau das hat er getan. Er beugte Mabula durch seinen Willen nach unten. Gobisa war der Boss. Und damit endete die Sache. Zunächst.«

»Gab es denn ein nächstes Mal?«, fragte sie erwartungsvoll.

»Ja.« Andrew erzählte weiter. »Ein paar Monate später kam Mabula in die *Musth*. Das ist die Zeit, in der der Testosteronspiegel in einem Bullen stark ansteigt, was ihn sehr aggressiv machen kann. Da beschloss Mabula, dass es Zeit war, sich zu revanchieren. Diesmal gewann er. Damit war Gobisas Zeit als Leitbulle der Thula Thula-Herde vorbei.«

»Wow, das ist ja wie in einer Seifenoper.«

»Genau das ist es!«, erwiderte ich. »Die Höhen und Tiefen, die Beziehungen und Romanzen. Gefahr, Intrigen, Herzschmerz und Happy Ends … Mit unseren Elefanten wird es niemals langweilig.«

Als die Sonne unterging und der Abendstern am dunkler werdenden Himmel auftauchte, beobachtete ich unsere glückliche Herde und spürte die gleiche Freude wie sie. Ich verspürte einen tiefen Frieden in dem Wissen, dass sie dort sind, wo sie hingehören, und ein glückliches Leben führen. Die Elefanten geben mir Hoffnung und spenden mir Trost, sie spornen mich an, ein besserer Mensch zu sein und mich noch mehr anzustrengen, und sie erinnern mich an all das Gute in der Welt. Die Elefanten enttäuschen mich nie. Es ist ein außerordentliches Privileg und eine große Freude, inmitten dieser majestätischen Geschöpfe zu sein, während sie in aller Ruhe ihrem Tag nachgehen. Ich kann einfach nie genug davon bekommen.

Ich wusste, dass ich dafür kämpfen würde, dass sie dieses Leben leben können, egal, was die Zukunft bringt.

Wenn ich an meine erste Begegnung mit Wildtieren vor dreiunddreißig Jahren zurückdenke, als ich nach Südafrika zog, geniere ich mich heute fast. Ich war ein Stadtkind, das noch nie ein wildes Tier gesehen hatte, das nicht in einem Zoo hinter Gittern lebte. Ich hatte sogar große Angst vor Hunden, in Paris machte ich auf der Straße immer einen großen Bogen um die kleinen Köter. Meine Freunde von damals können es kaum fassen, wenn sie mich heute sehen, umgeben von all meinen großen und kleinen Hunden. Der erste Hund, den Lawrence und ich adoptierten – Max, ein Staffordshire-Bullterrier-Rüde – hat mich von meiner Angst befreit. Und seitdem liebe ich Hunde.

Zu jener Zeit wusste ich überhaupt nichts über Tiere, aber als meine Freundin Anne aus Frankreich uns mit ihrem achtjährigen Sohn Benjamin besuchte, der ein großer Tierliebhaber war und sich an den verspielten Meerkatzen im Garten unseres Hauses erfreute, nahm ich sie mit zu einem Wildreservat.

»Lass uns Bananen holen«, sagte der Junge. »Dann können wir die Affen füttern.«

Ich dachte: »Klar, warum nicht?«

Mit einer Menge Bananen im Kofferraum fuhren wir zum Wildreservat. Ich warf einen flüchtigen Blick auf das ausgedruckte Haftungsausschlussformular und die Verhaltensregeln dort – seitenlange klein gedruckte Informationen, alles auf Englisch – und warf sie in den Kofferraum. Anschließend fuhren wir durch das Wildreservat und erlebten einen schönen Tag. Benjamin hielt Ausschau nach Meerkatzen und Pavianen, die wir füttern konnten. Als wir ein paar Nashörner entdeckten, hielten wir an, um Fotos zu machen. Sie sahen sehr friedlich aus. Eigentlich wie Kühe, nur größer und grauer, und in Afrika.

»Komm, steig aus!«, sagte ich zu Anne. »Dann mache ich ein schönes Foto von euch beiden, mit den Nashörnern im Hintergrund.«

Sie und ihr Sohn stiegen aus, posierten fröhlich im Gras vor ein paar tonnenschweren Nashörnern, die hinter ihnen grasten, während ich ein paar Fotos machte.

Ein Auto hielt an, aus dem sich ein wütend dreinblickender Mann herauslehnte und uns aufforderte, sofort wieder ins Auto zu steigen.

Wie unhöflich! Wer glaubte er denn zu sein, dass er uns sagen konnte, was wir zu tun hatten? Als wir ihm sagten, er solle sich gefälligst um seine eigenen Angelegenheiten kümmern, fuhr er wütend davon. Im Nachhinein wurde mir klar, dass es sich wahrscheinlich um einen Touristenführer gehandelt hatte, der uns vor einem Wildtierangriff und dem sicheren Tod hatte bewahren wollen.

Als meine Fotos eine oder zwei Wochen später entwickelt waren, zeigte ich sie voller Stolz Lawrence. Als er das Foto sah, auf dem die beiden vor den Nashörnern in die Kamera lächelten, wurde er erst blass und dann rot!

»Was hast du dir dabei gedacht, sie aus dem Auto aussteigen zu lassen?«, fragte er. »Das sind gefährliche Wildtiere. Die hätten euch leicht töten können.«

Die Bananen habe ich nicht erwähnt.

Jetzt, nach 22 Jahren im Busch, denke ich mit Entsetzen daran zurück. Es war reines Glück, dass wir drei unwissenden Ausländer – zwei Blondinen und ein kleiner Junge – weder Elefanten noch Löwen begegnet sind. Die hätten uns umbringen können, und dann hätten die Tiere zweifellos den Preis für unsere Dummheit bezahlt. Ich glaube, heutzutage wissen die Menschen besser über Wildtiere Bescheid, aber ich halte immer noch nicht viel von Selbstfahrer-Safaris in den großen Reservaten.

Das Erlebnis im Busch wäre viel sicherer und besser gewesen, wenn uns ein Führer gefahren und herumgeführt hätte, so wie es in Thula Thula üblich ist. Unsere Ranger halten vor jeder Beobachtungsfahrt eine kleine Ansprache, in der sie daran erinnern, dass es sich bei den Tieren um Wildtiere handelt, und erklären, was zu erwarten ist und wie man sich verhält, wenn man Großwild begegnet: keine plötzlichen Gesten, keine lauten Geräusche und keine Streichelversuche, wenn sie nahe kommen. Während der Fahrt geben die Ranger ihr umfangreiches Wissen über den Busch und die Tiere weiter, was sie zu einem faszinierenden und lehrreichen Erlebnis macht.

Die Begegnung mit unserer Elefantenfamilie in freier Wildbahn kann eine sehr emotionale Erfahrung sein. Als ich eines Abends in der Elephant Safari Lodge vorbeischaute, sah ich eine Frau, die allein auf einem Sofa saß. Sie winkte mich zu sich und stellte sich als Linda vor.

»Ich würde Ihnen gerne von einer außergewöhnlichen Sache erzählen, die mir heute Nachmittag während der Beobachtungsfahrt passiert ist und die mein Leben verändert hat«, sagte sie. Ich konnte sehen, dass sie sehr aufgewühlt war, ihre Hände zitterten ein wenig, als sie ihr Glas Wasser an die Lippen brachte.

»Bitte erzählen Sie«, sagte ich und setzte mich ihr gegenüber. Ich liebe es, wenn unsere Gäste von ihren Geschichten über ihre Begegnungen in unserem Wildreservat berichten.

»Ich habe mein ganzes Leben lang Angst vor Elefanten gehabt«, sagte sie. »Ich hatte ein paar unheimliche Erlebnisse, Scheinangriffe. Fast hätte ich die Einladung, nach Thula Thula zu kommen, ausgeschlagen, aber da es der sechzigste Geburtstag meiner Cousine war, beschloss ich, doch zu kommen. Aber ich hatte Angst. Mir war klar, dass es Wildbeobachtungsfahrten geben würde und Elefanten …« Sie schauderte ein wenig.

Ich konnte ihre Reaktion verstehen. So sehr ich die Elefanten auch verehre, seit jenem Tag, an dem Frankie mich und Lawrence fast getötet hätte, bin ich immer etwas nervös, wenn wir der Herde während einer Wildbeobachtungsfahrt sehr nahe kommen. Diese traumatische Erfahrung hängt mir immer noch nach.

»Wir fuhren heute Nachmittag mit dem Ranger Muzi los. Er sagte mir, ich solle mich ganz vorne neben ihn setzen, und er versprach mir, dass ich mir keine Sorgen machen müsse, dass alles gut gehen würde.«

»Muzi kennt die Elefanten, und er kennt die Menschen«, sagte ich lächelnd. »Sie waren in guten Händen.«

»Ich saß also vorne und zitterte immer noch vor Angst. Wir waren noch nicht weit gefahren, als er die Herde auf der Straße vor uns entdeckte und auf sie zufuhr. Er hielt den Wagen an. Mein Herz pochte, aber Muzi sagte: ›Entspannen Sie sich einfach. Schauen Sie, wie friedlich sie sind.‹ Es stimmt, sie knabberten an den nahe gelegenen Büschen und wirkten tatsächlich sehr entspannt. Im Seitenspiegel sah ich, wie einer von ihnen, ein riesiger – ich meine superriesig, der größte Elefant von allen – auf uns zukam. Er ging an uns vorbei und blieb plötzlich neben mir stehen. Ich hätte weinen können. Muzi sagte leise zu mir: ›Es ist alles in Ordnung‹, und zu dem Elefanten: ›Hallo, Gobisa, wie geht es dir?‹ Er war so nah, dass ich die Borsten, die Falten und die Staubflecken sehen konnte. Und dann – oh, meine Güte! – streckte er seinen Rüssel nach mir aus und berührte meinen Arm. Ich dachte, ich bekomme einen Herzinfarkt! Aber es war wie ein sanfter Kuss, so weich wie eine Feder. Ich spürte seinen Atem auf meiner Haut …«

Ihre Augen hatten sich geweitet und waren voller Tränen. Ich sah, dass sie eine sehr starke emotionale Erfahrung durchlebte.

Sie lächelte. »Plötzlich hatte ich keine Angst mehr. Ich war erfüllt von Frieden und einer Art von … Heilung. Ich sah ihm in die Augen, und es war, als ob wir uns wiedererkannten. Ich weiß, es klingt verrückt, aber ich glaube, dass er meine Angst gespürt hat, etwas, das mich jahrelang geplagt hat, und dass er zu mir kam, um mir zu helfen, sie zu überwinden, um mir zu zeigen, wie Elefanten sein können. Meine Angst – sie ist weg.« Als sie ihre Geschichte beendet hatte, errötete sie leicht und sagte: »Sie werden denken, dass ich verrückt bin …«

Es war tatsächlich eine bemerkenswerte Geschichte. Die Elefanten in Thula Thula vertrauen uns Menschen, kommen gerne, um zu sehen, wer an der abendlichen Beobachtungsfahrt teilnimmt und was wir vorhaben. Deshalb kommen sie nahe an die Fahrzeuge heran, aber es war ungewöhnlich, dass einer von ihnen den direkten Kontakt suchte und jemanden so berührte.

Aber verrückt? Keineswegs.

Nachdem ich zwei Jahrzehnte mit und unter Elefanten gelebt habe, weiß ich aus eigener Erfahrung, dass sie sehr intelligente und sehr emotionale Geschöpfe mit einer unglaublichen Intuition sind. Es ist durchaus möglich, dass Gobisa – der große Bulle, der Mabula mit seinem gewaltigen Rüssel zu Boden gedrückt hatte – erkannte, dass diese Frau verzweifelt war, und denselben riesigen Rüssel benutzte, um sie zärtlich zu »küssen« und somit ihr Leid zu lindern.

Elefanten sind bemerkenswert, und auch auf die Gefahr hin, wie eine typische vernarrte Mutter zu klingen, muss ich sagen, dass die Elefantenherde von Thula Thula wirklich einzigartig ist. Viele unserer südafrikanischen Gäste sind Buschliebhaber, die schon in Wildreservaten im ganzen Land waren, und sie alle sagen, dass sie noch nie so außergewöhnliche Begegnungen mit Elefanten hatten wie bei uns. Unsere Elefanten strahlen Zufriedenheit und Vertrauen aus, und das zeigen sie, wenn sie unseren Gästen begegnen. Sie üben eine magische Anziehungskraft auf Menschen aus, und ich habe viele Geschichten – wie die von Linda – gehört, die von kraftvollen Interaktionen zwischen Menschen und Elefanten erzählen.

David Sheldrick, der Gründer des größten kenianischen Nationalparks Tsavo, der Elefanten über viele Jahre hinweg beobachtet und studiert hat, hat einmal gesagt: »Will man das Verhalten der Elefanten interpretieren, muss man es einfach aus menschlicher Sicht analysieren; auf diese Weise kommt man der Wahrheit in der Regel sehr nahe – etwas, das die Wissenschaftler erst noch lernen müssen.«

In ihrem Buch *Eine afrikanische Liebesgeschichte: Mein Leben unter Elefanten* beschreibt David Sheldricks Frau Daphne ihre Erkenntnis, dass Elefanten in der Tat so sind wie wir Menschen, und in vielerlei Hinsicht sogar noch besser. Sie bezeichnete sie als die emotionalsten Landsäugetiere, und es stimmt, dass sie viele unserer Gefühle teilen. Es ist fast so, als ob diese gemeinsame Gefühlspalette uns, Mensch und Tier, auf geheimnisvolle Weise miteinander verbindet. Es ist, als würden wir eine tiefe Verbindung zwischen unseren Arten erkennen.

Elefanten scheinen tatsächlich empathisch zu sein. Sie erkennen den Schmerz und die Not von Artgenossen und reagieren darauf. Sie versuchen auch zu helfen. Wer sich die YouTube-Kanäle über Wildtiere ansieht – wie ich, obwohl ich im Busch lebe! –, hat vielleicht schon mal gesehen, wie Elefanten einem Kalb helfen, das in einen Fluss gestürzt ist oder von einem Raubtier angegriffen wurde. Sie helfen selbst dann, wenn das Kalb nicht mit ihnen verwandt ist.

Genau wie junge Menschen rangeln junge Elefanten gerne miteinander und tragen spielerisch Kämpfe aus, um ihre Stärke zu testen und ihre Identität zu entwickeln. Wenn diese Kämpfe zu aggressiv werden, unterbinden die erwachsenen Elefanten sie, indem sie die Jungtiere oft voneinander wegstoßen. Sie zwingen sie sogar zu einer »Auszeit«, genau wie menschliche Eltern es tun.

Marula, die strenge Mutterfigur, ist oft die Erste, die die übereifrigen Kämpfer voneinander trennt. Menschliche Mütter würden ihre Körpersprache und ihre Botschaft erkennen: »So, ihr beiden, das reicht jetzt. Jetzt schaltet mal einen Gang zurück, bevor sich noch jemand verletzt! Du, lass deinen Bruder in Ruhe und komm her.«

Interessanterweise haben Wissenschaftler beobachtet, dass die erwachsenen Elefanten nicht nur auf Signale reagieren, die auf Not oder Schmerz hinweisen, wie einen bestimmten Schrei oder ein Geräusch. Sie greifen bereits ein, bevor die Kleinen Verletzungen davontragen oder wütend werden. Sie wissen von dem Gemütszustand eines Kalbes und wollen einer möglichen Notlage zuvorkommen. Elefanten denken über die Gefühle der anderen nach.

Die Elefantenherden leben in einem Matriarchat. In einem Matriarchat haben die Mütter das Sagen – und sie scheuen sich nicht, ihre Macht zu nutzen. In den letzten Monaten hatte Mandla, unser größter Bulle, Gefallen an der kleinen Andile gefunden. Mit gerade einmal zehn Jahren war sie zwar zu jung für ihn, aber sie schien sich von seiner Aufmerksamkeit geschmeichelt zu fühlen. Die beiden schienen Spaß daran zu haben, miteinander zu »flirten« – sie gingen nebeneinander her und berührten sich gegenseitig mit ihrem Rüssel.

Irgendwann ging Mandla einen Schritt weiter und versuchte, sich mit der jugendlichen Andile zu paaren. Etwas, das Andile überhaupt nicht im Sinn hatte! Sie versuchte, sich zu entfernen, aber Mandla wurde aufdringlicher. Und da schritten seine Mutter Nana und seine Tanten ein. Mit Nandi und ET an ihrer Seite marschierte Nana direkt auf Mandla zu und drängte ihn von Andile weg, während die anderen Weibchen sich um Andile scharten, um sie zu beschützen.

Trotz seiner Größe hat Mandla eine sanftmütige Elefanten-Seele – so sanft wie seine Mutter. Er gehorchte Nana und wanderte zurück zu den anderen Jungbullen, denen er, so stellte ich es mir vor, sofort die Geschichte von der Zurückweisung vom Objekt seiner Begierde erzählte.

Wenn Elefanten in der Lage sind, eine bevorstehende Notlage zu erahnen und etwas zu unternehmen, um sie zu verhindern, ist es dann so weit hergeholt, sich vorzustellen, dass Gobisa an jenem Tag eine menschliche Emotion erkannte und entsprechend reagierte, damit es unserem Gast mit der Elefantenphobie besser geht? Ich glaube nicht.

Oft scheinen Elefanten zu wissen, ob jemand Angst vor ihnen hat, und kommen dann direkt auf diese Person zu. Eine Dame aus England, die zum ersten Mal an einer Beobachtungsfahrt teilnahm, war von Mandlas Größe so beeindruckt, dass sie vor Schreck anfing zu wimmern und sich im Fußraum zwischen den Sitzen versteckte. Es ist tatsächlich eine besondere Erfahrung, nur ein paar Meter von Mandla entfernt zu sein und von ihm überragt zu werden. Er ist wirklich ein großer Kerl. Aber sie wusste nicht, dass er in Wirklichkeit ein Softie ist, und ihr

Versuch abzutauchen, erwies sich als kontraproduktiv, denn er weckte Mandlas Interesse erst recht.

»Hmm, was macht sie denn da unten?«, schien er sich zu fragen. »Vielleicht sollte ich mal nachsehen.«

Er kam näher, um besser sehen zu können, was die arme Frau, die auf dem Boden des Fahrzeugs kauerte, noch mehr erschreckte.

»Menschen. So ein seltsames Pack«, dachte er offenbar, blickte auf sie herab und schnupperte mit seinem Rüssel an ihr. »Na ja, hier gibt es nicht viel zu sehen.«

Er drehte sich um und ging. Unser Gast setzte sich wieder hin, um den Rest der Fahrt zu genießen, und kehrte mit einer erzählenswerten Geschichte nach England zurück.

An kühlen Nachmittagen bekommen die Gäste Decken, um sich während der Beobachtungsfahrt in den offenen Fahrzeugen zu wärmen. Eines Tages streckte die verspielte Mabona ihren Rüssel in den Wagen, um ausgerechnet einem eher ängstlichen Gast dessen schöne Decke mit Tiermuster vom Schoß zu nehmen. Es machte ihr eine Menge Spaß, sich die Decke über den Kopf zu werfen, dann auf den Boden fallen zu lassen, um darauf herumzutreten, sie dann wieder anzuheben und sie sich über den Hintern zu legen. Keine Ahnung, woher sie diese Zirkusnummer hatte, aber auf jeden Fall zog sie eine ziemliche Show ab.

Man würde wahrscheinlich nicht vermuten, dass ein Elefant Sinn für Humor hat, aber Mabona – benannt nach Mabona Mthimkhulu, der Managerin unserer Elephant Safari Lodge und eine unserer ersten Mitarbeiterinnen, die wir einstellten, als wir Thula Thula vor 22 Jahren kauften – hat definitiv Humor. Sie hat eine freche Seite, die sie von ihrer Mutter ET (kurz für *Enfant Terrible*, was alles über sie aussagt) geerbt hat. Sie ist verspielt, eine geborene Komödiantin und liebt es, anzugeben.

Wenn ich mich amüsieren will, schaue ich mir Bilder von Mabona an. Auf einem macht sie einen perfekten *Herabschau-*

enden Hund, der jedem Yogi gefallen würde. Auf einem anderen klettert sie eine schlammige Böschung hinauf, wobei sie ein Hinterbein hochhebt und das andere Bein über die Kante hängt, als würde sie darauf warten, von einem hilfreichen Freund weitergeschubst zu werden. Auf einem weiteren Bild hockt sie im Schlamm wie ein Hund, der auf ein Leckerli wartet. Sie ist wirklich extrem lustig.

Ich glaube, einer der Gründe, warum Menschen so fasziniert von Elefanten sind und sie so sehr lieben, ist, dass sie uns in vielerlei Hinsicht so ähnlich sind. Sie haben ihren eigenen Charakter und ureigene Marotten, Vorlieben und Gewohnheiten, Beziehungen und tiefe soziale Bindungen. Charles Darwin schrieb einmal, dass es keinen grundlegenden Unterschied zwischen Menschen und Tieren in der Fähigkeit gibt, Freude und Schmerz, Glück und Elend zu empfinden. Dies gilt insbesondere für Elefanten, die so viele unserer Gefühle teilen.

3 DIE RISKANTE RETTUNG EINES NASHORNS

Das Rattern der Rotorblätter des Hubschraubers durchschnitt die Stille im Busch des Zululands. Der Hubschrauber näherte sich im Tiefflug und trieb unsere beiden Nashörner Thabo und Ntombi in Richtung offene Savanne. Ich beobachtete das Geschehen nervös und angespannt vom Gipfel eines nahe gelegenen Hügels aus. Die Betäubung und anschließende Enthornung unserer Nashörner ist kein leichtes Unterfangen und birgt erhebliche Risiken sowohl für die Tiere als auch für die beteiligten Menschen. Aber sie ist notwendig, um unsere Nashörner vor schwer bewaffneten, skrupellosen Wilderern zu schützen, die sie wegen ihrer Hörner töten würden.

Vergeblich versuchten die Nashörner, dem großen Vogel zu entkommen. Als dieser nahe genug bei ihnen war, lehnte sich der Tierarzt Trever Viljoen mit einem Gewehr aus dem Hubschrauber. Ich erhaschte einen Blick auf seine schlanke Gestalt und sein Gesicht, das konzentriert auf sein Ziel gerichtet zu sein schien. Er zielte und schoss.

Und ein zweites Mal.

Ich sah nicht, wie die Betäubungspfeile ihr Ziel trafen, aber innerhalb weniger Minuten erkannte ich die Wirkung des Etorphins (M99), eines Pharmazeutikums, das etwa tausendmal stärker ist als Morphium. Als die beiden Nashörner anfingen, zu taumeln und zu schwanken, rannten das Tierärzteteam, unsere Ranger und Freiwilligen auf sie zu, um ihren Sturz zu kontrollieren und zu verhindern, dass sie sich verletzen. Während des Eingriffs sollte das Nashorn auf der Brust und nicht auf der Seite liegen, damit es richtig atmen und der Tierarzt das Horn mühelos entfernen kann. Der Assistenztierarzt band jedem Tier ein Tuch über die Augen und stopfte ihm die Ohren zu.

Mit zitternden Händen legte ein junger Freiwilliger mit aschfahler Miene eine Plane unter den riesigen Kopf von Ntombi, und ein anderer tat dasselbe bei Thabo. Die Hörner sind so wertvoll – auf dem Schwarzmarkt in Fernost werden sie für 90.000 Dollar pro Kilo gehandelt –, dass selbst die kleinsten Hornspäne aufgesammelt werden müssen, damit nichts übrig bleibt, was Wilderer anlocken könnte. Larry Erasmus, unser Sicherheitsberater, hatte ein Team von zehn bewaffneten Männern, ausgebildeten Anti-Wilderer-Hunden und mehreren Fahrzeugen mit verstärkten Karosserien zusammengestellt, um die gesamte Aktion zu bewachen, Wilderer abzuschrecken und uns und die Nashörner zu schützen.

Trever machte sich sofort mit der Kettensäge an die Arbeit, zuerst bei Thabo, dann bei Ntombi, und schnitt ihr Horn jeweils konzentriert ab. Wie immer beruhigte mich seine Anwesenheit in stressigen Situationen wie diesen. Er ist immer gründlich vorbereitet und kümmert sich hervorragend um unsere Tiere, und er beantwortet meine Fragen mit Geduld und Humor.

Obwohl die Enthornung für das Nashorn schmerzlos ist, ist sie eine grausame, laute Angelegenheit. Morgan Dias Simao, ein Filmemacher aus Frankreich, stand direkt hinter unserem Tierarzt und richtete seine Kamera auf die schlafenden Riesen und das Gewimmel der Betreuer. Es war Morgans erste Enthornungserfahrung, ich erkannte die Tränen in seinen Augen hinter seiner Sonnenbrille. Ich wusste, wie es sich anfühlt. Als ich zum ersten Mal sah, wie der Tierarzt die Kettensäge auf Thabos Horn ansetzte, musste ich ebenfalls weinen, aber ich erkannte, dass wir das tun mussten, um unsere wertvollen Nashörner zu schützen. Inzwischen hatte ich mich daran gewöhnt, denn die Thula-Thula-Nashörner werden alle 14 Monate enthornt. Da das Horn eines Nashorns aus Keratin besteht, der gleichen Substanz, aus der auch unsere Haare und Fingernägel gemacht sind, wächst es genau wie unsere Fingernägel nach. Wilderer würden jedoch nicht daran denken, ein prächtiges Tier nur wegen ein oder zwei Zentimeter nachgewachsenden Horns zu töten. Aber bei mehr, schon.

Die Enthornung selbst geht erstaunlich schnell über die Bühne. In nur wenigen Minuten waren die Hörner entfernt. Jedes Horn wurde sofort gewogen und der Name des Nashorns sowie die Position des Horns mit Permanentmarker auf der Hornbasis notiert: »Ntombi vorne« und »Ntombi hinten«. Anschließend wurde in das Horn ein kleines Loch gebohrt, ein Mikrochip eingesetzt und das Loch wieder mit Holzleim versiegelt. Der Tierarzt unterschrieb die Formulare, die mit dem Horn sicher in einem Tresor aufbewahrt werden, der sich nicht in unseren Räumlichkeiten befindet. Der Mikrochip wird bei der Wildtierbehörde registriert, die ein Verzeichnis aller Hörner führen und uns jeweils eine Bescheinigung ausstellen. Anhand des Mikrochip-Programms lassen sich legal entfernte Hörner verfolgen und den Nashörnern zuordnen sowie gestohlene Hörner aufspüren.

Eine DNA-Probe des Horns ist Teil der staatlichen Nashorn-DNA-Datenbank. Wenn Wilderer im Besitz eines Horns ertappt werden, kann der DNA-Abgleich mit einem bestimmten Nashorn auf einer bestimmten Farm der Polizei helfen, den Fall eindeutig zu rekonstruieren und leichter eine Verurteilung zu erreichen.

Der Abtransport der Hörner unter dem Schutz eines bewaffneten Sicherheitsteams glich einer Militäroperation. Die Sicherheitsleute handelten schnell und effizient, ihre Augen suchten den Busch und den Himmel ab, während sie die Hörner in die Fahrzeuge packten und an einen sicheren Ort brachten. Wir waren uns bewusst, dass gefährliche Menschen vor nichts zurückschrecken, um diese wertvolle Fracht in die Hände zu bekommen – auch nicht vor Mord. Zwar ist das Horn eines Nashorns völlig nutzlos für jeden anderen als für das Nashorn selbst, das es zum Graben, zur Nahrungssuche, zum Brechen von Ästen und zur Verteidigung benutzt. Und doch glauben viele Menschen, vor allem in Asien, dass das pulverisierte Horn Gesundheit, Kraft und Glück bringt, und zahlen dafür ein Vermögen. Im letzten Jahrzehnt starben etwa 10.000 Nashörner, um die Nachfrage zu befriedigen.

Während sich das Sicherheitsteam um die entfernten Hörner kümmerte, wurden die frisch abgeschnittenen Stümpfe gegen Infektionen sterilisiert und eingeölt, um Risse zu vermeiden. Trever spritzte die Umkehrmedikamente gegen die Betäubung, und alle begaben sich in sicheren Abstand zu den langsam erwachenden Nashörnern. Erleichtert sah ich, dass Ntombi recht schnell aufstand und sich von der Enthornungsstelle entfernte. Thabo schien zu schielen und wirkte desorientiert, als ob er nach einer durchzechten Nacht mit einem schlimmen Kater aufgewacht wäre, und ging nur langsam in den Busch hinter den Fahrzeugen.

Das starke Betäubungsmittel macht die Nashörner für eine Weile schwach und verwirrt, sodass die Ranger sie anschließend 48 Stunden lang genau beobachten, falls sie Probleme bekommen. Als Ranger Victor und die Freiwilligen einige Zeit später nach ihnen sehen wollten, kam Thabo direkt auf das Auto zugelaufen. Von Ntombi gab es jedoch keine Spur, was seltsam war, denn die beiden waren immer zusammen. Thabo lehnte sich mürrisch gegen das Fahrzeug, sodass es nicht weiterfahren konnte. Victor erzählte mir hinterher, dass es sich so angefühlt hätte, als wäre Thabo gekommen, um ihnen zu sagen, dass er nicht wollte, dass sie wieder fahren.

Als sie Ntombi fanden, wurde ihnen klar, warum Thabo versucht hatte, sie am Wegfahren zu hindern. Sie brauchte ihre Hilfe. Noch immer benommen taumelte sie in einem Entwässerungsgraben umher, durch den das abfließende Wasser aus der Ebene floss. Sie war dem Graben mit dicken Schlammklumpen an ihren Füßen gefolgt, bis sie schließlich an einer verengten Stelle stecken geblieben war: Sie konnte weder weitergehen noch konnte sie umkehren. Sie saß in der Falle. Die Sonne stand schon tief am Horizont, und der Abend brach schnell herein. Ntombi war müde von der Betäubung und vom Kampf gegen den Schlamm, ihr fehlte die Kraft, sich selbst aus der misslichen Lage zu befreien.

Tief besorgt versammelten sich die Ranger um sie herum.

»Was sollen wir nur tun? Nach vorne geht nichts und zum Umkehren ist es für sie zu eng.«

»Und rausziehen können wir sie auch nicht.«

»Wir können sie aber auch nicht hier lassen. Wenn es regnet und der Graben vollläuft, könnte sie ertrinken.«

»Wenn wir den Kanal vor ihr verbreitern und eine Art Rampe schaffen, kann sie herauskommen. Wir müssen buddeln«, sagte Vusi. »Wo ist der TBL?«

Damit meinte er den Traktor-Baggerlader, der für Grab- und Räumungsarbeiten eingesetzt wird.

Muzi antwortete: »Der ist auf der anderen Seite des Reservats, wo er im Steinbruch benutzt wurde. Wir brauchen eine halbe Stunde, um den hierher zu bekommen.«

»Sag ihnen, sie sollen kommen, aber wir können nicht warten. Sie könnte sich verletzen. Wir müssen anfangen zu graben, um den Weg für den TBL freizumachen, sobald der eintrifft«, sagte Vusi. »Und versuch, Siya zu erreichen. Sag ihm, was passiert ist, und ruf alle verfügbaren Kräfte herbei. Und ruf die Anti-Wilderer-Einheit (APU) an. Wir brauchen jede Hand, die wir bekommen können.«

Die Freiwilligen rannten zu den Fahrzeugen und holten Spaten und Hacken und was sie sonst noch finden konnten. Zum Glück geriet Ntombi nicht in Panik. Sie war ganz ruhig, stand ganz still und atmete schwer. Sie wusste, dass sie in Schwierigkeiten steckte und dass wir da waren, um ihr zu helfen.

»Wo ist Thabo?«, fragte Khaya Richard den Nashornbeobachter, und sprach damit die Frage aus, die alle beschäftigte. Denn seine Anwesenheit konnte die Situation sehr gefährlich machen. Wenn er sehen würde, dass seine Gefährtin in Bedrängnis von einem Dutzend Menschen umgeben war, würde er sie instinktiv beschützen wollen.

»Er ist in die andere Richtung gegangen, vorbei an den Fahrzeugen. Ich kann ihn nicht sehen. Ich werde Ausschau nach ihm halten«, sagte Richard.

»Gut. Halt die Augen offen. Wir machen uns jetzt an die Arbeit.«

Und es stimmte, jede Hand wurde gebraucht. Das Gebüsch um den Graben wurde mit allen möglichen Werkzeugen gerodet, sodass mit dem Graben begonnen werden konnte. Auch Nina, eine junge Freiwillige aus Österreich und die Tochter meines Freundes Heli Dungler, dem Gründer von Four Paws, war dabei. Sie war eine kleine, fröhliche junge Frau, eine Veganerin, die von den Rangern gerne gehänselt wurde – sie nannten sie Miss Kichererbse –, während sie beim Abendessen begeistert ihr Steak unter sich aufteilten. Sie half, wo sie nur konnte, und hielt tapfer eine Taschenlampe, damit die anderen sehen konnten, was sie taten.

Die Mitglieder der Anti-Wilderer-Einheit (APU) kamen mit ihren Gewehren, falls es Probleme geben sollte. Morgan war mit ihnen zurückgefahren und hatte in der Eile seine Ausrüstung vergessen. So hatte er nur sein Handy und eine Kamera dabei. Er schaute sich das Treiben und all die grabenden Leute eindringlich an und fragte: »Warum holen wir nicht einen Hubschrauber und ziehen sie raus?«

Victor hörte auf zu graben, um ihm ein gequältes Lächeln zu schenken, und erwiderte: »Ein Hubschrauber? Woher denn? Der braucht zwei Stunden, um hierher zu kommen, und würde uns zehntausende Rand kosten. Außerdem kann er nicht mitten in der Nacht im Busch landen. Das ist zu riskant. Nein, das müssen wir selbst machen«, sagte Victor und setzte seine Arbeit fort.

Morgan stellte sich hinter der Gruppe auf, um Fotos zu machen. Das Graben war eine schweißtreibende Arbeit, und einer der APU-Leute reichte Morgan sein Gewehr mit den Worten: »Kannst du das mal halten, während ich meine Jacke ausziehe?«

Morgan nahm es behutsam in die Hand. Er hatte in seinem ganzen Leben noch nie ein Gewehr angefasst. Als er so dastand und darüber sinnierte, in welch seltsamer Lage er sich befand, tief im afrikanischen Busch, mit einem Gewehr in der Hand, während Männer ein Nashorn aus dem Schlamm buddelten, hörte er ein Geräusch. Er drehte sich um und sah, dass Thabo zehn Meter von ihm entfernt war und schnell auf ihn zugelaufen kam.

»Anstürmendes Nashorn!«, rief Morgan.

Das reinste Chaos brach aus!

In jedem Buch kann man lesen und von jedem Ranger wird einem gesagt, niemals vor einem Wildtier davonzurennen, es sei denn, es ist die einzige Möglichkeit. Und das war sie wohl jetzt.

Alle rannten davon. Keiner wusste wohin, aber instinktiv war allen klar, dass sie laufen sollten. Thabo kam aus der Richtung der Fahrzeuge, also gab es dort keine Hoffnung auf Schutz. Sie befanden sich in einer offenen, buschigen Savanne, und die einzigen Bäume in der Nähe waren kleine, stachelige Akazien und Farbkätzchensträucher. Also nichts, auf das man klettern oder sich dahinter verstecken konnte. Man rannte in alle Himmelsrichtungen.

Victor warf die Säge weg, mit der er einen Farbkätzchenstrauch beseitigen wollte, wurde aber umgestoßen, als er weglaufen wollte. Verängstigte Freiwillige und Ranger rannten direkt über ihn und Nina, die immer noch ihre Taschenlampe hielt.

Morgan rannte in Zickzack-Bewegungen mit dem Gewehr in der einen Hand und seinem iPhone in der anderen davon, wobei ihm nur das kleine Licht den Weg wies.

Hinterher erzählte er uns: »Ich hatte solche Angst! Ich drehte mich um und sah Thabo vielleicht zwei Meter hinter mir herlaufen. Vor mir erkannte ich ein Licht – von Ninas Taschenlampe – und ich wusste, dass dies der Ort war, an dem wir gearbeitet hatten. Ich rannte dorthin. Ich weiß, dass Nashörner nicht springen können, also sprang ich direkt über Ntombi in den Graben.«

Dort auf der anderen Seite saßen Victor und Nina bereits auf den Knien im Schlamm, als Morgan zu ihnen kam.

Thabo stand nur wenige Meter entfernt, Ntombi im Graben zwischen ihnen.

Sie konnten nirgendwo hin.

Nina murmelte leise: »Thabo. Bleib da, Thabo.«

Victor versuchte, das Tier, das er schon als Baby gekannt hatte, gefühlvoll zu beruhigen.

Aber Thabo war wütend. Victor, der sich mit Nashörnern auskennt, erkannte die Warnsignale eines bevorstehenden Angriffs. Nashörner haben ein gutes Gehör, und ihre Ohren drehen sich unabhängig voneinander, um Geräusche aus der Umgebung aufzunehmen. Wenn ein Nashorn in Gefahr ist oder einen Feind sieht, richtet er seine Ohren auf die Quelle seiner Unruhe. Thabos Ohren waren nach vorne gerichtet und zeigten direkt auf Victor, Morgan und Nina. Sein Schwanz war aufgerichtet und eingerollt wie der eines Schweins, was auch auf einen bevorstehenden Angriff schließen ließ. Außerdem gab er ein raues, schnaufendes Geräusch von sich, das Aggression signalisiert.

Doch plötzlich ertönte hinter dem wütenden Nashorn ein Pfiff und Muzis Stimme, der leise rief: »Woza, Thabo.«

Komm her, Thabo.

Das waren die Worte, mit denen die Ranger Thabo als kleinen Jungen zum Essen oder zum Toben in den Garten gerufen hatten.

»Thabo, woza.«

Thabos Ohren zuckten, dann drehte er seinen Kopf, um die vertraute Stimme besser zu hören. Er drehte sich dann ganz zu Muzi in seinem Fahrzeug um und machte aus Neugierde ein paar Schritte in seine Richtung. Muzi fuhr langsam weg, immer noch pfeifend und rufend, und lotste ihn so von Nina, Morgan und Victor fort, die bis auf ihre pochenden Herzen mucksmäuschenstill waren. Später erklärte Victor ganz gelassen: »Ich habe meine Angst einfach ignoriert.« Thabo folgte dem Geräusch, und als er sich von ihnen entfernte, atmeten sie erleichtert auf. Sie konnten ihn im Gebüsch sehen, wo er, nur wenige Meter von ihnen entfernt, stehen geblieben war.

»Was machen wir jetzt?«, fragte Morgan, der vor Angst zitterte.

»Weiter graben«, sagte Victor. »Wir müssen. Die Kälte macht Ntombi zu schaffen. Der Druck auf das Zwerchfell nimmt zu. Wenn wir sie nicht herausholen, wird sie womöglich sterben. Morgan, halte deine Taschenlampe auf Thabo gerichtet. Wenn er näherkommt, bewirfst du ihn mit Schlamm und schreist ihn an, sodass er Abstand hält.«

Morgan blickte skeptisch und ängstlich drein. Schlamm? Gegen ein Nashorn? Was war das denn für eine Idee? Aber er tat, was Victor sagte. Thabo umkreiste das Gebiet, behielt das Geschehen genau im Auge, aber blieb auf Distanz.

Mit zitternden Händen und pochenden Herzen machten sie sich wieder an die Arbeit. Schließlich gelang ihnen der Durchbruch und sie öffneten den Graben so weit, dass Ntombi sich umdrehen und den Graben verlassen konnte.

»Na los, Ntombi, du schaffst das!«

Dann tat sie etwas, was für ein Nashorn sehr ungewöhnlich ist: Sie hob ihre Vorderfüße an und kletterte über die Kante.

»Ja, wir haben es geschafft! Sie ist draußen!« Alle schrien vor Freude und vergaßen für einen Moment ihre Erschöpfung.

Aber es war noch nicht vorbei.

Ntombi rannte die etwa zehn Meter zu Thabo, blieb dann stehen und drehte sich um. Jetzt starrten die beiden Nashörner die Menschen an. Der Jubel verstummte und es wurde ganz still. Man hörte nur noch die Geräusche von schwerem Atmen und den Nachtinsekten.

Victor sagte leise: »Wenn sie jetzt zusammen kommen, sieht es schlecht für uns aus. Springt zurück in das Loch! Ntombi wird nicht wieder dahin gehen, wo sie in der Falle saß.«

Die beiden Nashörner sahen sie noch einen Moment lang an, aber dann drehten sie sich um und rannten in den Busch.

Just in dem Moment ertönte das vertraute Rumpeln des TBL. Zu spät.

Niemand, der dabei gewesen war, wird diesen Tag je vergessen. Die emotionale Belastung, die mit der Enthornung unserer geliebten Nashörner einherging, die dramatische Rettung von Ntombi und dann Thabos Auftritt …

»Das war ganz schön knapp. Wie geht es dir? Alles in Ordnung?«, fragte ich Victor, als die Mannschaft endlich zur Lodge zurückgekehrt war, um Tee oder etwas Stärkeres zu trinken.

»Das ist das Leben«, sagte er philosophisch. »In einem Moment bist du am Leben, im nächsten Moment ist man sich nicht mehr so sicher.«

Jahre später erzählte mir Morgan: »Das war eine der erstaunlichsten und verrücktesten Erfahrungen in meinem ganzen Leben. Es hat mir die Herausforderungen des Naturschutzes mit begrenzten Mitteln vor Augen geführt. Wir gruben Ntombi mit den Händen aus. Ohne den Einsatz der Ranger, die stundenlang und nachts nur mit Spitzhacken, Ellenbogen und vor allem mit viel Leidenschaft alles daran setzten, um ihr Leben zu retten, wäre sie gestorben. Unser Leben war in Gefahr, da draußen, mitten in der Nacht, neben einem Tier, das jemanden hätte töten können, wenn es gewollt hätte. Diese Leute sind stille Helden, die täglich ihr Leben riskieren, um diese besonderen Lebewesen vor dem Aussterben zu retten und zu schützen. Ihre Mittel sind begrenzt, aber ihr Mut ist immens! Die Welt weiß nicht, dass dies alles nötig ist, um die Nashörner zu retten.«

4 UNSER ZWEI TONNEN SCHWERER PROBLEM-JUGENDLICHER

Im Juli 2019 kehrte ich von der Veröffentlichung meines Buches *Ein Elefant in meiner Küche* in Frankreich zurück und stand gleich nach meiner Ankunft vor einem einzigartigen afrikanischen Problem: einem zertrümmerten Land Cruiser, der Opfer eines Nashorns geworden war.

»Der Wagen sieht so aus, als wäre er rückwärts von einem Lastwagen heruntergefallen«, sagte Christiaan, der Naturschutzmanager, kopfschüttelnd und mit den Händen in den Hüften.

»War das Thabo?«, fragte ich fassungslos. Der Wagen war ein einziger Trümmerhaufen, die Spiegel hingen herunter, die Reifen waren geplatzt. Kaum vorstellbar, dass ein Tier, selbst ein Nashorn, einen solchen Schaden an einem so massiven Fahrzeug anrichten konnte.

»Ja. Das Fahrzeug hatte gestern eine Panne. Es war schon spät, also haben wir es über Nacht stehen lassen«, sagte Ranger Muzi. »Wir wollten es heute abholen, aber Thabo ist uns zuvorgekommen.«

»Warum hat er das getan?«, fragte ich. »Das Auto sieht aus, als wäre es wie ein Strandball durch den Busch geballert worden!«

»Ach, Thabo. Du kennst ihn doch. Er mag es einfach, Sachen zu bewegen, sie herumzuschieben. Wenn er sie einmal in Bewegung gebracht hat, fühlt er sich wie ein Sieger und ist glücklich«, sagte Muzi achselzuckend und grinsend. »Einmal habe ich meine Mütze fallen lassen, und da kam er sofort, um daran zu schnuppern. Danach fing er an, sie mit seiner Nase herumzuschieben und sie zu drehen. Das hat ihm Spaß gemacht.«

Er hörte sich an wie ein nachsichtiger Onkel, der über einen schelmischen Teenager spricht, der harmlose Streiche spielt.

»Das hier ist aber was ganz anderes!«, sagte ich verärgert. »Das da ist ein Auto, keine Mütze! Wir können nicht zulassen, dass Thabo Autos zerlegt.«

Es war nicht das erste Fahrzeug, das Thabo auf dem Gewissen hatte. Je nach Laune konnte er ein ziemlicher Rabauke sein, was die Beulen und Schrammen an unseren Fahrzeugen beweisen. Thabo hatte sich an unsere olivgrünen Beobachtungstransporter gewöhnt, aber er duldete keine anderen Fahrzeuge in seinem Territorium. Die stieß er gerne weg oder warf sie um, nur um sie ein wenig durchzuschütteln und ihnen zu zeigen, wer hier der Boss ist. Ein ausgewachsenes Nashorn wiegt zweieinhalb Tonnen und kann trotzdem eine Geschwindigkeit von 55 Stundenkilometern erreichen. Angesichts dieser immensen Kraft muss sich so ein Tier nicht mal allzu sehr anstrengen, um erheblichen Schaden anzurichten.

Mit seinen Eskapaden hat Thabo die Autos der Anti-Wilderer-Einheit (APU) so stark beschädigt und verbeult, dass ein neues Fahrzeug mit einer speziellen Thabo-sicheren Karosserie angeschafft wurde, das sie auf den Namen »Mad Max« tauften. Hochgelagert, mit schweren Stahlplatten an den Seiten und einem dicken schwarzen Frontschutzbügel zum Schutz vor Geäst und wilden Nashörnern sah das aufgemotzte Auto wirklich beeindruckend aus. Die APU-Jungs machten sich damit bald darauf auf den Weg, um die Zäune zu überprüfen, die Nashörner zu beobachten und nach Anzeichen von Wilderei Ausschau zu halten, und waren mit dem neuen Fahrzeug recht zufrieden.

Thabo warf auch einen Blick darauf und fragte sich wohl: »Ist das alles, was die zu bieten haben? Glauben die, das Ding ist größer und stärker als der große Thabo, das Nashorn?« Und schon verpasste er dem nagelneuen, angeblich unzerstörbaren Mad Max mit seinem riesigen Kopf ein paar Beulen und Kratzer.

»Ach, Thabo«, sagten die Ranger lächelnd und – wie ich vermute – mit einer Prise Stolz.

Ich hatte durchaus etwas Verständnis für ihre Nachsicht. Wir alle kennen und lieben Thabo, seit er als süßes kleines Baby zu uns kam. Alle Tierbabys sind lieb, aber mit ihren weichen, hornlosen Schnauzen und den gedrungenen kleinen Körpern sind Baby-Nashörner besonders liebenswert. Sie sind unglaublich verspielt und hüpfen wie Welpen auf ihren kurzen, stämmigen Beinen herum.

Ranger hatten Thabo als Neugeborenes im Busch gefunden, allein, ohne Familie, und so kam er im Alter von nur wenigen Monaten zu uns. Er wuchs unter Menschen auf, teilte sich sogar ein Zimmer mit seiner geliebten Betreuerin, Spielkameradin und Ersatzmama Elaine und kuschelte sich nachts an sie auf ihrer Matratze. Sie kraulte und streichelte sein kleines Gesicht, um ihn zu beruhigen, wenn er Angst hatte. Es war so schön zu sehen, wie glücklich und zufrieden er wirkte. Ein umzäunter Außenbereich, *Boma* genannt, war sein Spielplatz.

Die Ranger spielten mit ihm wie Kinder im Park mit dem Familien-Labrador. Sie warfen einen Rugbyball und ließen ihn hinterherlaufen, gaben ihm Streicheleinheiten und spielten Fangen mit ihm. Thabos kleine Ohren drehten sich wie Antennen, wenn Siya, unser Chef-Ranger, ihn herbeipfiff. Dann kam er angerannt, um seinen Freund zu begrüßen.

Ein paar Monate nach Thabos Ankunft kam die kleine Ntombi. Im Alter von nur fünf Monaten musste das arme Tier mitansehen, wie seine Mutter von Wilderern getötet wurde. Die monatelange Pflege half ihr, das Trauma zu überwinden, Vertrauen zu Menschen zu fassen und sich in der Welt sicher zu fühlen. Die beiden jungen Nashörner wurden beste Freunde. Tief in meinem romantischen französischen Herzen hoffte ich, dass sich ihre Freundschaft in Liebe verwandeln würde. Ich freute mich schon auf Nashorn-Enkelkinder!

Die beiden wuchsen als Teil der Familie auf. Und wuchsen und wuchsen.

Stellen Sie sich ein ausgelassenes, 200 Kilogramm schweres Kleinkind vor, dem es ein wenig an Umgangsformen mangelt und das sich seiner Größe und Stärke nicht bewusst ist: Das war Thabo nach ein paar Monaten in unserer Obhut. Seine energiegeladenen Eskapaden richteten immer mehr Schaden an. Er hinterließ eine Spur der Verwüstung, wenn er ungestüm durch die Wohnung hüpfte.

»Es ist an der Zeit, sie an den Busch zu gewöhnen«, meinte Siya, als die Nashörner etwa 18 Monate alt waren. »Sie müssen das Leben außerhalb der *Boma* kennenlernen, wenn sie lernen sollen, als wilde Nashörner zu leben.«

Ich spürte einen Anflug von Angst. »Ich mache mir Sorgen, wenn unser kleines Baby Thabo da draußen in der Wildnis allen Gefahren ausgesetzt ist. Er wurde von Menschen aufgezogen. Er weiß nicht, wie er sich zu verhalten hat, damit ihm nichts passiert. Ich hoffe, dass es ihm gut gehen wird.«

»Unser Baby Thabo ist ein großer Junge geworden, sieh ihn dir nur an«, sagte Elaine und lächelte das Tier von der Größe einer großen Gefriertruhe liebevoll an. »Wir starten mit ein paar langen Buschwanderungen, um sie an den Anblick und die Gerüche des Busches zu gewöhnen, und dann sehen wir weiter.«

Sie und die Ranger von Thula Thula nahmen das junge Paar regelmäßig mit und zeigten ihnen die Gegend – die Wasserlöcher, das süße Grasland, den Busch und die Pfade. Die Nashörner blieben immer länger draußen im Busch, erkundeten ihre neue, weite Welt und verbrachten immer mehr Zeit allein im Busch, bevor sie abends in die vertraute *boma* zurückkehrten.

Der Tag, an dem sie nachts nicht zu uns zurückkehrten, erfüllte mich mit Glück, er war aber auch nervenaufreibend. Sie waren dabei, wilde Nashörner zu werden – genauso, wie Lawrence und ich es uns für sie gewünscht hatten.

Selbst nach fast zwei Jahren in Freiheit liebte Thabo immer noch die Gesellschaft von Menschen, insbesondere die von jenen, bei denen er aufgewachsen war. Er suchte uns auf und kam zum Haupthaus oder zur Safari Lodge, um uns einen Besuch abzustatten. Manchmal legte er seinen riesigen Kopf auf die Motorhaube des Safarifahrzeugs, so wie er es einst als kleiner Kerl getan hat, um einen Kuss auf die Nase zu bekommen. Er ließ sich von Richard, dem Nashornwächter, Zecken entfernen. Er kam zu meinem Haus, legte sich auf die andere Seite des Zauns, und Clément und ich unterhielten uns ein wenig mit ihm. Ich glaube wirklich, dass Thabo dachte, er wäre einer von uns – oder dass wir nur etwas seltsam geformte Nashörner seien. Er wollte mit Menschen zusammen sein.

Es war aber nicht gut, dass er sich zu sehr an Menschen gewöhnt hatte, und ich machte mir Sorgen, dass er dadurch zu einer leichten Beute für Wilderer werden könnte. Thabos Streiche, wie etwa die Aufforderung zum Kampf mit Fahrzeugen, wurden mit der Zeit allerdings immer zerstörerischer. Wir mussten erkennen, dass Thabo kein süßes kleines Nashornkalb mehr war, sondern ein erwachsenes Nashorn, das territorial lebte, so wie es sein sollte. Mit seinen zweieinhalb Tonnen war er wie ein Panzer. Für Menschen, die ihm nahe kamen, konnte es durchaus gefährlich werden. Wir mussten Thabo als Wildtier behandeln und nicht als unseren kleinen verwaisten Spielkameraden.

»Wir müssen uns von Thabo fernhalten«, sagte Siya zu den Rangern.

»Ah, aber der arme Thabo …«

»Es ist sowohl zu seinem eigenen als auch zu unserer Sicherheit. Wir dürfen ihn nicht mehr anfassen, nicht mehr mit ihm reden, nicht mehr mit ihm spielen. Kein Augenkontakt. Er muss ein wildes Nashorn werden.«

Die Ranger reagierten traurig auf diese Anweisung, aber sie nickten zustimmend. Sie wussten, dass es keine Alternative gab.

Von da an fuhren wir an ihm vorbei, anstatt anzuhalten, um ihn zu grüßen. Wir ignorierten seine Annäherungsversuche. Von einem Tag auf den anderen wurde er von der »Familie« ausgeschlossen.

Mit Ablehnung konnte Thabo allerdings nicht gut umgehen. Er verstand nicht, warum sich seine Spielkameraden von ihm abgewandt hatten. Thabo war ein besonders ausdrucksstarkes Nashorn, und ich konnte sehen, dass er verletzt war und sich selbst bemitleidete. Er ließ den Kopf hängen und schaute mit traurigen Augen zu den Gästen und Rangern, die die neuen Regeln so gut es ging befolgten und ihn wie ein wildes Nashorn behandelten, nicht wie unser liebenswertes Baby Thabo. Ich wollte ihn einfach nur drücken, aber ich wusste, dass ich das nicht durfte.

5 DAS HEIKLE PROBLEM MIT THABOS HORN

»Mit Thabo stimmt etwas nicht«, sagte Siya, als er von einer Beobachtungsfahrt zurückgekehrt war. »Er hat eine Wunde am Hornansatz.«

Den Wächtern war aufgefallen, dass Thabo in letzter Zeit besonders schlecht gelaunt war, Autos verfolgte und andere belästigte. Und dann war da noch der Vorfall mit dem Land Cruiser. Vielleicht hatte Thabo Schmerzen, das könnte zumindest erklären, warum er sich so danebenbenahm.

»Wir müssen den Tierarzt anrufen, er soll sofort kommen«, sagte ich. »Wir können nicht warten. Denkt daran, was mit Numzane passiert ist.«

Es war inzwischen zwölf Jahre her, als unser großer Elefantenbulle plötzlich auf untypische Weise aggressiv wurde. Ich weiß, dass man keine Lieblingskinder oder Lieblingselefanten haben sollte, aber Numzane war Lawrence' Liebling. Und dieses Gefühl beruhte auf Gegenseitigkeit. Und doch walzte Numzane in einem Anfall von Wut Lawrence' Fahrzeug nieder und wurde zu einer zerstörerischen, gefährlichen Bedrohung für uns Menschen und unseren Besitz. Sechs Monate später traf Lawrence eine der schwersten Entscheidungen, die er je treffen musste: Er ließ Numzane einschläfern.

Als der Bulle tot vor uns lag, stellten wir fest, dass er einen großen, sicher schmerzhaften Abszess am Ansatz seines Stoßzahns hatte. Seine »schlechte Laune« war dem Schmerz geschuldet gewesen. Lawrence war am Boden zerstört und fühlte sich schuldig, weil wir Numzanes Leiden nicht erkannt und behandelt hatten.

Diese schreckliche Geschichte durfte sich nicht wiederholen, also rief ich unseren Tierarzt Trever an und vereinbarte mit ihm, dass er so bald wie möglich nach unserem Thabo sehen sollte. Trever nimmt seine Verantwortung für unsere Nashörner immer sehr ernst und traf sofort die notwendigen Vorbereitungen für eine mögliche Operation. Am nächsten Tag kam er mit seinem Auto vor dem Hubschrauber an, sodass er alle notwendigen Instrumente und Medikamente vorbereiten und sich sofort an die Arbeit machen konnte. Als der Hubschrauber auf der Landebahn landete, um Trever und seine Betäubungsausrüstung abzuholen, war alles startbereit und so machte er sich auf die Suche nach den Nashörnern, die bereits von den Rangern am Boden geortet worden waren.

Trever betäubte Thabo und Ntombi, dann versorgte er nicht nur Thabos Wunde – es stellte sich heraus, dass er eine hatte –, sondern nahm auch Blutproben von beiden Nashörnern und schickte sie ins Labor, um nähere Informationen zu ihrem Gesundheitszustand zu erhalten. Unter anderem wollten wir auch wissen, ob Ntombi trächtig war (wir waren guter Hoffnung!).

Trever vermutete, dass Thabos Verletzung, ein Riss im Horn, auf einen Zusammenstoß mit etwas Hartem zurückzuführen war (vielleicht mit dem Mad-Max-Fahrzeug? Oder mit dem Land Cruiser?). Da sich die Wunde stark entzündet hatte, injizierte Trever Thabo ein Antibiotikum, um die Entzündung zu bekämpfen.

»Glaubst du, dass Thabos Fehlverhalten von dem Schmerz herrühren könnte, den die Infektion ausgelöst hat?«, fragte ich Trever und dachte dabei an Numzane.

»Gut möglich«, erwiderte Trever unverbindlich. »Wir werden sehen, ob sich sein Verhalten bessert, wenn das Antibiotikum wirkt.«

»Wollen wir hoffen, dass seine Mätzchen jetzt aufhören«, sagte ich wie immer optimistisch. »Und dass Ntombi schwanger ist!«

Wie sich herausstellte, war Ntombi nicht schwanger, und Thabos schlechtes Benehmen hörte auch nicht auf. Aber zumindest war er seine Schmerzen los.

Die Geschichten über Thabo sind legendär, und wenn wir uns um das Feuer in der *Boma* versammeln, werden sie oft immer wieder erzählt.

»Erinnerst du dich an das eine Mal, als er Shaka nicht aus dem Weg gehen wollte? Er hat keine Buschmanieren, unser Thabo … Und der Elefant lief einfach weiter auf ihn zu …«, sagte Victor eines Abends.

Begegnungen zwischen Thabo und Shaka, unserem streitlustigen Elefantenbullen, sind immer unterhaltsam. Am Anfang hatte ich Angst, sie würden kämpfen und versuchen, sich gegenseitig umzubringen. Aber mit diesem großen Elefanten hat Thabo nur einmal Kräfte gemessen, eine Begegnung, die Victor erstaunlicherweise auf Video festgehalten hat.

Die zwei begegneten sich zum ersten Mal von Angesicht zu Angesicht auf der Straße: »Ähem. Ich bin Shaka, und ich bin mir ziemlich sicher, dass ich hier den Vortritt habe.«

»Meinst du?«

»Ja, ganz gewiss!«

»Aber ich bin Thabo, das Nashorn.«

»Nun, ich bin ein Elefant, und wie du siehst, bin ich ziemlich groß, also …«

Nun ist Thabo wahrlich kein Leichtgewicht, aber neben einem riesigen Elefantenbullen sieht er, nun ja, ich würde nicht sagen zierlich aus, aber ich würde nicht auf ihn setzen, wenn es zu einem Kampf käme.

Als Shaka, doppelt so groß wie Thabo, über diesem auftauchte und sich entschlossen vorwärts bewegte, zog Thabo sein kühnes Vorgehen nochmals in Betracht und beschloss, lieber nicht auf Tuchfühlung mit Shaka zu gehen. Er drehte sich um und trottete davon.

Seitdem hält Thabo den Kopf gesenkt und grast friedlich weiter, wenn ihm Elefanten über den Weg laufen. Er behandelt sie wie eine vorbeiziehende Antilopenherde. In anderen Wildreservaten kommt es vor, dass Elefanten – insbesondere junge Bullen – Nashörner töten, wenn sie einander in freier Wildbahn begegnen. Aber in Thula Thula treffen sie sich, grüßen sich und ziehen weiter.

Wir liebten Thabo, auch wenn er sich ein wenig wie ein Rowdy benahm. Aber es ging uns wie den Eltern eines rüpelhaften, zweieinhalb Tonnen schweren Teenagers: So sehr wir ihn auch liebten, wir wussten, dass er erwachsen werden muss und lernen muss, sich zu benehmen. Irgendwie mussten wir Thabo dabei helfen, sich an ein Leben eines erwachsenen Nashorns in freier Wildbahn zu gewöhnen. Aber wie? Man kann nicht einfach googeln, was man mit einem »lästigen« Nashorn machen sollte, oder zum Telefon greifen und einen Experten oder jemanden fragen, der dasselbe Problem schon einmal erlebt hat.

In solchen Momenten vermisste ich Lawrence' Weisheit. Er hatte so viel Einblick und Erfahrung mit den Tieren und dem Busch, ich war mir sicher, dass er gewusst hätte, wie man mit Thabo umgehen sollte, und zwar auf eine mitfühlende, freundliche, aber zugleich entschlossene Weise. Er hätte mit seiner ruhigen Art zu mir gesagt: »Frankie, lass uns überlegen …«

Nichts in meinem früheren Leben hatte mich auf die schwierigen Entscheidungen vorbereitet, die ich jeden Tag im Busch treffen musste. Ich bin in Paris aufgewachsen, wo ich mich in den Arrondissements auskannte und wusste, wo man das beste *Pain au Chocolat* zum Frühstück bekam, aber eine Ausbildung im Bereich Naturschutz hatte ich nicht gemacht. Alles, was ich weiß, lernte ich während der Arbeit, von Lawrence oder von Menschen in meinem Umfeld.

Als wir Thula Thula gründeten, fingen wir mit nichts an. Es fehlte uns an Geld, sodass wir selbst Hand anlegen und einen

Großteil der Arbeit selbst erledigen mussten. Ich kümmerte mich um die Unterkünfte für unsere Gäste. Nach der Errichtung der Elephant Safari Lodge in Zusammenarbeit mit den Handwerkern folgte einige Jahre später der Bau des Luxus-Zeltcamps. Ich habe jedes Zimmer und jedes Luxuszelt mit einem winzigen Budget selbst eingerichtet und dekoriert. Ich musste improvisieren, und ich tat es mit Liebe, Stil und jeder Menge Tierdruckstoffen. Das beweist, dass man, wenn man ins kalte Wasser geworfen wird, zu Dingen fähig ist, von denen man nie gedacht hätte, dass man sie tun könnte.

Zu meinen Aufgaben gehörte es auch, Leute aus den Nachbarorten für die Aufgabenbereiche Unterbringung, Essen, Reservierung und Marketing einzustellen und auszubilden. Da ich also auch für das Personal zuständig war, kümmerte ich mich zudem um die Ausbezahlung der Gehälter. Zu jener Zeit besaßen die meisten Mitarbeiter kein Bankkonto, geschweige denn, dass es elektronische Zahlungsmittel gab. Ich ging zur Bank in Empangeni und hob das Geld für die Gehälter ab. Als ich im ersten Monat auf dem Weg in die Stadt war, um das Geld zu holen, rief mir Lawrence hinterher, dass ich meine kleine Handfeuerwaffe mitnehmen sollte, für den Fall, dass mich jemand ausrauben wollte.

»Ich kann doch nicht mit einer Waffe in eine Bank hineinspazieren!«, sagte ich. »Die sperren mich ein.«

»Verhaften?«, erwiderte er ungläubig. »Nein, mach dir keine Sorgen. Das passt schon, nimm sie einfach mit.«

Er war so beharrlich, dass ich tat, was er mir sagte – was wusste ich schon von südafrikanischen Banken? Als ich ankam, sah ich zu meinem Erstaunen, wie stattliche Farmer mit ihren großen Waffen in den Holstern an ihren Gürteln, für jeden sichtbar, in die Bank marschierten. Im Vergleich dazu war meine winzige Schusswaffe, die ich in meiner Tasche verstaut hatte, eine Spielzeugwaffe.

Mit der Auswahl von Stoffen für die Vorhänge, damit, den Köchen beizubringen, wie sie eine gute Béchamelsauce machen können, und damit, im Zululand mit einem Haufen Geld und einer Waffe herumzulaufen, hatte ich bereits alle Hände voll zu tun, sodass mir damals keine Zeit blieb, um mich auch noch um den Naturschutz in Thula Thula zu kümmern.

Nach Lawrence' Tod stand ich dann plötzlich allein vor großen Entscheidungen in Sachen Naturschutz, Wildreservat, Instandhaltung und Tiere – folgenreichen Entscheidungen.

Ich habe in jenen Jahren viel gelernt und verfüge über einen gesunden Menschenverstand und ein gutes Gespür. Trotzdem treffe ich diese Entscheidungen nie allein. Ich bin umgeben von Menschen, die den Busch und die Tiere wirklich kennen – von den Rangern über die Tierärzte bis hin zu den Naturschutzexperten. Ich lasse mich von Menschen beraten, denen ich vertraue, die über Wissen und Erfahrung verfügen und die die gleiche Leidenschaft und Vision haben wie ich. Jeder kann seine Meinung kundtun. Ich höre ihnen zu. Ich lerne. Und erst, wenn ich alle angehört habe und wir alle Aspekte durchdiskutiert haben, entscheide ich.

So habe ich damals eine Sitzung mit allen Rangern und Christiaan, unserem Naturschutzmanager, einberufen, um zu hören, wie wir Thabo dazu bringen könnten, sich nicht so schlecht zu benehmen.

»Die Infektion am Hornansatz ist abgeklungen. Er scheint gesund zu sein. Ich glaube nicht, dass es daran liegt«, sagte Siya.

»Vielleicht will er nur Aufmerksamkeit«, sagte Christiaan. »Er versteht nicht, warum niemand mehr mit ihm spielen will«, sagte Muzi. »Armer Thabo.«

»Das Problem ist, dass er nie gelernt hat, wie man sich benimmt«, sagte Victor.

»Er hatte keinen Vater, der ihm gute Manieren und Disziplin beigebracht hat.«

»Vielleicht sollten wir ihm ein großes männliches Nashorn an die Seite stellen, das ihn im Zaum hält«, schlug Khaya vor.

»Würden sie nicht miteinander kämpfen?«, fragte ich.

Das wusste niemand mit Sicherheit zu sagen. Wir befanden uns mit unserem temperamentvollen Problemkind in einer Ausnahmesituation. Wir mussten es selbst herausfinden, darüber nachdenken und die beste Lösung finden.

»Vielleicht braucht er keinen Mann, sondern eine Frau«, sagte ich.

»Er hat doch Ntombi«, sagte Khaya.

»Sie machen nicht viel zusammen. Meistens zieht er alleine los. Außerdem scheinen sie eher eine Bruder-Schwester-Beziehung zu haben. Es sieht nicht so aus, als würden sie sich paaren und eine Familie gründen«, sagte Siya.

»Meinst du, sein Verhalten würde sich ändern, wenn er eine Partnerin und ein Baby hätte?«, fragte ich. »Sesshaft werden. Ein verantwortungsvoller Familienvater werden.«

»Thabo eine Freundin besorgen? Sehen, ob ihn das beruhigt? Das gefällt mir!«, sagte Christiaan. Über diese Idee wurde viel gescherzt und gelacht, aber sie schien gut zu sein.

Ich beschloss, die Sache sofort anzugehen. Es war an der Zeit, eine neue Freundin für Thabo zu finden.

6 EINE FREUNDIN FÜR THABO

Es ist nie leicht, die wahre Liebe zu finden, aber für einen Nashornjungen mit ziemlich schlechten Manieren war es umso schwerer.

Leider gab es keine Nashorn-Partnerbörse, die mir bei meiner Suche hätte helfen können, aber wenn es so etwas gegeben hätte, hätte ich vielleicht Folgendes inseriert: »Einsames Nashornmännchen sucht reifes, erfahrenes und in freier Wildbahn aufgewachsenes Weibchen als Gesellschaft, für ein Liebesabenteuer oder sogar mehr, wenn es klickt!«

Mit elf Jahren war Thabo im besten Alter, um sich fortzupflanzen. Die Ranger hatten beobachtet, wie Thabo Kot verstreute und Urin versprühte, um sein Revier zu markieren. Da dieses Verhalten ein Zeichen dafür war, dass er bereit war für eine Partnerin, war es also Zeit, nach einem Weibchen für ihn Ausschau zu halten. Wenn unser Plan aufginge und wir die perfekte Partnerin fänden, würde Thabo glücklicher und ruhiger werden, und wir könnten die durch die Wilderei dezimierte Nashornpopulation wieder vergrößern. Eine Win-win-Situation.

In Ermangelung eines Nashorn-Tinders rief ich Simon Naylor an, den Geschäftsführer des Wildreservats in Phinda, das etwa drei Autostunden von uns entfernt liegt. Ich wusste, dass Phinda eine große Nashornpopulation hat, und hoffte, dass Simon vielleicht bereit war, sich von einem Nashorn zu trennen. Ich erklärte ihm die Lage.

»Ich suche ein Weibchen, das ein oder zwei Jahre älter ist als er, eins mit ein wenig Erfahrung, das für ihn Gefährtin und Partnerin zugleich sein kann, das ihn bei der Stange hält und ihm das Leben in der Wildnis beibringt. Und mit der er hoffentlich ein paar Babys macht!«

Es war etwas viel verlangt, aber Simon fand die perfekte Kandidatin: ein reifes Weibchen, das in der Wildnis aufgewachsen war. Er wusste, dass sie ein Kalb bekommen und aufziehen konnte, da sie bereits ein junges Weibchen geboren hatte.

»Das Baby ist 20 Monate alt, die Mutter ist also wieder paarungsbereit«, sagte er. »Das Baby kommt natürlich mit.«

Das klang perfekt! Jetzt ging es darum, die Logistik zu organisieren – und das Geld. Ich setzte mich mit Lynda zusammen, um die Logistik zu klären, denn zwei Nashörner, Mutter und Kind, fast zweihundert Kilometer weit zu transportieren, war keine Kleinigkeit. Die Maßnahmenliste war lang:

»Die beiden Nashörner müssen betäubt werden, also brauchen wir einen Tierarzt und einen Hubschrauber.«

»Richtig. Und der Tierarzt muss mit ihnen reisen, um ihren Gesundheitszustand zu überwachen.«

»Dann brauchen wir speziell verstärkte Kisten. Und natürlich auch einen Lastwagen, der sie hierherbringt.«

»Und dann ist da noch die Sicherheit …«

Die Sicherheit war tatsächlich ein großes Problem und ein großer Kostenfaktor. Der Transport von zwei Nashörnern ist wie der Transport einer großen Menge Bargeld. Wilderer schrecken nicht davor zurück, Lastwagen mit dieser Ladung zu überfallen und Menschen zu töten, um an die Hörner von zwei Nashörnern zu gelangen. Wir bräuchten eine ganze Menge schwerbewaffnete Sicherheitsleute und mehrere Fahrzeuge.

»Wir reden von etwa 400.000 Rand«, sagte Lynda und ließ ihren Stift auf den Schreibtisch fallen. »So viel Geld haben wir nicht.«

»Dann müssen wir es eben auftreiben«, sagte ich.

Einmal mehr vertrauten wir auf unsere Freunde und auf die vielen tierliebenden Menschen. Wir starteten eine Spendensammlung namens »Operation Girlfriend for Thabo« mit einer einfachen Botschaft: »Bitte helfen Sie uns, eine Partnerin für unser Nashorn zu erwerben, um den Kerl bei Laune zu halten und damit er Nashornbabys zeugen kann!«

Mike, unser in Deutschland ansässiger internationaler Marketingmanager, hatte Thabo auf einer Reise nach Thula Thula kennengelernt und sich in unser hübsches Nashorn verliebt. Er setzte sich mit uns in Verbindung und sagte, er würde Himmel und Erde in Bewegung setzen, um Geld für Thabos Freundin zu sammeln. Er half, die Spendensammlung zu organisieren und in den Sozialen Medien zu bewerben.

Die Geschichte des einsamen Nashornmännchens auf der Suche nach Liebe berührte die Menschen. Einmal mehr unterstützten sie uns sehr großzügig, und so hatten wir in nur wenigen Monaten die benötigte Summe zusammen. Unsere beiden neuen Nashörner würden bald nach Thula Thula kommen. Wie würden wir sie nennen?

In Thula Thula ist die Namensgebung von Tieren immer eine wichtige Entscheidung, in der sich jeder mit Ideen und Vorschlägen einbringt. Hinter jedem Namen steckt eine Geschichte.

Viele unserer Tiere tragen die Namen von unseren Freunden und Familienmitgliedern. So wurde Elefant Tom nach unserem Chefkoch der Safari Lodge benannt, der das verlorene Neugeborene gefunden hatte. Suzanna und Jurgen sind nach unseren lieben dänischen Freunden, den Simonsens, benannt, die Thula Thula so tatkräftig unterstützt haben. Das Lustige an so einer Namensbestimmung ist, dass es oft fast unmöglich ist, das Geschlecht eines Babys zu bestimmen; und wie es der Zufall will, stellte sich Suzanna später als ein Elefantenjunge und Jurgen als ein Elefantenmädchen heraus!

Als wir uns darüber unterhielten, welche Namen wir unseren neuen Nashörnern geben sollten, hatte eine der Freiwilligen, Maria, die Idee, sie »Mona« und »Lisa« zu nennen, nach dem weltberühmten Gemälde, das in Frankreich im Übrigen »La Joconde« heißt. Ich fand die Idee toll. Es ist eines der wertvollsten und schönsten Gemälde der Welt, und es ist sehr alt. Und unsere kostbaren, prähistorischen Nashörner sind ebenfalls unbezahlbare Kunstwerke! Und damit war es entschieden – die Mutter sollte Mona heißen, und das kleine Kalb Lisa.

Dann kam der große Tag. Am 10. Mai 2019 fuhren Siya, Lynda, Vuzi und ich nach Phinda, um Mona und Lisa abzuholen. Mike reiste mit einem Filmteam an, das einen Dokumentarfilm drehen wollte. Er hatte uns so sehr geholfen, unsere Spendenkampagne auf die Beine zu stellen, dass es nur recht und billig war, dass er auch am Ende der Kampagne mit von der Partie war.

Die Stimmung im Auto war von großer Aufregung und etwas Nervosität geprägt. Für Siya, Vusi und Mike war es die erste Umwilderung, die sie miterlebten. Obwohl wir ein auf Umwilderungen spezialisiertes Unternehmen, Tracy & du Plessis Game Capture, beauftragt hatten, wussten wir, dass dies ein riesiges Unterfangen ist. Die Tiere mit dem Gewehr zu betäuben, zu transportieren, zu schützen, auszuladen … Es konnte viel schiefgehen.

Und natürlich stellten wir uns die Frage, wie ihnen wohl ihr neues Zuhause gefallen würde? Würden sie sich gut einleben? Und wie würde Thabo auf sie reagieren? Ich hoffte von ganzem Herzen, dass er seine neue Freundin lieben würde.

Da wir um 6 Uhr morgens am Tor in Phinda sein mussten, verbrachten wir die Nacht in einem netten Hotel im nahe gelegenen Hluhluwe. Es machte Spaß, zur Abwechslung einmal selbst Gast in einem Hotel zu sein, und wir waren angesichts unserer aufregenden Aufgabe am nächsten Tag bester Laune. Bei einem guten Abendessen am Hotelpool redeten wir – natürlich – über unsere neuen Nashornmädchen. Im Mittelpunkt stand die Frage, wie Thabo wohl reagieren würde, und jeder von uns spielte verschiedene Szenarien durch und brachte seine eigenen Theorien und Gedanken zu diesem Thema vor.

»Wir werden es bald wissen«, sagte ich schließlich, um die Debatte zu beenden.

Wir legten uns schon früh schlafen, damit wir um 5 Uhr morgens startbereit waren, um unsere neuen Nashörner abzuholen!

In aller Frühe trafen wir auf der Landebahn von Phinda ein. Ein Hubschrauber und ein Wildbeobachtungsfahrzeug machten sich auf die Suche nach Mona und Lisa. Über Funk war das Team in ständigem Kontakt.

Dann kam die Nachricht aus dem Hubschrauber: »Sie befinden sich auf offenem Gelände. Wir können sie gut sehen, am Boden ist alles sicher. Wir sind bereit, sie zu betäuben.«

Wir sprangen in einen Land Cruiser und fuhren hin.

»Auf geht's!«, sagte Siya aufgeregt. »Auf zu unseren Nashörnern.«

Der Tierarzt lehnte sich aus dem Hubschrauber und schoss zwei Pfeile ab, die erst die Mutter und dann ihr Kalb trafen. Die Betäubung sollte sie nur ruhigstellen, sodass sie benommen waren, aber nicht umkippten. Wir wollten keine drei Tonnen schweren schlafenden Nashörner! Wir brauchten sie in der Senkrechten und noch ein wenig wach, damit wir sie in die verstärkten Kisten führen konnten.

Nachdem die Nashörner betäubt worden waren, machte sich das Bodenteam sofort an die Arbeit. Simon Naylor bat mich, die Augen des ausgewachsenen Weibchens mit einem Tuch zu verbinden. Ich fühlte mich geehrt und sprang sofort aus dem Land Cruiser. Es war das erste Mal, dass ich diese Aufgabe erledigte, und es überraschte mich zu sehen, dass das Nashornweibchen noch wach war und sich bewegte, obwohl sie betäubt war. Es war ein unglaublich emotionaler, wenn auch ein wenig beängstigender Moment, diesem unglaublichen Geschöpf, dem wir ein neues Zuhause bieten wollten, so nahe zu kommen. In meiner Nervosität stellte ich mich ein wenig ungeschickt an, sodass ein junger Mann vom Wildfangteam mir half, das Tuch richtig über ihren Augen zu verbinden.

Während die Ranger Mutter und Baby in die Kisten führten, warf ich einen Blick über die Schulter, um die anderen Nashörner in der Nähe im Blick zu behalten. Wenn man mit Thabo, dem Großen, gelebt hat, lernt man, immer ein wenig wachsam zu sein, wenn es um Nashörner geht!

Etwas nervös sah ich nach links, nach rechts und nach hinten und behielt vor allem ein bestimmtes Männchen im Auge.

»Warum sieht der uns so eindringlich an?«, fragte ich Simon.

»Wahrscheinlich ihr Freund«, antwortete er. »Der Vater ihres Kalbes.«

Ich wusste nicht, ob er scherzte oder nicht, aber ich fühlte mich plötzlich schlecht.

»Oh nein!«, entfuhr es mir. »Der arme Kerl wird einsam sein.«

»Keine Sorge, Françoise«, sagte Simon lachend. »So ist das Leben im Busch. Er wird eine neue Freundin finden.«

»Wie unromantisch, Simon!«, erwiderte ich.

Auch wenn wir nur Spaß machten, hat mich die Aktion zum Nachdenken darüber angeregt, welche Entscheidungen wir Menschen für Tiere treffen – wir siedeln sie um, enthornen sie oder verabreichen ihnen Verhütungsmittel –, alles ohne ihre Zustimmung. Natürlich taten wir das, um eine gefährdete Art zu retten. Schließlich würde dieses hübsche Nashornweibchen in Thula Thula wieder ein gutes Zuhause finden, wo sie und ihr Baby zu ihrem Schutz überwacht werden würden. Doch die Tierfreundin in mir fühlte sich ein wenig unwohl dabei. In einer perfekten Welt, in der es keine Wilderer oder Trophäenjäger gäbe, müssten die Nashörner nicht von Menschen von einem Ort zum anderen gebracht, eingezäunt oder ständig überwacht werden, um sie zu schützen. Sie könnten frei und wild umherstreifen und sich ihre Partner selbst aussuchen, und wir müssten die Familienmitglieder nicht voneinander trennen.

Der Vorgang verlief reibungslos, das Bodenteam übernahm das Kommando und wurde von unseren Rangern unterstützt. Die Nashörner taumelten in ihre Kisten, die anschließend mithilfe einer Winde und Ketten auf den Lastwagen gewuchtet wurden. Wir waren zur Abfahrt bereit.

Unter Anführung eines gepanzerten Sicherheitsfahrzeugs mit schwerbewaffneten Scharfschützen in Bereitschaft fuhren die Fahrzeuge los. An zweiter Stelle fuhr der Lastwagen mit der wertvollen Fracht und weiteren Wachen. Mike und das Filmteam folgten in ihrem eigenen Fahrzeug, gefolgt von weiteren Fahrzeugen mit Sicherheitsleuten. Mit unserem Auto bildeten Lynda, Vusi, Siya und ich das Schlusslicht. Das Ganze wirkte wie der Konvoi eines Präsidenten!

Als wir uns Empangeni, unserer Heimatstadt nur 20 Kilometer von Thula Thula entfernt, näherten, hielten die Fahrzeuge vor uns auf einmal an.

»Was ist los?«, fragte Lynda nervös. »Warum halten wir an?«

Mein erster Gedanke war: Wilderer? Oder stimmt mit den Nashörnern etwas nicht?

»Was auch immer es ist, es ist nicht gut«, sagte ich.

Der gesamte Konvoi fuhr an den Straßenrand und die Fahrzeuge schalteten ihre Warnblinkanlagen ein.

Ich blickte auf mein Handy und entdeckte eine Nachricht von Mike: »Der LKW hat eine Panne.«

Siya und Vusi sprangen aus dem Auto, ihre erste Sorge galt der Gesundheit der Nashörner.

»Sie sind schon seit zwei Stunden in den Kisten«, sagte Siya. »Sie müssen jetzt hellwach sein. Ich mache mir Sorgen, dass sie unter Stress geraten. Jetzt dauert alles noch länger.«

Vusi kletterte auf den Lastwagen und drückte sein Ohr und seine Hände an die Kiste. »Sie sind wach. Ich kann hören, wie sie sich bewegen. Wenigstens wissen wir, dass es ihnen gut geht.«

In der Zwischenzeit hatte Grant Tracy von Tracy & du Plessis Game Capture begonnen, jeden, den er in Zululand kannte, anzurufen, um uns zu helfen. Und alle kamen sie. Als Richards Bay Crane Hire hörte, dass es sich bei unserem Transport um Nashörner handelte, ließen sie alles stehen und liegen und fuhren sofort los.

»Der Ersatz-LKW ist schon unterwegs«, sagte Grant erleichtert.

Weniger als zwanzig Minuten später traf der größte Tieflader ein, den ich je gesehen hatte. Die Kisten mit den Nashörnern wurden umgeladen, sodass Mona und Lisa ihren Weg nach Thula Thula fortsetzen konnten. Die Erleichterung war groß, als der Konvoi das Tor unseres Reservats ohne weitere Zwischenfälle erreichte. Aber dort gab es ein weiteres Problem.

»Wie kommen wir denn mit dem riesigen LKW in die *Boma*?«, fragte Vusi.

Gute Frage. Denn dieser Lastwagen war deutlich größer als jener, den wir für diesen Zweck gemietet hatten. Für einen solch großen LKW waren die schmalen, unbefestigten Straßen im Wildreservat nicht geeignet. Wir fragten uns, ob er überhaupt in das Wildreservat gelangen könnte, geschweige denn in die *Boma*.

Es ist mir bis heute ein Rätsel geblieben, wie der Fahrer, Lesly Ndawonde, es geschafft hat, den LKW über die schmalen Wege und den LKW rückwärts bis zum Gehege zu lenken. Wenn es eine Auszeichnung für heldenhafte LKW-Fahrer gibt, dann sollte er sie bekommen. Es war ein Wunder, dass er es geschafft hat.

Als die Kisten auf dem Boden abgestellt worden waren, wurden die Türen geöffnet. Zwei Ranger kletterten auf die Kisten, um die Nashörner herauszulocken.

Mona und Lisa spazierten hinaus und begaben sich sofort in die Mitte der *Boma*. Wir zogen uns alle zurück und stellten uns weit vom Zaun entfernt auf, um sie nicht zu stressen.

»Seht euch nur Mona an. Ist sie nicht wunderschön?«, sagte ich zu Vusi. »Und die süße kleine Lisa. Thabo ist ein Glückspilz.«

»Ich frage mich, wo er ist. Ich kann es kaum erwarten zu sehen, wie er reagiert«, sagte Mike und schaute sich hoffnungsvoll um. Aber es gab kein Zeichen von Thabo und von Ntombi ebenso wenig.

»Er weiß wahrscheinlich schon, dass sie hier sind«, sagte Siya. »Er wird sie riechen können.«

Die *Boma* ist ein geschütztes Gehege, in der sich die Neuankömmlinge an die Gerüche und Geräusche ihres neuen Zuhauses gewöhnen können. Sie liegt in der Nähe der Straße, die von der Lodge zum Zeltcamp führt, sodass sie sich an die Geräusche der vorbeifahrenden Beobachtungsfahrzeuge und an die Stimmen der Menschen gewöhnen können. Durch die Nähe zur Lodge ist es für uns ein Leichtes, nach ihnen zu sehen, sie zu bewundern und ihnen Wasser und Luzerne zu geben. Der Elektrozaun verhindert, dass die Nashörner entkommen, und hält umgekehrt Leoparden und Hyänen fern – Baby Lisa wäre eine leichte Beute. Die beiden Nashörner sollten dort zwei Wochen lang bleiben, um sich zu akklimatisieren, und dann in die Freiheit entlassen werden.

Mona und Lisa wirkten sehr ruhig, fast betäubt. Ich fragte mich, ob sie die Auswirkungen der Narkose oder der langen Reise spürten. So eine Umsiedlung ist für die Tiere durchaus eine Strapaze. Zum ersten Mal seit Lisas Geburt waren die beiden Nashörner voneinander getrennt gewesen und hatten Hunderte von Kilometern in einem Fahrzeug zurückgelegt. Nun befanden sie sich in dieser fremden neuen Umgebung mit ihren ungewohnten Gerüchen und Geräuschen.

Ein Ranger warnte uns – wir bekamen Besuch. Siya hatte recht, Thabo und Ntombi müssen die neuen Nashörner gerochen haben und kamen zur *Boma*, um nachzusehen. Ich muss zugeben, dass mich leichte Nervosität überfiel. Die Einführung neuer Tiere in eine bestehende Population ist unwägbar, und keiner von uns konnte voraussehen, wie das Ganze ablaufen würde. Vor allem, weil ich Thabo kannte …

Als Thabo und Ntombi sich näherten, rückten Mona und Lisa enger zusammen, als müssten sie sich vor einer möglichen neuen Gefahr schützen. Für Thabo und Ntombi war es das erste Mal, dass sie neuen Mitgliedern ihrer eigenen Art begegneten! Die vier Nashörner blieben auf Distanz, beäugten sich nur gegenseitig und streckten ihre Nasen in die Luft.

Die Nashörner stammten aus zwei verschiedenen Welten und waren völlig unterschiedlich aufgewachsen: Mona und Lisa waren völlig wild, sie waren im Busch geboren worden, hatten keinen Kontakt zu Menschen und würden ihnen wahrscheinlich auch nicht vertrauen. Dagegen waren unsere beiden kleinen Waisen an Menschen gewöhnt, insbesondere an diejenigen, die sich um sie gekümmert, sie gefüttert und versorgt hatten. Wir wussten also alle, dass es einige Zeit dauern würde, bis sie sich aneinander gewöhnen … und so war es dann auch!

»Sieh dir diese bildhübsche, teure Freundin an, die wir dir besorgt haben, Thabo«, sagte ich. »Ich hoffe, du wirst dich gut um sie kümmern.«

Daraufhin drehten er und Ntombi sich um und verschwanden in den Busch. Danach besuchten sie die Neuankömmlinge nicht mehr. Die Ranger konnten es kaum erwarten, sie freizulassen und Thabos Reaktion dann zu sehen.

Als wir zwei Wochen später die *Boma* öffneten, waren Thabo und Ntombi wie vom Erdboden verschluckt. Doch die Ranger behielten die Neuankömmlinge genau im Blick und sahen dann, wie Thabo sich der Mutter und der Tochter vorsichtig näherte. Als Mona ihn erblickte, gab sie ein kurzes, warnendes Schnauben von sich. Thabo schien neugierig und aufgeregt zu sein und rannte herum, aber bedrängte sie nicht. Er war zwar größer als Mona, aber jünger und weniger erfahren im Umgang mit anderen Nashörnern. Er stieß einen hohen Ton aus, der Unterwürfigkeit signalisiert, drehte sich um und rannte mit seinen ganzen zweieinhalb Tonnen davon.

»Er hat Angst vor ihr!«, rief Siya.

Ja, der mutige und furchtlose Thabo, der einmal versucht hatte, einen Hubschrauber mit drehenden Rotorblättern anzugreifen, und der das aufgemotzte Mad-Max-Fahrzeug der APU niedergerungen hatte, benahm sich jetzt wie ein schüchterner Teenager, der ein hübsches Mädchen zum ersten Mal zum Tanz auffordern will!

Thabo tat mir leid. Niemand hatte ihm beigebracht, wie man sich in einer solchen Situation zu verhalten hatte. Er hatte weder einen Vater noch ein anderes älteres männliches Nashorn, das ihm in Sachen Liebe und Balz ein Vorbild hätte sein können, sondern war mit Menschen aufgewachsen. So sehr wir unseren Thabo auch liebten, wir waren nicht in der Lage, ihm das zu geben, was eine Nashornfamilie ihm geben würde. Es würde nicht einfach für ihn werden. Er brauchte Mut und auch Zeit, um Mona kennenzulernen.

Um unsere neuen Nashörner vor Wilderern zu schützen, mussten auch Mona und Lisa enthornt werden. Etwa zwei Monate nach ihrer Ankunft in Thula organisierten wir den Eingriff. Seit dem dramatischen Tag, an dem wir Thabo und Ntombi enthornt und Ntombi aus dem Graben gerettet hatten, war inzwischen schon fast ein Jahr vergangen, und so beschlossen wir, auch ihre Hörner wieder entfernen zu lassen.

Trever betäubte alle vier Nashörner aus der Luft. Lisa, die kleinste, ging als Erste zu Boden. Mona beschütze ihr Junges Kalb immer sehr stark, und als sie sah, wie Lisa zu Boden ging, taumelte sie zu ihrem Baby hinüber, das regungslos im Staub lag.

Das Betäubungsmittel zeigte bereits Wirkung und Mona näherte sich Lisa nur noch langsam und unsicher. Sie hob ein Vorderbein und stand schwankend da, dann fiel sie auf die Knie. Zwei von Trevers Assistenten kamen mit einem Tuch herbei, um ihr die Augen zu verbinden, aber sie rappelte sich noch einmal auf und taumelte ein paar Schritte näher an ihr Kalb heran. Sogar in diesem Zustand war der Mutterinstinkt, ihr Baby zu lieben und zu beschützen, noch sehr stark. Als sie sich auf Lisa zubewegte, versuchten die beiden Männer, sie wegzuschieben – vergeblich, denn dazu reichte ihre Kraft bei Weitem nicht aus.

Mona stand jetzt direkt neben ihrem bewusstlosen Baby, als das Betäubungsmittel anfing, seine volle Wirkung zu entfalten, sodass auch sie langsam zu Boden ging. Entsetzt sahen wir zu, wie das zwei Tonnen schwere Nashorn im Begriff war, ihr eigenes Kalb unter sich zu begraben.

»Haltet sie auf!«, rief Christiaan. »Wenn sie umfällt, wird sie Lisa töten.«

Die Ranger eilten den beiden Männern zu Hilfe, und zusammen versuchten sie, Mona von Lisa wegzulenken. Wie bei einem Rugbyspiel setzten die Ranger ihr ganzes Gewicht ein, um sie zu stützen, damit sie nicht ihr Baby zerquetschen würde. Schließlich gelang es ihnen, das Nashornweibchen auf den Beinen zu halten, aber es ließ sich nicht fortbewegen.

Als klar wurde, dass die Ranger nicht die Kraft besaßen, sie von Lisa wegzuschieben, eilten alle, die an diesem Tag dabei waren, zu Hilfe. Sogar die Filmcrew ließ ihre Kameras fallen, um ihr Gewicht mit einzubringen. Mit einer unglaublichen Teamleistung gelang es schließlich, Mona so weit fortzuschieben, dass sie einen Meter von Lisa entfernt umfiel, die nichts von dem Drama und der Tatsache, dass sie nur knapp dem Tode entkommen war, mitbekommen hatte.

Von da an verlief die Enthornung wie geplant, bald waren alle vier Nashörner ohne Horn. Allerdings hatte das Ereignis die menschlichen Beteiligten ziemlich mitgenommen. Mein Herz war schwer, als ich zur Lodge zurückkam. Ein solcher Eingriff ist notwendig, aber auch riskant und anstrengend. Ich war erleichtert, dass alles vorbei war, und ich wusste, dass die Nashörner ohne Horn sicherer sein würden. Dennoch mussten Thabo, Ntombi, Mona und Lisa weiterhin rund um die Uhr von unseren Rangern überwacht werden, die mir alle dreißig Minuten ihren Standort meldeten. Wir wussten von Fällen, in denen sogar enthornte Nashörner gewildert worden waren. Manchmal reicht ein kleiner Hornstummel aus, um Wilderer anzulocken. Das ist die harte Realität des Naturschutzes im Angesicht der menschlichen Gier und Grausamkeit. Deshalb können wir es uns nicht leisten, diesen Kampf um die Rettung einer gefährdeten Art zu verlieren, und müssen sicherstellen, dass auch künftige Generationen ein Nashorn in freier Wildbahn sehen können.

Nun hatten wir vier gesunde, enthornte Nashörner, von denen drei im fortpflanzungsfähigen Alter waren. Wie würden sich ihre Beziehungen entwickeln? Und würde Thabo uns stolz machen und seinen Teil zum Überleben seiner Art beitragen? Der Druck lastet jetzt auf dir, mein armer Thabo!

Manchmal graste Thabo eine Weile in der Nähe der Weibchen, aber meistens zog er recht schnell weiter. Dieses Verhalten ist typisch für Nashörner: Während die Weibchen und die Jungen zusammenbleiben, leben die männlichen Nashörner die meiste Zeit getrennt von ihnen. Die Bullen patrouillieren ständig in ihrem Revier und markieren dessen Grenzen mit Kot und Urin. Wenn ein Weibchen paarungsbereit ist, nimmt der Bulle den Duft ihres Urins auf und stattet ihr einen Besuch ab. Aber man könnte sagen, dass er nicht zum Frühstück bleibt! Sobald sie sich gepaart haben, setzt er seine Patrouillen wieder fort.

Während wir gespannt waren, ob Thabo die ihm zugedachte Rolle erfüllen würde, bemerkten wir eine interessante Veränderung an ihm. Da er als Waise aufgewachsen ist, hat Thabo nicht die Mikroorganismen bekommen, die er hätte bekommen sollen. In freier Wildbahn hätte er den Kot seiner Mutter gefressen und auf diese Weise die notwendigen guten Bakterien aufgenommen. Aber ohne die Mikroorganismen war sein Kot immer flüssig. Nach der Ankunft von Mona hatte Thabo angefangen, an ihrem Kot zu knabbern, wodurch sein eigener Kot fester geworden war und begann, wie normaler, gesunder Nashornkot auszusehen. Sind tierische Instinkte nicht bemerkenswert? Wir hofften, dass sie ihn auch dazu bringen würden, sich mit Mona zu paaren.

7 RETTEN, AUFPÄPPELN UND AUSWILDERN

Wenn ich einen Wunsch frei hätte, würde ich mir wünschen, dass jedes Wildtier in seinem natürlichen Lebensraum frei und sicher leben kann.

Leider ist das nicht der Fall. Immer ist es nötig, dass man Tiere deswegen pflegen und aufpäppeln muss. Das Traurige daran ist, dass in der Regel der Mensch für ihr Leid verantwortlich ist, sei es, dass er Elefanten für den Zirkus trainiert, ein Buschbaby als Haustier hält oder eine Schlinge aufstellt, die einem Buschbock das Bein bricht. Indem wir sie aufpäppeln, bekommen Wildtiere eine zweite Chance auf ein Leben in Freiheit.

2014 gründeten wir mit Unterstützung der internationalen Tierschutzorganisation Four Paws das Thula Thula Rhino Orphanage, das speziell auf die Betreuung von verwaisten Nashornbabys ausgerichtet ist. Die entsetzliche, ständig wachsende Nashornwilderei führt immer öfter dazu, dass Nashornbabys verwaist zurückbleiben – aber sie sind zu jung, um in der Wildnis zu überleben, und oft schwer traumatisiert von dem, was sie gesehen und erlebt haben.

Wir haben uns erfolgreich um eine Reihe von Nashornbabys, ein Elefantenbaby und ein Flusspferdbaby gekümmert. Unser oberstes Ziel war es immer, die Tiere in die Freiheit zu entlassen, damit sie überleben, heranwachsen und sich fortpflanzen können. Im Februar 2017 überfielen fünf schwer bewaffnete Wilderer unser Nashorn-Waisenhaus und töteten zwei unserer erst achtzehn Monate alten Nashornbabys, um ihnen ihre winzigen Hörner abzunehmen.

Der Schmerz, die Trauer und die Wut, die ich über ihren Verlust empfand, lassen sich mit Worten nicht beschreiben. Die Tiere, die wir mit der Hand aufgezogen, geliebt und zu beschützen geschworen haben, wurden an ihrem Zufluchtsort abgeschlachtet. Mein angeborener Glaube an das Gute im Menschen war durch diese Gewalt und diesen Verrat schwer erschüttert worden. Wir hatten das Waisenhaus mit den allerbesten Absichten gegründet, um Tieren in Not zu helfen, aber jetzt war es von einer Tragödie heimgesucht worden. Anschließend zog sich die Organisation, die für die Verwaltung des Waisenhauses zuständig gewesen war, zurück.

Und es folgte die Schließung des Waisenhauses.

Als ich mich ein paar Wochen später wieder etwas gefangen hatte, erkannte ich, dass ich diesen Schrecken nur beenden konnte, indem ich etwas Positives schaffen würde.

»Würden Menschen wie wir bei jedem Rückschlag aufgeben, wird es bald keine Nashörner und keine Elefanten mehr geben«, sagte ich zu den Mitarbeitern. »Wir bauen wieder auf, was verloren gegangen ist, und wir werden unseren Traum am Leben erhalten. Wir werden eine neue Auffangstation aufbauen.«

Eröffnet wurde das Thula Thula Wildlife Rehabilitation Centre im Mai 2017, drei Monate nach der Tragödie.

Hier wollten wir verletzte, verwaiste oder aus ihrem natürlichen Lebensraum entnommene Wildtiere wieder aufpäppeln und sie auf ihre Auswilderung in der freien Wildbahn vorbereiten. Dieses Mal wurde es vom Thula-Thula-Team geleitet. Wir hatten eine Genehmigung für eine Reha- und Auffangstation für alle Tiere gestellt, nicht nur für Nashörner.

Die Station entstand auf Gemeindegrund und hatte die Unterstützung und den Segen der Amakhosi. Wir können uns glücklich schätzen, dass sich unsere Stammesführer so sehr für den Naturschutz engagieren – sie nehmen ihre Verantwortung für den Schutz des Landes und seiner Tiere als Vermächtnis für kommende Generationen ernst. Auch Four Paws unterstützte uns wieder.

Das oberste Ziel unserer Arbeit ist es, ein Tier gesund in seinen natürlichen Lebensraum in Freiheit zu entlassen, damit es als Wildtier leben kann. Das bedeutet, dass sie nicht von Menschen gehalten, angefasst, gestreichelt oder geknuddelt werden sollten, so verlockend das auch sein mag. Sie sollten sich nicht zu sehr an Menschen gewöhnen und nicht zu sehr von ihnen abhängig werden.

Oft ist die Arbeit körperlich anstrengend und emotional belastend – unsere Tierbetreuer sehen kranke oder leidende Tiere, und manchmal sterben sie. Aber es gibt auch herzerwärmende Erfolgsgeschichten, wie die unseres ersten Gastes, Lucy, ein Kronenducker-Baby. Diese winzige hellbraune Antilope – ausgewachsen ist sie gerade einmal kniehoch – mit ihrem weichen, hübschen Gesicht und schüchternem Auftreten wurde von der örtlichen Polizei aus der Gefangenschaft befreit und zu uns gebracht. Höchstwahrscheinlich sollte sie als Haustier oder wegen ihres Fleisches verkauft werden. Wir brachten sie in unserem überdachten Neugeborenengehege unter, wo sich das Team der neuen Auffangstation gut um sie kümmerte und sie mit der Flasche aufzog, bis sie selbst grasen konnte.

Ein paar Monate später ließen wir sie auf der Rasenfläche der Safari Lodge frei. Der südafrikanische Name »Duiker« stammt aus dem Afrikaans und bedeutet »tauchen« oder »verstecken«, und tatsächlich machte Lucy ihrem Namen alle Ehre. Als die Kiste geöffnet wurde, rannte sie sofort in den Busch, wo sie im schützenden Unterholz verschwand. Es freute uns sehr, dass ihre natürlichen Instinkte noch intakt waren und Lucy bereit für ihr neues Leben in Freiheit war. Wir sehen sie immer noch von Zeit zu Zeit, und es erfreut mein Herz, sie so gesund und wild zu sehen.

Nachdem sich die Eröffnung der neuen Auffangstation herumgesprochen hatte, brachten uns immer mehr Menschen aus der Umgebung Wildtiere, die sie gefunden hatten oder die in Schwierigkeiten geraten waren. Oft waren es Schildkröten, die auf den Straßen von Empangeni herumirrten, wo sie Gefahr liefen, von Autos überfahren oder von Hunden angegriffen zu werden. Normalerweise brauchen Schildkröten nicht viel, um wieder ausgewildert zu werden. Wir lassen sie in Thula Thula frei, um sich von dort aus langsam und bedächtig auf den Weg in den Busch zu machen, wo sie – wie wir annehmen – glücklich und zufrieden leben.

Wir nahmen auch ein Buschbaby (Galagos) auf, das bei einem Angriff von zwei Ridgebacks eine schwere Verletzung am Hinterlauf davongetragen hatte. Da der Bursche schon ziemlich alt war, konnte er nicht mehr ausgewildert werden, und so verbrachte er seine Tage sicher in einer großen *Boma* in unserer Station. Auch kamen drei neugeborene Ginsterkatzen (auch »Genetten« genannt) zu uns, die man in einer Kiste im Hafen von Richards Bay gefunden hatte. Diese kleinen Wildkatzen haben sich gut an das urbane Leben angepasst und ernähren sich von allem, was sie finden können, knabbern an Kakerlaken und tun sich am Tierfutter gütlich, das sie in den Schalen und Näpfen im Freien entdecken.

Da die Mutter der drei Kätzchen nirgends zu sehen gewesen war, brachte man sie zu uns. Sie waren so winzig, dass sie mit einer Spritze gefüttert werden mussten. Die Tierarzthelferinnen fütterten sie zwölf Wochen lang rund um die Uhr, mit minimalem Kontakt. Je größer sie wurden, desto mehr Zeit verbrachten die hübschen langschwänzigen gefleckten Katzen draußen in der *Boma*. Nach einer Weile begannen wir, das Tor offen zu lassen, damit sie nach Belieben herein- und hinausspazieren konnten. Immer weiter entfernten sie sich von der Station und immer länger blieben sie weg, bis sie schließlich gar nicht mehr zurückkamen. Jetzt sind sie wilde Ginsterkatzen, so wie es sein sollte.

Doch nicht immer lassen sich die Tiere erfolgreich aufpäppeln. Manchmal ist es herzzerreißend, wenn ein Tier nicht gerettet werden kann, wie der Waran, der mit einem gebrochenen Rücken zu uns gebracht wurde und eingeschläfert werden musste. Selbst ziemlich gesunde Tiere können nach einem traumatischen Ereignis oder einer schweren Verletzung an einem Schock sterben.

Die Bäume rund um die Freiwilligen-Akademie beherbergen eine Kolonie von Webervögeln. Webervögel sind fleißige kleine Gesellen mit fröhlichem, leuchtend gelbem Gefieder. Wie der Name schon vermuten lässt, baut das Webermännchen ein Nest aus Gras und Schilf. Diese wunderschön geflochtenen Nester hängen wie Laternen oder Kugeln von den Bäumen herab. Das Weibchen kleidet das Nest mit Federn oder weichem Gras aus, damit es bestens für die Eier und für die Küken vorbereitet ist.

Doch der Goldkuckuck macht sich die Arbeit dieser geschickten Handwerker gern zunutze und legt sein Ei in das weiche, sichere Nest der Weberin, das er sich quasi widerrechtlich angeeignet hat.

Eines Nachmittags im Sommer 2018 in der Brutzeit fegte ein gewaltiger Gewittersturm über Thula Thula hinweg. Es fühlte sich an, als käme das Ende der Welt. Blitze erhellten den Himmel, und starke Niederschläge gingen nieder. Der Wind heulte und rüttelte an den Bäumen. Nachdem der Sturm abgezogen und der Regen aufgehört hatte, sahen wir, welche Spur der Verwüstung er hinterlassen hatte. Der Boden war mit Blättern, Ästen und Webernestern übersät.

»Oh nein«, sagte Jack entsetzt. »Sieh dir all die Vogelbabys an.«

Der Boden war mit kleinen Kadavern bedeckt, die flauschigen Federn klebten feucht an den winzigen Körpern.

»Der da bewegt sich noch!«, sagte einer der Freiwilligen und zeigte auf ihn. »Er lebt!«

Unter den 40 winzigen Webervogel- und Kuckucksbabys, die wir entdeckten, befanden sich 15 Vögel, die noch atmeten.

»Wir müssen sie warmhalten«, sagte Jack, als er sie vorsichtig aufhob und in eine Pappschachtel legte. »Die Vögel sind sehr schwach und es ist schwierig, sie zu retten, vor allem die kleinen. Ihre Überlebenschancen sind schlecht, aber wir müssen es versuchen.«

Jack und die Freiwilligen fütterten und versorgten die kleinen Vögel rund um die Uhr, aber bei Tagesanbruch starben sie einer nach dem anderen. Nur einer, ein Kuckuck, überlebte – die Freiwilligen nannten ihn »Chuck«. Er gedieh prächtig und ließ sich schließlich in den Bäumen innerhalb des Camps nieder.

Eines Tages flog Chuck weg – genauso, wie wir es uns für ihn gewünscht hatten. Wenn wir seitdem den charakteristischen Ruf eines Goldkuckucks hören, fragen wir uns, ob das Chuck ist, der einzige Überlebende dieses verheerenden Sturms.

8 DIE LEBENSRETTUNG KLEINERER TIERE

Im Oktober 2018 nahm Lynda einen Anruf von jemandem aus Durban entgegen.

»Wir haben ein Erdmännchen«, sagte die Anruferin, die sich als Jane vorstellte. »Ich habe gehört, Sie haben eine Auffangstation. Können Sie es aufnehmen?«

»Ein Erdmännchen in Durban? Wo haben Sie es denn her? Hier in KwaZulu gibt es keine wilden Erdmännchen.«

»Es war ein Haustier, fürchte ich. Sie braucht ein neues Zuhause.«

Wenn es etwas gibt, was uns alle in den Wahnsinn treibt, dann sind es als Haustiere gehaltene Wildtiere. Wer ein Haustier will, soll sich einen Hund oder eine Katze anschaffen, aber kein Erdmännchen oder einen Affen oder gar – glauben Sie mir, so etwas gibt es wirklich! – einen Tiger. Wilde Tiere gehören in die Wildnis.

Weil Erdmännchen so niedlich aussehen und nicht sehr groß sind, sind manche Menschen versucht, sie als Haustier zu halten. Nur: Erdmännchen sind Wildtiere. Es ist einfach nicht in Ordnung, Tiere aus ihrem natürlichen Lebensraum zu holen und sie in einem Haus mit Menschen zu halten. Außerdem sind sie nicht ungefährlich, denn Erdmännchen können aggressiv sein und beißen.

Wer Erdmännchen in freier Wildbahn erlebt oder im Fernsehen gesehen hat, weiß, dass sie sehr gesellig sind. Wenn eine Gruppe von Erdmännchen, »Gang« genannt, auf einem Sandhügel abhängt, sehen sie oft aus wie ein Haufen frecher, auf Krawall gebürsteter Halbwüchsiger.

Obwohl diese Säugetiere, was ihre Größe angeht, eher am unteren Ende des Spektrums angesiedelt sind, haben Erdmännchen und Elefanten in der Art und Weise, wie sie zusammenleben und sich zum Wohle der Gruppe gegenseitig helfen, eine Menge gemeinsam. Denn wie Elefanten leben auch Erdmännchen in einem Matriarchat – es gibt nur eine Chefin – und arbeiten zum Wohle der Gruppe eng miteinander zusammen. Dabei nehmen sie aber verschiedene Rollen ein.

Nach der Geburt von Erdmännchen-Welpen helfen erwachsene Erdmännchen mit, auf sie aufzupassen, damit die Mutter auf Futtersuche gehen kann. Eines der Erdmännchen fungiert immer als Wächter. Dabei steht es ganz aufrecht auf den Hinterbeinen, um mit seinen scharfen Augen das Gelände und den Himmel nach Gefahren wie Adlern, Schlangen, Schakalen und anderen Raubtieren abzusuchen. Während dieses Erdmännchen Wache hält, sucht der Rest der Gruppe nach Insekten, die den Großteil ihrer Nahrung ausmachen.

Wird ein Raubtier oder eine andere Gefahr gesichtet, schlägt der Wächter sofort Alarm. Erdmännchen haben ein ausgeklügeltes Kommunikationssystem mit etwa 25 verschiedenen Rufen. Sie alle erkennen den Ruf »Es droht Gefahr!«. Sobald sie ihn hören, rotten sie sich eng zusammen, um sich dem Feind zu stellen, oder bringen sich in ihren Höhlen in Sicherheit.

Stellen Sie sich vor, dass ein soziales Tier wie ein Erdmännchen, das normalerweise mit 20 oder 30 anderen Erdmännchen zusammenlebt, seine Zeit in einem Haus verbringt, nur in Gesellschaft von Menschen. Was für ein einsames Leben muss das sein.

Lynda, Christiaan und ich fuhren nach Durban, um das Erdmännchen, das Daisy hieß, abzuholen. Ich hatte noch nie ein echtes Erdmännchen gesehen und war sofort hin und weg von dem bezaubernden Tier mit dem kleinen spitzen Gesicht und den schwarzen Augenflecken. Es wirkte so aufgeweckt und klug, drehte seinen Kopf von einer Seite zur anderen, schaute sich um und nahm alles in sich auf.

»Komm, Daisy, wir bringen dich in dein neues Zuhause«, sagte Lynda, als wir sie nach Thula Thula brachten. Wir hatten für sie ein großes Gehege in einem der großen *Bomas* vorbereitet, um ihr das Gefühl zu geben, in der Wildnis zu sein. Es war zwar unser Ziel, Daisy wieder auszuwildern, aber man kann nicht einfach ein »zahmes« Erdmännchen in den Busch setzen und darauf hoffen, dass es überlebt. Daisy hatte nie die Chance gehabt, ein wildes Erdmännchen mit all den dafür erforderlichen Fähigkeiten zu sein. Sie musste diese Fähigkeiten erst lernen, bevor sie in den Busch gehen konnte.

Das große Gehege war ein guter erster Schritt. Die Mitarbeiter der Auffangstation achteten ganz genau darauf, den Kontakt zu Menschen auf ein Minimum zu beschränken. Sie musste ihre Gewöhnung an unsere Spezies wieder verlernen und stattdessen lernen, selbstständig zu werden. Als Futter erhielt sie das, was sie auch in freier Wildbahn fressen würde: lebende Insekten. Sie sollte lernen, diese selbst zu suchen und zu fangen. Gleiches galt für Obst, Eier und Pflanzen.

Daisy wurde während ihrer Zeit in der Auffangstation zusehends wilder und selbstständiger. Da wir keine Spezialisten für eine Erdmännchen-Auswilderung waren und wir Daisy hier im Busch außerdem nicht freilassen konnten – in Thula Thula oder KwaZulu-Natal gibt es keine anderen Erdmännchen – mussten wir sie dorthin bringen, wo es Artgenossen für Daisy gab.

Lynda liebt Herausforderungen über alles, und wenn es um das Wohl eines Tieres geht, schaltet sie sofort in den Problemlösungsmodus.

»Ich habe gute Neuigkeiten«, sagte sie, als Daisy bereits einige Wochen bei uns war. »Solidearth Meerkat Rehab and Rescue wird Daisy aufnehmen und sie wieder auswildern.«

»Das ist ja wunderbar! Wo sind die?«

»In der Kalahari-Wüste.«

»Das ist auf der anderen Seite des Landes!«, erwiderte ich.

»Ja, ganz hoch im Norden an der Grenze zu Botswana. Genau dort hätte sie die ganze Zeit sein sollen. Dort ist ihr Zuhause.«

Wir schüttelten beide den Kopf über den Irrsinn, ein wildes Tier aus dem nördlichsten Wüstengebiet Südafrikas zu entführen, um es in der tropischen Küstenstadt Durban als Haustier zu halten.

Daisy wurde in die Kalahari umgesiedelt, zurück in ihren natürlichen Lebensraum. Elma und ihr Team bei Solidearth haben sie nach und nach ausgewildert, indem sie sie mit wilden Erdmännchen zusammenbrachten, von denen sie lernen sollte. Einen Monat später konnte sie sich schließlich einer Gruppe von Erdmännchen in freier Wildbahn anschließen.

Nicht lange danach kam Lynda von ihrem Büro über den Rasen zu mir gelaufen, wie immer in Begleitung ihres großen Labradors Miley und den Prinzessinnen des Rudels, den beiden weißen Pudeln Shiny und Alex, die mit ihr aus Pretoria hergezogen waren. An Lyndas strahlendem Gesicht und ihrem energischen Schritt erkannte ich, dass sie gute Nachrichten für mich hatte.

»Françoise! Ich habe gerade von Elma gehört«, sagte sie, »dass Daisy vier Welpen bekommen hat!«

Lynda hielt nach wie vor Kontakt mit Solidearth, aber bisher gab es keine weiteren Neuigkeiten mehr über Daisy und ihre Welpen. Der Grund: Unser kleines ausgewildertes Erdmännchen war inzwischen so gut in die Gruppe integriert, dass Elma sie nicht mehr von den anderen Erdmännchen unterscheiden konnte. Dies ist eine sehr erfolgreiche Auswilderungsgeschichte, eine gute Wendung einer Situation, die niemals von Menschen hätte verursacht werden dürfen.

Auf ein Tier zu stoßen, das in eine Schlinge eines Wilderers geraten ist, ist für mich eine der traurigsten Situationen überhaupt. Es ist eine entsetzliche und qualvolle Art und Weise, sich zu verletzen oder zu sterben. Ein alter Büffel hatte großes Glück, als er in einer solchen Lage rechtzeitig und noch lebend entdeckt wurde.

Wir haben in Thula Thula etwa 80 Büffel. Büffel zählen zu den sogenannten *Big Five*, und obwohl sie nicht die furchterregenden Reißzähne eines Löwen oder das beeindruckende Gewicht eines Elefanten haben, gelten sie als sehr gefährliche Tiere. Sie können plötzlich angreifen, und wenn sie das tun, hören sie nicht mehr auf. Vor allem die alten Büffelbullen sind berüchtigt für ihre schlechte Laune. Während die Weibchen in Herden mit einem oder zwei Männchen zusammenleben und der Rest der Männchen Junggesellenherden bildet, gibt es für die älteren Herren nirgendwo mehr einen Platz. Sie verkommen zu mürrischen alten Männern, die sich im Schlamm suhlen und bei der geringsten Provokation zum Angriff übergehen.

Büffel, die in einem Jagdreservat gelebt haben, sollte man mit äußerster Vorsicht begegnen – sie haben gelernt, Menschen zu misstrauen, und sind sehr unberechenbar. Unsere Büffel in Thula Thula wurden noch nie gejagt und sind daher recht entspannt. Im Laufe der Jahre sind sie sogar immer entspannter geworden und kommen jetzt ganz nah an die Lodge, wo sie sich sicher fühlen. Sie haben viel Nachwuchs bekommen, was für mich ein Zeichen für eine gesunde, glückliche und wohlgenährte Herde ist. Mabona war überrascht, ein Tier auf dem Gelände der Lodge zu sehen, das zusammen mit den Nyalas (Antilopen) graste. 2010 gab es jedoch einen beängstigenden Beinahe-Unfall beim Eintreffen der ersten Gruppe von 16 Büffeln in Thula Thula.

Die Neuankömmlinge kamen in einem großen Lastwagen an. Wir beobachteten sie aus der Ferne von unseren Fahrzeugen aus, damit die Tiere Platz hatten, um auszusteigen und in den Busch zu laufen. Als die Rampe des Lastwagens heruntergelassen worden war, rannten die Büffel heraus und donnerten mit großer Geschwindigkeit an uns vorbei. Wir sahen zu, bis alle im Busch verschwunden waren. Zum Schluss näherte sich der Tierarzt dem LKW, um sicherheitshalber nachzusehen, ob alle Büffel draußen waren. Als er das Fahrzeug erreichte und hineinspähte, sah er einen riesigen, schläfrigen Büffel. Wir hatten die Büffel nicht gezählt, als sie hinausgerast waren, und wussten daher nicht, dass einer im Lastwagen zurückgeblieben war.

Die beiden beäugten sich für einen kurzen Moment, während wir starr vor Schreck zusahen.

Mit einem Aufschrei rannte der Tierarzt los. Der Büffel sprang aus dem Lastwagen und nahm die Verfolgung auf. Die beiden umkreisten den Lastwagen. Der Tierarzt war ein wenig pummelig und nicht in Form, was sein rotes Gesicht verriet, er legte dennoch eine übermenschliche Leistung an den Tag. Der wütende Büffel war ihm auf den Fersen, als sie weiterhin im Kreis rannten. Die Szene wirkte wie aus einem Zeichentrickfilm und wäre urkomisch gewesen, wenn die Lage nicht so ernst gewesen wäre. Die Hörner eines Büffels sind auf der Oberseite des Kopfes mit einem harten, knöchernen Wulst verwachsen und nach oben und außen zu scharfen Spitzen gebogen. Eine Berührung mit den Hörnern hätte den Tierarzt in ernsthafte Schwierigkeiten gebracht. Schließlich gelang es dem Tierarzt, auf einen der Geländewagen zu klettern, von wo aus er von Rangern in Sicherheit gebracht wurde. Der wütende Büffel rannte in den Busch und schloss sich dem Rest der Herde an.

Der Bursche, der den Tierarzt vor Jahren fast zertrampelt hätte, war einer der ältesten und größten Bullen, so alt, dass er rote, wässrige Augen hatte. Die Ranger nannten ihn »Lucifer«. Über ihn sagte Siya einmal mit einem Schaudern: »Diese Augen! Wenn er dich ansieht, denkst du, er kann dein Leben mit einem einzigen Gedanken beenden.« Damals riefen wir den Tierarzt und einen Hubschrauber, und zusammen mit den Teams am Boden und in der Luft wurde der glückliche, aber verletzte Lucifer gerettet, behandelt und wieder in die Freiheit entlassen, um weiterhin mit seinem Blick Menschen zu töten!

Jedes Mal, wenn ein Tier behandelt und in die Freiheit entlassen wird, um das wilde Leben zu leben, für das es bestimmt ist, füllt sich mein Herz mit Freude, aber manchmal ist dieser Weg auch steinig. Im Februar 2019 beantragten wir eine Genehmigung für die Aufnahme eines Wüstenluchses und zweier Ginsterkatzen, die in einer anderen Einrichtung aufgepäppelt worden waren, ins Thula-Thula-Wildreservat. Zu unserer großen Überraschung lehnte die zuständige Behörde unseren Antrag ab. Außerdem warteten wir zu dem Zeitpunkt auch noch auf den Zulassungsbescheid für die Auffangstation. Die Anträge waren gestellt, die Station inspiziert, aber der Bescheid ließ weiterhin auf sich warten. Wir hatten das Gefühl, dass uns permanent Steine in den Weg gelegt wurden, aus Gründen, die wir nicht verstanden.

Im März wurden wir dazu angehalten, keine weiteren Tiere mehr in der Station aufzunehmen, solange uns die Betriebsgenehmigung noch nicht erteilt worden sei. Dies bedeutete, dass wir die Station schließen mussten. Ich habe vollstes Verständnis dafür, dass Regeln und Vorschriften zu gelten haben, aber es machte mich traurig, dass unsere wunderbare Einrichtung mit ihrer Klinik und Neugeborenenstation, ihren *Bomas*, ihrer Küche und ihren Lagerräumen einfach leer stand. Wir waren bereit, uns um die Tiere zu kümmern und sie auf ein Leben in freier Wildbahn vorzubereiten, aber wir durften sie nicht aufnehmen. Da es in unserer Gegend keine zweite Auffangstation gab, musste jedes verletzte Tier in die nächstgelegene Station – in 300 Kilometer Entfernung – gebracht werden, was mit erheblichen Kosten und großem Stress für das Tier verbunden gewesen war.

Doch dann stellte sich heraus, dass unser erster Antrag auf Wiedereröffnung der Station nicht korrekt gestellt worden war. Daraufhin stellten wir im April 2019 einen neuen Antrag, der diesmal von unserem Anwalt vorbereitet wurde. Was mich quälte, war die Gewissheit, dass die Tiere, die wir wieder aufgepäppelt hatten und die ein freies Leben in der Wildnis hätten führen können, wahrscheinlich sterben oder eingeschläfert werden müssten.

9 WEIHNACHTSGLOCKEN UND FEINE DÜFTE

Es heißt, dass es eine Familie gibt, in die man hineingeboren wird, und eine Familie, die man im Laufe des Lebens gründet. Ich schätze mich glücklich mit meiner Thula-Thula-Familie – mit den Tieren, den Mitarbeitern und einigen lieb und teuer gewordenen Freunden unter den Gästen. Wir unterstützen uns gegenseitig, helfen einander, arbeiten zusammen und handeln zum Wohle der Familie als Ganzes.

Jo Malone und ihre Familie – Ehemann Gary und Sohn Josh – sind Ehrenmitglieder unserer Thula-Thula-Familie. Jo kontaktierte mich im Jahr 2019, nachdem sie mein Buch gelesen hatte. Ich kannte ihren Namen bereits, da Jo eine Reihe herrlicher Düfte unter der Marke »Jo Malone« entwickelt und auf den Markt gebracht hatte, die international für Aufsehen gesorgt haben. Sie sagte, sie sei noch nie in Afrika gewesen, noch nie in einem Wildreservat, aber sie möchte Thula Thula besuchen und sich für den Naturschutz in Afrika einsetzen.

Ein paar Monate nach unserem Telefonat trafen Jo und ihre Familie ein und verliebten sich sofort in unser kleines Paradies. Irgendetwas an Thula Thula hat sie tief berührt. Obwohl gefühlt eine Million Meilen von ihrem Londoner Leben entfernt, fühlte sich Thula Thula für sie irgendwie wie ein Zuhause an. Wir waren uns auf Anhieb sympathisch. Jo hat eine positive, zupackende Einstellung, die ich sehr mag.

Während ihres Besuchs sprachen wir ausführlich über Naturschutz und darüber, was zum Schutz der Tiere und ihres Lebensraums getan werden könne. Da sie die dramatische Enthornung von Mona, Lisa, Thabo und Ntombi hautnah miterlebten, verstanden sie, was nötig war, um Nashörner vor dem Aussterben zu bewahren. Nach ihrem zweiwöchigen Aufenthalt bei uns, in dem sie gesehen hatten, welche Arbeit wir zum Schutz und zur Rettung der afrikanischen Wildtiere leisteten, entwickelten Jo und ihre wunderbare, einfühlsame Familie ein leidenschaftliches Engagement für unsere Sache. Sie setzten sich mit großer Begeisterung dafür ein, die internationale Aufmerksamkeit für die Rettung der südafrikanischen Nashörner anzukurbeln.

Im Dezember 2019 sprach ich mit Lynda in meinem Büro über unsere Weihnachtsvorbereitungen, als ich plötzlich Tumult im Vorzimmer vernahm. Die drei Bürodamen Aphi, Portia und Swazi kamen herein, jede mit einem riesigen Karton in den Händen.

»Weihnachtsgeschenke!«, sagte Portia strahlend.

»Und hier kommt noch mehr!«

Sie stellten die Kisten auf den Boden meines Büros ab und kehrten mit drei weiteren zurück.

»Die kommen aus dem Vereinigten Königreich«, sagte Aphi und drehte den Karton um, um das Etikett zu lesen. »Was ist da drin?«

Da Jo's Assistentin zuvor nach unserer genauen Adresse gefragt hatte, hatte ich eine leise Vermutung, von wem die großen Kisten kamen. Aber gleich sechs Stück? Wahnsinn!

»Dürfen wir sie öffnen?«, fragte Swazi.

»Aber klar doch!«, erwiderte ich. Wir wollten auf keinen Fall warten. Wir waren wie Kinder am Weihnachtsmorgen.

In jedem Karton befanden sich kleinere weiße Schachteln, alle mit einer roten Seidenschleife. Die kleinen Schachteln selbst waren so wunderschön, dass wir uns alle einig waren, dass sie als Geschenk schon ausgereicht hätten! In ihnen befand sich eine Auswahl an Duftkerzen, den berühmten Jo-Loves-Kerzen, und unterschiedlichen, herrlich duftenden Bade- und Körpercremes sowie Dusch- und Badegels. Wahrscheinlich konnte Jo das entzückte Kreischen von London aus hören, aber sicherheitshalber starteten wir einen Videoanruf, damit sie die Begeisterung selbst sehen konnte, die ihre schönen Geschenke ausgelöst hatten. In meinem Büro herrschte ein heilloses Durcheinander, ich stand knietief in Papier und Kartons, aber was für eine Freude hatten wir an diesem Tag!

Es waren genau 60 Produkte, eines für jeden unserer Mitarbeiter. Ich organisierte eine Weihnachtsfeier und ließ jeden der Mitarbeiter ein Geschenk aussuchen. Niemand in Thula Thula hatte jemals so teure Produkte gesehen, und wir hatten viel Spaß beim Schnuppern und Testen, Auswählen und Austauschen. Ich konnte mir ein Lächeln nicht verkneifen, als ich mitbekam, wie unsere rauen Ranger über die exotischen Cremes, Bodylotions und Kerzen aus London diskutierten.

»Grüne Orange und Koriander«, sagte Muzi und legte seine große Hand um die zierliche Flasche. »Das hört sich gut an.«

»Grüne Orange? Was ist das denn? Orangen sind doch orangefarbig«, sagte Khaya stirnrunzelnd.

»Ach, was weißt du denn schon von Badegels?«, erwiderte Muzi abwehrend.

Siya hatte einen Pott mit Körpercreme in die Hand genommen und las das Etikett: »Weiße Rose und Zitronenblätter.«

»Das nehme ich«, sagte Victor.

»Oh nein, das wirst du nicht. Such dir selbst etwas aus«, sagte Siya und hielt an seiner Wahl fest.

Jo hat uns allen an Weihnachten so viel Freude bereitet, ihre Großzügigkeit war einfach überwältigend.

Zu diesem Zeitpunkt hatte ich bereits ihr Buch *Jo Malone: My Story* gelesen, sodass ich über ihr Leben – über die Probleme in ihrer Familie, ihre Legasthenie und ihre gesundheitlichen Probleme – Bescheid wusste. Sie musste viele Hürden überwinden, um den großen Erfolg und Ruhm, den sie erlangt hat, zu erreichen. Ihr Mut, ihre Entschlossenheit und ihr Durchhaltevermögen haben mich und auch so viele andere Menschen inspiriert. Vor allem aber schätzte ich ihre Aufmerksamkeit und Freundlichkeit gegenüber unserer Thula-Thula-Familie, die jetzt – dank ihr – im tiefsten Busch von Zululand Weihnachten feierte, während die Luft von Mango-Thai-Limette durchsetzt war.

Nach dem fröhlichen, wohlduftenden Weihnachtsfest fing das neue Jahr 2020 jedoch schlecht an. Am 6. Januar erhielt ich frühmorgens einen Anruf von unserem Betriebsleiter Vusi. Ein Anruf um 7 Uhr morgens ist immer ein Grund zur Sorge, und seine Stimme klang ernst.

»Françoise, die Hyänen haben Lisa angegriffen. Wir haben sie zwar verjagt, aber Lisa sieht nicht gut aus. Sie liegt im Gras.«

»Ist sie verletzt?«

»Wir konnten noch nicht nah genug herankommen, um nachzusehen. Mona steht neben ihr und bewacht sie vor den Hyänen. Sie lässt auch uns leider nicht näher ran.«

Ich legte auf und rief sofort unseren Tierarzt Trever an.

Als Trever ein paar Stunden später eintraf, sahen wir sofort nach Lisa. Das kleine Nashorn lag immer noch im Gras und gab kleine, traurige Quietschgeräusche von sich. Ein Nashornbaby in Not gibt einen herzzerreißenden, fast menschlichen Schrei von sich. Lisa litt eindeutig, aber wir wussten nicht, worunter. Mona stand hilflos daneben. Ihr Mutterinstinkt veranlasste sie, ihr Baby zu beschützen, aber sie konnte nichts tun, um seine Schmerzen zu lindern.

»Ich kann Lisa nicht untersuchen, wenn Mona dabei ist. Wir müssen Mona betäuben.«

»Wenn das so ist, dann tun wir das«, sagte ich.

Zum Glück befanden wir uns auf offenem Terrain, sodass es recht einfach war, Mona zu betäuben. Dennoch wehrte sie sich mit aller Kraft gegen die Wirkung des Betäubungsmittels. Es war, als wollte sie nicht einschlafen und ihr Baby Lisa nicht schutzlos zurücklassen. Anstatt ruhig einzuschlafen, taumelte sie herum. Schließlich gab sie auf, und Vusi und die Tierarzthelferin halfen ihr, so hinzufallen, dass sie sich nicht verletzen würde.

Anschließend konnte Trever Lisa untersuchen. Es gab keine offensichtlichen Verletzungen. Trever entnahm Blutproben und gab ihr Antibiotika und Auffrischungsimpfungen, wie es üblich ist, wenn wir uns nicht sicher sind, was einem Tier fehlt.

»Ich sehe weder Blut noch Verletzungen, also wurde Lisa nicht von den Hyänen angegriffen«, sagte er. »Es scheint, als wären sie erst gekommen, als Lisa schon krank war. Ich weiß nicht, was ihr fehlt, aber ich will sie in diesem Zustand nicht hier lassen. So ist sie eine leichte Beute für Raubtiere.«

Ich schlug vor, sie in die Auffangstation zu bringen. Dort in der geschlossenen *Boma* wäre sie sicher und würde von unseren Rangern überwacht.

Das war eine gute Lösung, allerdings eine mit einem Haken: Wie sollten wir sie dorthin bringen? Die Auffangstation lag zwar ganz in der Nähe – nur etwa einen Kilometer den Hügel hinauf –, aber die kleine Lisa wog bereits etwa eineinhalb Tonnen. Ich rief Grant Tracy von Tracy & du Plessis Game Capture an. Als er hörte, dass unser kleines Nashorn in Gefahr war, sagte er, er würde sich sofort auf den Weg machen.

Grant und sein Team trafen nur wenige Stunden später ein. Sein Team verlud Lisa auf den Lastwagen. Das arme Baby hatte vor der nötigen Betäubung immer noch geweint. Es war herzzerreißend und wir fühlten uns alle völlig hilflos. Als Lisa schon auf dem Weg zur Auffangstation war, injizierte der Tierarzt Mona das Umkehrmedikament, um sie wieder aufzuwecken. Ich fühlte mich schlecht, weil ich Mona, eine so liebevolle Mutter, ohne ihre Tochter zurücklassen musste. Ich wusste, wie gestresst und traurig sie sein würde. Aber wir hatten keine andere Wahl, Lisa musste dringend behandelt und rund um die Uhr betreut werden. Erst wenn es ihr wieder besser ginge, würden die beiden zusammengeführt werden.

Lisa war noch immer bewusstlos, als wir sie in die *Boma* brachten. Die APU-Ranger würden sich um sie kümmern.

»Sie soll das Betäubungsmittel ausschlafen«, sagte Trever. »Sie wird bald wieder aufwachen.«

»Gebt mir bitte Bescheid, wenn sie aufwacht«, sagte ich zu den Rangern. »Und ich will jede halbe Stunde einen Bericht.«

Doch Lisa wachte nicht mehr auf.

Um 14.00 Uhr erhielt ich den schrecklichen Anruf von Vusi: »Françoise, es tut mir leid. Lisa ist tot.«

Ich kann mit keinen Worten beschreiben, wie erschüttert ich war, wie erschüttert wir alle waren. Unser kostbares Baby Lisa war nicht mehr am Leben. Sie starb mit nur zwei Jahren – sechs Monate, nachdem sie in Thula Thula angekommen war. Als die Blutwerte aus dem Labor kamen, wurde klar, dass ein Virus zum Tod des kleinen Nashorns geführt hatte.

»Das ist so ungerecht, so unfassbar«, sagte ich unter Tränen zu Vusi. »Wir ergreifen die außergewöhnlichsten Maßnahmen, um unsere Nashörner vor Wilderern zu schützen, und dann nimmt ein verdammter Virus sie uns einfach in nur 24 Stunden weg.«

»Das ist die Natur. Das werden wir nie verstehen …«, erwiderte er kopfschüttelnd.

Ich schätze mich so unglaublich glücklich, so leben zu dürfen, wie ich es tue, im afrikanischen Busch mit all seiner Schönheit und seinen Reizen, seiner Wärme und seinem Frieden. Aber ich glaube nicht, dass ich mich jemals an die brutale Realität der Naturgesetze und an die Gepflogenheiten der Wildnis werde gewöhnen können. Sie scheinen grausam zu sein, obwohl ich weiß, dass sie es nicht sind. Ein Tier, das ein anderes tötet, um es zu fressen, ist nicht grausam; ein Virus ist nicht grausam. Grausam ist es, ein Tier wegen seines Horns oder aus Lust am Töten umzubringen, wie es die Menschen tun. Dennoch trifft mich jeder Verlust, jeder Tod tief und schmerzhaft. Der Verlust eines geliebten Tiers ist immer traurig, aber der Verlust eines Nashorns ist besonders traurig, weil seine Art vom Aussterben bedroht und ihr Überleben so gefährdet ist.

Wenn wir Menschen schon so traurig waren, wie erging es wohl Mona? Sie war jetzt allein. Sie war aus der Betäubung aufgewacht, ohne zu wissen, wo sich ihre Tochter befand oder was mit ihr geschehen war. Jetzt irrte sie wie eine verlorene Seele in ihrem Revier im nördlichen Teil des Wildreservats umher. Fakt war, dass Sie sich ganz in der Nähe der Auffangstation befand, in der ihre Tochter gestorben war. ›Spürte sie, dass ihre Tochter gestorben war?‹, fragte ich mich. Oder suchte sie angstbesessen nach ihr?

Dann geschah etwas Erstaunliches.

Ntombi war ganz in der Nähe des Ortes gewesen, an dem Lisa zusammengebrochen war, und hatte das Geschehen aus der Ferne beobachtet – die Betäubung, den Transport von Lisa nach Thula Thula, das Aufwachen von Mona. Normalerweise blieb Ntombi bei Thabo, aber jetzt ließ sie ihn links liegen, um Mona Gesellschaft zu leisten. Sie blieb bei ihr und spendete ihr Trost angesichts ihres Verlustes. Wir waren überglücklich, die beiden Nashorndamen zusammen zu sehen. Ntombi hatte Lisa schon einmal auf einen Rundgang durch Thula Thula mitgenommen und ihr das riesige Land, das nun ihr Zuhause war, gezeigt. Aber Mona war noch nie in diesem Teil des Reservats gewesen, den ihr Ntombi nun zeigte, und so war es für sie wie eine Entdeckungsreise. Sie kamen sogar an meinem Haus vorbei und gingen langsam Schulter an Schulter.

»Ich frage mich, worüber Nashorndamen so plaudern«, scherzte ich mit Lynda, während wir den Anblick genossen, wie die beiden großen Damen die Straße entlangschlenderten.

»Oh, ich stelle mir vor, dass Ntombi Mona auf interessante Orte hinweist, wie zum Beispiel dein Haus: ›Dort wohnt die Chefin.‹«

»Ich hoffe, Ntombi hat nur nette Dinge über mich zu sagen!«, antwortete ich und lachte.

Natürlich wissen wir nicht, wie Tiere kommunizieren oder was sie sagen, aber ich stellte mir vor, dass Ntombi Mona irgendwie wissen ließ, dass sie nicht allein war, und sie auf einen kleinen Spaziergang mitnahm, um sie aufzuheitern. Es war herzerwärmend, wie Ntombi Mona ihr Mitgefühl und weibliche Solidarität in einer Zeit des Kummers zeigte. Es war wirklich schön, das zu sehen.

Aber was dann geschah, war ganz außergewöhnlich.

Zwei Monate nach Lisas Tod erhielt unsere Nashorn-WhatsApp-Gruppe eines Tages in aller Herrgottsfrühe eine Nachricht von Muzi, der die Nashörner überwachte. Es war ein Foto von Mona mit einem winzigen Baby neben ihr, darunter Muzis Kommentar: »Wir haben ein neues Nashornbaby!«

Wir waren fassungslos. Wir hatten keine Ahnung, dass Mona schwanger gewesen war. Die Tragzeit eines Nashorns beträgt 16 Monate, aber es ist fast unmöglich, bei einem so großen Tier mit einem ohnehin schon dicken Bauch eine Schwangerschaft zu bemerken. Wie bei Elefanten ist auch bei Nashörnern der erste Hinweis auf eine Schwangerschaft meistens die Geburt des Babys! Zu behaupten, dass wir überglücklich waren, wäre untertrieben. Es war, als hätte uns das Universum nach dem schrecklich traurigen Verlust von Lisa, der noch immer schwer auf uns lastete, dieses unglaubliche Geschenk gemacht.

Wir konnten es kaum erwarten, dieses kostbare neue Baby kennenzulernen, aber Monas Mutterinstinkt ließ nicht zu, dass wir ihm zu nahe kamen. Einige Wochen später gelang es uns, ein paar gute Fotos zu machen. Wir bestaunten dieses kleine neue Kalb mit Freude und Bewunderung.

Wir nannten sie »Sissi«, die Kurzform von Busisiwe, was auf Zulu »Segen« bedeutet. Der Name bezieht sich aber auch auf Sisi, wie die Kaiserin Elisabeth von Österreich und Königin von

Ungarn oft genannt wurde. Die Wahl dieses Namens war ein Dankeschön an unsere wunderbaren Gäste und Freunde Gudrun und Phillip Schneider aus Österreich, die den Schutz der Nashörner in Thula Thula seit vielen Jahren unterstützten. Baby Sissi war ein bezaubernd kleines Geschöpf, in das wir uns alle sofort verliebt haben.

Nur waren wir uns nicht ganz sicher, wie dieses Baby zustande gekommen war. Hatte Thabo die Tat endlich vollbracht? Oder war Mona bereits schwanger, als sie zu uns kam? Lynda und ich holten einen Kalender hervor und rechneten nach. Mona war im Mai 2019 zu uns gekommen, und jetzt war es März 2020.

»Thabo war's nicht, fürchte ich«, sagte sie. »Sie muss frisch schwanger gewesen sein, als sie bei uns eintraf.«

»Also ist der ›Freund‹, den ich in Phinda gesehen habe, der Vater«, sagte ich. »Schade, dass es nicht unser Thabo ist, aber wer weiß. Vielleicht klappt es beim nächsten Mal!«

10 FAMILIENZUWACHS

Neugeborene Tierbabys willkommen zu heißen, zählt zu den großen Freuden des Buschlebens. Im Frühsommer bringen die Impalas ihre Jungen zur Welt, die schon nach wenigen Minuten auf den Beinen stehen und neben ihren Müttern her staksen. Bald danach bekommen die Zebras Nachwuchs – kleine, flauschige, gestreifte Nachbildungen der Eltern. Und dann die Elefanten. Mit einer Krone aus schwarzem Haar auf der Stirn und einer Höhe von gerade mal einem Meter sind Elefantenbabys bezaubernde und entzückende Geschöpfe.

Da Elefanten sehr zeugungsfreudig sind, gibt es viele Elefantenbabys, aber das bedeutet für uns auch eine Menge Sorgen.

Als Lawrence 2012 starb, hatten wir 21 Elefanten und lagen damit gerade noch so unterhalb der gesetzlichen Obergrenze. Nachdem uns die Wildtierbehörde mitgeteilt hatte, dass wir Maßnahmen zur Geburtenkontrolle ergreifen müssten, führten wir im September desselben Jahres ein Verhütungsprogramm für unsere männlichen Elefanten ein. Dies geschieht alle sechs Monate von einem Hubschrauber aus. Das Hormon in dem Verhütungsmittel unterbindet den Sexualtrieb (und hat als Nebeneffekt, dass die Tiere ruhiger und entspannter werden). Diese Verhütung erlaubt es uns, die Größe der Herde zu steuern, und ist, wie uns versichert wurde, reversibel: Sobald wir die Hormone absetzen, sind die Elefanten wieder zeugungsfähig.

Dagegen ist Empfängnisverhütung keine schnelle Lösung. Die Hormone brauchen eine gewisse Zeit, bis sie wirken, und bis es soweit ist, werden weitere Babys geboren. Außerdem stellten wir fest, dass einige Weibchen bereits trächtig waren, als wir mit dem Verhütungsprogramm begannen – schließlich beträgt die Tragzeit bei Elefanten 22 Monate; eine Schwangerschaft lässt sich frühestens nach vielen Monaten feststellen, wenn überhaupt. Durch acht solcher Überraschungsgeburten wuchs unsere Elefantenfamilie in den vier Jahren zwischen 2012 und 2016 auf 29 Tiere an. Das war so nicht geplant!

2008 dehnte sich das Wildreservat nach Fundimvelo aus und zwei Jahre später, 2010, taten wir uns mit unseren Nachbarn, der Familie Robarts, zusammen, denen die südlich von Thula Thula gelegene Lavoni-Farm gehörte. Von den insgesamt 1350 Hektar der Farm übernahmen wir 1000 Hektar Buschland; das restliche Areal bestand zum Teil aus Zuckerrohrfeldern, die bis 2020 an einen Zuckerhersteller verpachtet waren.

Somit verfügten wir über dreimal so viel Land wie bei der Gründung von Thula Thula, als wir sieben Elefanten hatten. Doch trotz dieser Expansion und der Geburtenkontrolle war die maximale Aufnahmekapazität für Elefanten erreicht. Wir brauchten mehr Land für unsere bestehende Herde und hoffentlich auch mehr Elefanten. Unser längerfristiges Ziel war eine natürliche Vermehrung unserer Elefanten, denn eine Elefantenherde braucht Nachwuchs. Da sich alle Weibchen einer Herde um die Elefantenbabys kümmern, sammeln sie alle Erfahrung. Jungtiere großzuziehen, ist eine wichtige Aufgabe in einer Elefantengesellschaft.

Christiaan sagt immer: »Die zwei glücklichsten Tiere der Welt sind ein Hofhund und ein Elefantenbaby«, und das stimmt auch. Um das zu erkennen, muss man sich nur ein Elefantenbaby ansehen! Es bekommt rund um die Uhr Aufmerksamkeit und wird von der ganzen Großfamilie gehegt, gepflegt, beschützt und unterrichtet. Das ist auch der Grund, warum Menschen sich so schwertun, verwaiste Elefanten aufzuziehen, denn wir können diese ständige Liebe und Aufmerksamkeit nicht bieten. Wie gesagt, wir brauchten mehr Land, damit wir unser Verhütungsprogramm beenden konnten und es mehr Elefantenbabys geben würde!

Allerdings geht es nicht nur um die Größe der Herde. Wichtig ist auch, dafür zu sorgen, dass die Elefantenfamilie ausgeglichen und glücklich ist, dass das zahlenmäßige Verhältnis zwischen Männchen und Weibchen stimmt und die Herde neben Babys auch einige Halbwüchsige umfasst, die von den jungen Erwachsenen lernen, wo es langgeht. Da wir ziemlich viele Kinder und Jugendliche hatten, die aber eines Tages erwachsen sein würden, war es also an der Zeit für ein weiteres Baby – aber das Verhütungsprogramm funktionierte und Überraschungen hat es keine mehr gegeben. Mehr Land würde es uns ermöglichen, unsere schöne Herde im Einklang zu halten.

In der Zwischenzeit drängten die Behörden uns immer stärker dazu, für unsere Elefanten einen Zehnjahresplan aufzustellen, der den neuesten Vorschriften und Protokollen entsprach. Das war nicht verhandelbar, wie es hieß, denn jedes Wildreservat muss eine bestimmte Hektargröße pro Elefant haben, ungeachtet der Topografie. Natürlich braucht man Regeln und Vorschriften – man kann nicht zulassen, dass Menschen Wildtiere unter Bedingungen halten, in denen sie nicht genug zu fressen bekommen oder keinen Platz zum Herumstreifen haben, und man kann nicht zulassen, dass Tiere ihren eigenen Lebensraum zerstören. Doch manche Gebiete können mehr Wild beherbergen als andere.

»Schau dir doch nur unsere Aufnahmekapazität an, im Vergleich zu dem Freistaat oder sogar dem Krügerpark«, sagte Christiaan gereizt. »Wir sind fast Teil des Küstengürtels. Der Busch ist üppig, Gras gibt es das ganze Jahr über. Es gibt viel Nahrung. Wir haben Hügel und Täler, viele Bäume …«

»Ich weiß, aber das spielt alles keine Rolle«, erwiderte ich. »Die Topografie wird nicht berücksichtigt. Wir brauchen schlichtweg mehr Land, wenn wir mehr Elefanten wollen. Und dazu müssen wir einen Plan aufstellen.«

Endlich kam der Durchbruch! Nach dreijährigen Verhandlungen erzielten wir im Dezember 2019 eine grundsätzliche Einigung mit den Amakhosi: Weitere 2000 Hektar Gemeindeland würden in Thula Thula eingegliedert werden. Die Erleichterung, die ich darüber empfand, war immens. So konnten wir die Vorschriften einhalten und hatten keinen Stress mehr. Und wir wären Lawrence' Traum von einem großen Naturschutzgebiet, einem glücklichen Zuhause für unsere und weitere Elefanten, wieder einen Schritt näher gekommen.

Auch aus anderen Gründen ist eine Arealvergrößerung von großer Bedeutung: je größer die Fläche, desto vielfältiger die Topografie und der Lebensraum, und desto dynamischer das Ökosystem. je größer die Fläche ist und je weniger Zäune sie hat, desto freier können sich die Tiere bewegen, und desto größer ist ihre Dichte ohne negative Folgen für das Ökosystem.

Jedoch geht es bei einer Expansion nicht nur darum, mehr Fläche zu finden, sondern auch darum, Geld dafür aufzutreiben. Wer expandiert, muss mehr Land schützen und bewirtschaften. Das bedeutet neue Elektrozäune, neue Zufahrtsstraßen, zusätzliche Sicherheitskräfte und zusätzliches Personal der Anti-Wilderer-Einheit, die Rodung von nichtheimischen Gehölzen und invasiven Arten, die Schaffung von Brandschneisen und und und. Die Liste ist schier endlos, und all das kostet Geld. Aber ich habe gelernt, schrittweise vorzugehen. Das Wichtigste zuerst – das Land. Und das hatten wir! Wir mussten nur noch den Papierkram erledigen und dann konnte die nächste Phase des Thula-Thula-Expansionsprogramms beginnen. Wir waren startklar. Im März 2020 wollten wir mit dem Bau der Zäune beginnen.

Nun, jeder weiß, was im März 2020 war: die Pandemie. Und der Lockdown. Die Ungewissheit und das fehlende Einkommen machten all unsere Pläne zunichte. Wir legten unser Zaunprojekt auf Eis und konzentrierten uns auf das Überleben.

11 CORONA ERREICHT THULA THULA

Ich habe das Jahr 2020 in einem Ayurveda-Resort im indischen Kerala eingeläutet. Nach einem hektischen Jahr brauchte ich einfach eine Pause, und Kerala war perfekt: Meer, Sonne, Yoga und ein sorgenloses Dasein, weit weg von meinem anstrengenden Buschalltag in Thula Thula.

Wenn es mir möglich ist, besuche ich Indien jedes Jahr. Besonders Kerala hat es mir angetan – die wunderschöne tropische Küste, die Kultur, das Essen, die großartigen Tempel. Aber es macht mich traurig zu sehen, wie die Elefanten dort leben. Elefanten sind schon seit der Antike Teil der indischen Kultur und Geschichte. Sie wurden im Krieg eingesetzt und verehrt – der angebetete Hindu-Gott Ganesha wird mit einem Elefantenkopf dargestellt und soll Hindernisse beseitigen oder überwinden helfen. Dennoch werden indische Elefanten oft sehr schlecht behandelt. Es gibt Hunderte von domestizierten Elefanten, die bei Festen und Paraden sowie in der Tourismusbranche eingesetzt werden. Oft ist das Training für solche Anlässe äußerst grausam, und die Tiere werden in Ketten gehalten. Es schmerzt mich zu sehen, wie diese prächtigen Tiere mit prunkvollen Gewändern und juwelenbesetzten Kopfbedeckungen geschmückt und mit Glocken und Halsketten behängt als Reittier benutzt werden. Wenn ich sie in der heißen Sonne auf den flimmernden asphaltierten Straßen laufen sehe, muss ich daran denken, wie sehr sich doch ihr Leben von dem unserer Elefanten unterscheidet, die in einer gesunden, glücklichen Familienherde leben, fressen, herumstreifen und spielen – so wie es für Elefanten normal sein sollte.

Während meines Aufenthaltes in Indien hörte ich zum ersten Mal von einem mysteriösen Virus, das in China kursierte, aber ich war nicht besonders beunruhigt. »Ein weiterer Fall von medialer Panikmache«, dachte ich, »wie die Vogelgrippe, Ebola und der Rinderwahnsinn wird auch dieses Virus bald wieder aus den Schlagzeilen verschwinden.« Als ich Anfang Februar die Heimreise nach Südafrika antrat, waren in Kerala bereits einige Menschen von dem Virus befallen. Aber da ich mich auf zu Hause und das neue Jahr in Thula Thula freute, wollte ich mich von schlechten Nachrichten nicht unterkriegen lassen. Außerdem war unser kleines Zululand-Paradies eine halbe Weltreise von China und dem lästigen Virus entfernt.

Ich gehöre nicht zu den Menschen, die ständig vor dem Fernseher sitzen und Nachrichten ansehen, aber ich konnte nicht umhin, ab und zu nachzusehen, wie die Lage war. Ich war ziemlich beunruhigt, als ich mitbekam, dass so viele Menschen in der Lombardei in Italien an dem Virus starben. Schulen wurden geschlossen, hieß es in den Nachrichten, und kulturelle und öffentliche Veranstaltungen wurden abgesagt. Innerhalb weniger Wochen tauchte das Wort »Lockdown« überall in den Nachrichten auf. Erst China, dann Italien und schließlich ganz Europa sperrten ihre Bürger zu Hause ein. Zum Glück befanden wir uns sicher im schönen Zululand, wo unsere einzigen Sorgen ein widerspenstiges junges Nashorn, die Frustration über langsame Beamte, das Warten auf Genehmigungen und die frechen Südlichen Grünmeerkatzen waren, die es liebten, meine Hunde zu necken und sie im Morgengrauen zum Kläffen zu bringen.

»Die Welt steht Kopf und das nur wegen eines kleinen Virus«, sagte ich eines Morgens beim Kaffee zu Lynda und Christiaan. »Wenn alle Geschäfte und Unternehmen auch nur für ein paar Wochen geschlossen werden, wird das der Weltwirtschaft sehr schaden. Stellt euch mal vor, das Virus würde Südafrika erreichen!«

In Südafrika wurden die ersten Fälle im März registriert – das waren alles Menschen, die aus Europa zurückgereist waren. Mit meinem unerschütterlichen Optimismus glaubte ich dennoch, dass es sich nur um Einzelfälle handelte und dieses Problem an uns vorübergehen würde.

»In den Nachrichten heißt es, dass sich das Virus schneller ausbreitet, als wir dachten«, sagte Christiaan, der die Nachrichten regelmäßiger verfolgte als ich. »Schließlich kommen Menschen aus der ganzen Welt hierher, wer weiß …«

»Für die südafrikanische Wirtschaft wäre das verheerend«, sagte Lynda, »unsere Regierung hat nicht die finanziellen Mittel, um den Menschen im Falle eines Lockdowns unter die Arme zu greifen.«

»Das wird uns nicht passieren«, sagte ich, die ewige Optimistin. »Südafrika kann nicht völlig in einen Lockdown gehen.«

Das Leben im Busch verläuft nie reibungslos – dafür ist es zu unberechenbar –, aber wir hatten uns etabliert. In den 20 Jahren, in denen wir dieses Wildreservat und die Lodge inzwischen betrieben, war der Februar 2020 unser bester Monat überhaupt. Die Gäste kamen aus aller Herren Länder, um unseren wunderschönen Busch zu genießen und unsere Tiere zu sehen, insbesondere unsere berühmte Elefantenfamilie. Außerdem stand die Arealvergrößerung kurz bevor, auf die wir uns schon freuten. Besser hätten die Aussichten für das kommende Jahr nicht sein können.

Am Abend des 23. März hatte ich mich vergnügt auf mein Sofa zurückgezogen, um mit den Hunden zu plaudern, ihnen Leckerlis zu geben und meine Freude mit ihnen zu teilen … als ich die Nachricht hörte. Präsident Cyril Ramaphosa kündigte für ganz Südafrika einen dreiwöchigen Lockdown an, um die Ausbreitung von Covid einzudämmen. Schulen und Geschäfte wurden geschlossen, der Reiseverkehr wurde eingeschränkt, die Bürger sollten in ihren Häusern bleiben, und nur Rettungsdienste durften sich frei bewegen. Für die südafrikanische Tourismusbranche hatte dies verheerende Auswirkungen.

Die Nachricht von dem Lockdown löste unter den Gästen, insbesondere denen aus Übersee, große Panik aus – Lodge und Zeltcamp waren in der Zeit voll belegt. Den Gästen war klar, dass sie ihren Urlaub abbrechen und versuchen mussten, mit einem der wenigen verbleibenden Flüge nach Hause zurückzukehren. Die Reiseinformationen waren spärlich und widersprüchlich. Niemand wusste, ob und wann Flüge gestrichen würden, ob die Menschen in ihre Heimatländer einreisen durften, oder ob, und wenn ja, für wie lange sie in Quarantäne gehen mussten. Aber alle begannen, ihre Koffer zu packen. Ihre Abreise hatte etwas Verzweifeltes, Kriegsähnliches, als ob sie um ihr Leben fliehen würden. Natürlich gab es keine Waffen, keine Armee, keine Generäle. Nicht mal ein äußeres Zeichen warnte vor den Gefahren, denen wir ausgesetzt waren. Der Feind war ein unsichtbares Virus, und genau das machte die Situation vollkommen surreal. Es gab Momente, in denen ich dachte, in einem schlechten Science-Fiction-Film gelandet zu sein.

Am 26. März schloss Thula Thula seine Türen für Gäste. Weltweite Reisebeschränkungen brachten den internationalen Tourismus vollends zum Erliegen. Von einem Tag auf den anderen brachen unsere Einnahmen weg. Es war eine Katastrophe, aber ich wusste, dass wir überleben würden.

»Kommt schon, es ist doch nur für drei Wochen!«, sagte ich. »Nicht verzweifeln.«

Ohne Gäste wirkte die Lodge absolut trostlos. Die großen Glastüren zur Veranda und zur Liegewiese waren geschlossen, im Swimmingpool trieben die Blätter auf der Wasseroberfläche. Die Esstische, die normalerweise mit weißen Tischtüchern bedeckt waren, auf die Körbe mit hausgemachtem Körnerbrot von unserem Chefkoch Tom gestellt wurden, waren leer. An der Bar versammelten sich keine Gäste, um bei einem kalten Bier spannende Wildsichtungen und Geschichten über ihre jeweiligen Buschabenteuer auszutauschen.

Ein Bock hatte die Pandemie ausgenutzt und war in die leere Lodge eingezogen! Die Lodge und ihr Gelände sind zwar von einem Elektrozaun umgeben, aber während die Drähte so hoch angebracht sind, dass größere Wildtiere ferngehalten werden, können kleinere Tiere mühelos hinein- und hinauswandern. Die Nyalas und Impalas zeigten sich vorher zwar oft auf der Liegewiese der Lodge, aber jetzt, wo alles menschenleer und friedlich war, ließen sich die Böcke dauerhaft dort nieder, taten sich gütlich am Gras und tranken aus dem Pool – gut geschützt vor Raubtieren. Bald gesellte sich eine Herde Gnus zu ihnen, die tagsüber zum Grasen ins Wildreservat wanderte, aber nachts in die Lodge zurückkehrte, um in Sicherheit zu schlafen.

Unsere Elefanten zeigten sich weniger erfreut über die plötzliche Ruhe im Wildreservat. Sie waren sogar verwirrt: Wo sind denn alle? Wo sind die Ranger? Die Besucher mit ihren Kameras? Wo ist das nachmittägliche Beobachtungsfahrzeug voll mit staunenden Touristen? Die Elefanten machten sich auf den Weg, um es herauszufinden. In den ersten Tagen des Lockdowns besuchten sie die Lodge, um zu sehen, was dort los war. Nicht viel. Danach statteten sie dem Zeltcamp einen Besuch ab – vielleicht würden sie dort auf menschliche Gesellschaft stoßen? Vergeblich. Aber in der Freiwilligen-Akademie würden sie doch sicherlich von einer Gruppe bewundernder junger Leute begrüßt werden? Ebenfalls Fehlanzeige. Dann kamen sie zum Haupthaus, um nach uns Ausschau zu halten, blieben am Zaun stehen und spähten in den Garten. Mit Erfolg! Wir kamen alle aus unseren Häusern und Büros, um Hallo zu sagen und die Elefanten zu bewundern, die sich jenseits des Zauns versammelt hatten. Wir waren genauso glücklich, sie zu sehen wie sie uns!

»Gobisa! Marula! Toll seht ihr aus!«

»Seht nur, wie Andile gewachsen ist!«

»Wo ist denn der kleine Lolo? Ach, da ist er ja!«

Die Elefanten blieben eine Weile – die Erwachsenen knabberten an den Baumästen, die über den Zaun hingen, oder liefen umher, während die Kleinen uns mit ihren Mätzchen erfreuten.

»Ich glaube, sie haben uns vermisst«, sagte Clément, mein Partner aus Durban, der während des Lockdowns bei uns in Thula Thula bleiben wollte.

Es wirkte in der Tat so. Elefanten sind schließlich sehr gesellige Tiere, und vor allem die von Thula Thula sind an Menschen gewöhnt. Morgens und nachmittags begegnen ihnen die vertrauten grünen Fahrzeuge mit den Rangern, die sie gut kennen, und einige neue Menschen mit einzigartigen Stimmen, Gerüchen und emotionalen Reaktionen, die untersucht werden wollen. Nicht nur wir Menschen lieben es, Elefanten zu beobachten und mit ihnen zu interagieren, Elefanten tun es umgekehrt ebenfalls gern. Sie sind gespannt auf Menschen. Und wenn sie die Ranger und Gäste mal nicht sehen wollen, ziehen sie sich zurück. Elefanten können Autos aus großer Entfernung kommen hören, und trotz ihrer Größe können sie so leise im Busch verschwinden, dass man sie nicht einmal mehr sieht, auch wenn sie nur wenige Meter von einem entfernt sind.

Und jetzt waren sie da, um uns zu sehen.

»Keine Sorge, es ist nur für drei Wochen«, sagte ich den Elefanten mit voller Überzeugung. »Es dauert nicht mehr lange, bis eure menschlichen Freunde wieder zurückkehren.«

Wie wir alle wissen, kam es ganz anders: Der Lockdown wurde verlängert, und die größten Herausforderungen lagen noch vor uns.

12 EIN PLAN MUSS HER

Ein wichtiger Teil meiner Aufgabe als Matriarchin von Thula Thula ist es, in schwierigen Zeiten positiv zu bleiben und die Moral der Mitarbeiter hochzuhalten. Neben den etwa 50 Mitarbeitern in Thula Thula beschäftigen wir auch noch Mitarbeiter des Sicherheits- und APU-Teams. Um die Kosten für die Aufrechterhaltung des Betriebs und die Gehälter zu decken, sind wir vollständig von den Gästen abhängig, die mehrheitlich aus dem Ausland kommen. Jetzt blieben sie weg. Ich berief eine Krisensitzung mit meinem Managementteam – Mabona, Christiaan, Siya, Lynda, Vusi und Aphi, dem Büroleiter – ein. Sie wirkten alle sehr angespannt. Mir war klar, dass sie um ihre Arbeitsplätze, ihre Mitarbeiter und das Überleben ihrer Familien bangten.

Ich wollte nicht um den heißen Brei herum reden und sagte: »Es liegen schwere Zeiten vor uns, auf die wir uns einstellen müssen. Wir müssen Entscheidungen treffen, um unser aller Überleben, von Menschen und Tieren, zu sichern«, sagte ich. »Wir werden die Gehaltszahlungen nicht einstellen, also macht euch keine Sorgen, ihr werdet für eure Familien sorgen können.«

»Das beruhigt mich sehr!«, sagte Siya. »Viele andere Lodges und Hotels schließen oder kündigen ihren Mitarbeitern betriebsbedingt. Wir waren alle sehr besorgt.«

»Dieses Wildreservat ist anders als die anderen Reservate. Wir sind eine Familie. Wir lassen unsere Mitarbeiter und ihre Angehörigen nicht im Stich«, sagte ich.

»Danke, Françoise«, sagte Mabona, und auf ihrem hübschen Gesicht erschien ein Lächeln.

Lynda schaltete wieder in den Problemlösungsmodus und sagte: »Ich werde sofort jegliche Unterstützung beantragen, die wir bekommen können. Von der Arbeitslosenversicherung kommt Geld, um die Gehälter zu bezahlen …«, sagte sie. »Es ist nicht viel, aber …«

»Es ist ein Anfang«, sagte ich. »Wir haben auch ein wenig Reserve für schlechte Zeiten oder besondere Projekte aufgebaut.«

Es war eine schwere Entscheidung, die wir zu treffen hatten: Ein Griff in diese Notfallreserve bedeutete, dass uns das Geld für zukünftige Pläne fehlen würde, aber es waren schwierige Zeiten. Mir war bewusst, dass das Wohl und Überleben unserer Mitarbeiter Vorrang hatte. Die meisten von ihnen kommen aus den Dörfern rund um das Wildreservat oder aus etwas weiter entfernt gelegenen ländlichen Teilen des Zululands. Angesichts der hohen Arbeitslosigkeit in diesen Gebieten kann ein Mitarbeiter der einzige Ernährer seiner Familie sein, von dem bis zu einem Dutzend Menschen abhängig sein können. Werden solche Mitarbeiter entlassen, hätten Hunderte von Menschen nichts mehr zu essen.

»Wir werden die Reserve zur Finanzierung der Gehälter verwenden, bis mir etwas anderes einfällt. Die Menschen müssen etwas zu essen haben«, sagte ich. »Das wird nicht von Dauer sein, der Lockdown gilt nur für drei Wochen. Das Virus wird bald wieder verschwinden.«

Christiaan runzelte die Stirn. Er war während des gesamten Treffens sehr ruhig und ernst gewesen. Ich wusste, dass er jeden Abend die Nachrichten verfolgte und meinen Optimismus nicht teilte.

Dennoch fuhr ich voller Zuversicht fort: »Die Spanische Grippe dauerte zwei Jahre. Das war vor hundert Jahren. Seitdem hat die Medizin große Fortschritte gemacht. Glaubt mir, im Mai oder Juni wird alles wieder normal sein. Macht euch keine Sorgen, alles wird gut!«

Mist … warum lag ich jedes Mal so falsch? Ich musste endlich mit meinem dummen ewigen Optimismus aufhören und lernen, der Realität ins Auge zu sehen. Nichts würde gut werden. Mit seinem eisernen Schweigen wollte Christiaan mir nur sagen: »Wach auf, Mädchen! Der Mist ist Wirklichkeit.«

»Und was machen wir jetzt?«, fragte Aphi. »Es gibt keine Gäste, um die wir uns kümmern müssen.«

»Ich sage dir, was wir sicher nicht tun werden!«, antwortete ich. »Wir werden nicht aufgeben und den ganzen Tag herumsitzen und fernsehen. Wir werden uns auf das Positive konzentrieren, sehen, wie wir das Ganze überleben können, und anderen helfen, wo wir können.«

Ich erlaubte mir einen kurzen Moment der Traurigkeit, dann machte ich mich daran, einen Schlachtplan zu erstellen. Die Mitarbeiter würden rotieren. Wir teilten sie in drei Gruppen ein. Die erste Gruppe würde in der Klinik gründlich untersucht werden und anschließend für einen Zeitraum von sechs Wochen ausschließlich in Thula arbeiten und wohnen. Am Ende dieses Zeitraums kehrten sie zu ihren Familien in den Dörfern zurück, dann würde die nächste Gruppe die Arbeit übernehmen. Alle würden eingesetzt werden – die Mitarbeiter der Lodge und des Zeltcamps, alle Ranger, sogar die Mitarbeiter der Verwaltung und Rezeption. Und alle würden ihr volles Gehalt erhalten.

Ich glaube, dass es für die Arbeitsmoral wichtig ist, dass die Umgebung sauber und gut gepflegt ist. Und wir haben eine riesige Umgebung – das ganze Wildreservat! Und deshalb geht die Arbeit nie aus – Zäune reparieren, nach Fallen suchen, nichtheimische und invasive Pflanzen entfernen, den Busch entlang der Straßen roden, damit die Fahrzeuge keine Kratzer abbekommen … In einer voll belegten Lodge sind Instandhaltungsmaßnahmen immer ein Problem: Wenn Gäste da sind, kann man nicht anfangen, zu hämmern und zu schmirgeln. Nur, wann macht man solche Arbeiten dann? Zum Beispiel jetzt! Christiaan und Clément brachten den Mitarbeiterinnen der Lodge bei, wie man die Holzmöbel und -böden abschleift und anschließend einlässt und poliert. Portias Freund, ein Bauunternehmer, wohnte während des Lockdowns bei uns, um bei den Wartungsarbeiten zu helfen.

Zum Glück blieben während des Lockdowns alle Geschäfte geöffnet, die für den täglichen Lebensbedarf wichtig waren – und dazu zählten auch die Baumärkte. So konnten wir zumindest Farben, Pinsel und Lacke kaufen, aber aus Gründen, die wir nicht verstanden, keine Nägel. Es gab zahlreiche dumme Covid-19-Vorschriften, die nicht viel Sinn machten. So konnte man im örtlichen Kaufhaus zwar Winterschuhe kaufen, aber nicht die Sandalen einen Gang weiter. Diese Logik erschloss sich mir nicht, aber wir hatten uns alle wie brave Soldaten an die Regeln zu halten. Das größere Problem für viele Südafrikaner (einschließlich einiger von uns – ich nenne keine Namen!) bestand darin, dass die Regierung den Verkauf von Alkohol untersagt hatte – um die Krankenhäuser zu entlasten, wie es hieß –, und auch den von Zigaretten, aus Gründen, die kein Mensch verstand. Die Erklärung einer Ministerin, dass »wenn Leute zol« (einen Joint) rauchen und ihn teilen, sie das Virus über den Speichel verbreiten, wurde im Internet sofort mit einem Shitstorm überzogen. Man machte Menschen, die etwas trinken und rauchen wollten, zu Kriminellen, was zur Folge hatte, dass sie die begehrte Ware dann auf einem florierenden neuen Schwarzmarkt illegal von Schmugglern kauften.

An einem sonnigen Nachmittag blickte ich auf die Terrasse der Lodge. Die Stühle, die normalerweise um die Tische gruppiert waren, standen jetzt auf dem Kopf und wurden von Mitarbeiterinnen der Lodge mit Schleifpapier bearbeitet. Der Klang ihres Zulu-Geplappers und Lachens wetteiferte mit den Rufen der Hagedasch-Ibisse in den Bäumen über mir.

»Schau, es macht allen großen Spaß«, sagte ich zu Clément. »Man muss Menschen mit etwas Nützlichem beschäftigen.«

»Das stimmt, chérie«, antwortete er, »und sieh nur, wie schön alles aussieht.«

Er deutete auf ein paar eingelassene Stühle, die zum Trocknen aufgestellt waren und wie neu aussahen.

Sne, unsere Lodge-Hostess, kam aus der Küche und rief: »Das Mittagessen ist fertig!«

Sofort legten die Damen ihre Pinsel und Schleifpapiere weg, und auch die Ranger erschienen, magisch angezogen vom köstlichen Duft des Essens.

»Ich wusste gar nicht, dass Sne eine Köchin ist«, sagte ich. »Seht ihr? So lernen wir alle etwas in dieser schwierigen Zeit.«

Sne lächelte stolz, als alle zugriffen, schmatzende Geräusche von sich gaben und ihr Essen lobten. Wertschätzung zu zeigen, ist eine der einfachsten, aber wirkungsvollsten Handlungen im Leben. Sie gibt einem das Gefühl, gesehen zu werden und stolz zu sein; sie stärkt das Selbstvertrauen und spornt uns an, noch besser zu werden.

Auf eine seltsame Weise war das Leben gut. Wir waren im Busch gefangen, mit viel frischer Luft und wenig Menschen um uns herum, sodass wir uns selbst nicht in großer Gefahr sahen. Die Zukunft war immer noch ungewiss, aber wir hegten Hoffnung und hatten vor allem viel zu tun.

Mein Optimismus erhielt einen kleinen Dämpfer, als der 21-tägige Lockdown verlängert wurde. Und mit jedem Tag und jeder Woche, die verging, gerieten wir zusehends weiter unter Druck. Nach vier Monaten hartem Lockdown war ich völlig verzweifelt. Die Infektionszahlen waren sprunghaft angestiegen und die Angst war groß, dass die Krankenhäuser der Belastung nicht würden standhalten können. Mit jeder Verlängerung oder schlechten Nachricht wuchs meine Zukunftsangst.

Das Geld ging zur Neige, und wer wusste schon, wann wieder zahlende Gäste kommen würden? Ich hatte keine andere Wahl, als mich der Realität zu stellen. Dieses kleine Virus, das sich von

China aus verbreitet hatte, richtete mehr Schaden an, als ich mir je hätte vorstellen können. Zum ersten Mal fragte ich mich, ob all die Kommentatoren und Pessimisten – die, die ich als negativ abgetan hatte – nicht doch recht hatten. Vielleicht würde diese Pandemie tatsächlich zwei Jahre andauern.

Ich spürte, wie die Last der Verantwortung mich langsam zu erdrücken schien. Wie lange würden wir noch in der Lage sein, unsere Anti-Wilderer-Einheit, unsere Sicherheitsleute und unsere Nashornwächter zu bezahlen? Was würde mit diesem wunderschönen Zufluchtsort und unseren kostbaren Tieren passieren, wenn wir uns nicht mehr um alles kümmern konnten? Denn all unserer Bemühungen zum Trotz fanden wir immer wieder neue Öffnungen in den Elektrozäunen. Wir mussten sie ständig reparieren und Ausschau nach Schlingen halten und sie entfernen. Schlingen sind fast unsichtbare Drahtschlingen, mit denen Wilderer Tiere fangen. Sie unterscheiden nicht nach Opfern und sind furchtbar grausam. Ein Wilderer legt vielleicht zehn Schlingen aus und fängt damit nur einen Bock. Wenn er zurückkommt, um die Schlingen zu kontrollieren, nimmt er den Bock und die eine Schlinge mit, während er die anderen neun Schlingen im Busch zurücklässt, worin sich schließlich andere Tiere verfangen und einen schrecklichen Tod sterben. Wir durften unseren Kampf gegen die Wilderei auf keinen Fall aufgeben. Ich hatte mich dazu verpflichtet, diese Tiere zu schützen. Aber was ist mit den Mitarbeitern? Auch ihnen gegenüber hatte ich ein Versprechen abgegeben. Ich konnte weder die Menschen noch die Tiere im Stich lassen. Ich musste eine Lösung finden, eine, die für uns alle das Überleben sichern würde. Nur wie sah die aus? Ich zerbrach mir den Kopf, aber im Angesicht der Dinge, die gerade in der Welt passierten, fühlte ich mich ziemlich hilflos. Es war ermüdend, und so durchlebte ich in jener Zeit Momente tiefer Hoffnungslosigkeit.

Was mir die Kraft gab weiterzumachen, war die Liebe und Anteilnahme unserer Freunde in aller Welt. Sie alle wussten, dass das Gastgewerbe und der Tourismussektor schwer betroffen waren und machten sich Sorgen um Thula Thula, unsere Tiere und unsere Leute.

Nach ein paar Monaten Lockdown rief Jo Malone an: »Wie läuft es? Wie geht es euch?«

»Es ist nicht einfach, aber wir werden es schaffen«, antwortete ich.

Ich wusste, dass Jo und ihre Familie ebenfalls zu kämpfen hatten. Auch Großbritannien befand sich in einem harten Lockdown. Sämtliche Geschäfte waren geschlossen, die Stimmung war am Boden. Ich fand es außergewöhnlich, dass diese wunderbare Frau sich sogar in solch dunklen Zeiten meldete, um ihre Liebe und Anteilnahme uns gegenüber zum Ausdruck zu bringen. Trotz des Lockdowns bot uns die Natur eine Möglichkeit, unsere Freundin Jo auf einzigartige Weise zu ehren. Muzi kam von einer Beobachtungsfahrt am Mkhulu-Stausee zurück und seine Augen leuchteten vor Aufregung.

»Ihr werdet nie erraten, was ich gerade gesehen habe«, sagte er. »Wir haben ein Flusspferdbaby!«

Flusspferde sind zwar groß, verbringen aber viel Zeit unter Wasser. Außerdem sind sie nachts am aktivsten, sodass es nicht verwunderte, dass niemand Julias Schwangerschaft bemerkt hatte. Sie und Romeo hatten ein süßes kleines Baby bekommen.

Flusspferdbabys werden nach einer achtmonatigen Tragezeit geboren und wiegen dann zwischen 25 und 50 Kilogramm. Das Geschlecht des Babys lässt sich nicht leicht feststellen, aber das war mir in dem Moment gleichgültig. Wir würden das Kleine so oder so nach unserer Freundin Jo Malone »Jo« nennen – ein guter neutraler Name.

Am nächsten Tag rief ich sie an. »Gratulation!«, sagte ich.

»Wozu?«, fragte sie überrascht.

»Du bist Patin eines wunderschönen, pummeligen kleinen Flusspferdbabys geworden! Wir haben sie dir zu Ehren ›Jo‹ genannt. Sie wartet hier am Mkhulu-Stausee auf dich – du solltest sie bald besuchen kommen.«

Ich schickte ihr viele Fotos und Videos von ihrem neuen Patenkind (Jo entpuppte sich als Junge!), das wir »Baby Jo« nannten. Ich beendete jede Nachricht an sie mit dem kleinen roten Herz-Emoji für »Liebe«, wie ihre Marke »Jo Loves«. Es kam mir so vor, als wäre Baby Jo ihr kleines afrikanisches Maskottchen oder ihr Glücksbringer.

Eine Geburt ist immer ein Geschenk, erst recht während eines Lockdowns, und erst recht dann, wenn die Art als gefährdet eingestuft ist. Es stimmt, Flusspferde sind in ganz Afrika vom Aussterben bedroht, und zwar aufgrund von Konflikten mit den Menschen und der unkontrollierten Jagd wegen ihres Fleisches, ihrer Haut und ihrer Zähne. Romeo und Julia haben ihren Teil zum Erhalt der Art beigetragen, denn sie haben nicht nur Jo zur Welt gebracht, sondern davor auch schon Chomp und Chocolat.

»Romeo könnte Thabo in dieser Hinsicht ein paar Tipps geben«, sagte Victor lachend. »Ihm ein paar Tricks beibringen.«

Es war ein Moment purer Dankbarkeit und Freude in einer schwierigen Zeit – ein kostbares neues Leben, ein Flusspferdbaby, das mich stets an die Liebe und Großzügigkeit einer lieben Freundin erinnern wird –, zwei außergewöhnliche Geschenke.

13 DIE HUNDE, DIE MEIN LEBEN BEHERRSCHEN

Ich bin von Natur aus ein positiver Mensch und glaube fest daran, dass Widrigkeiten einen Weg zu neuen Möglichkeiten ebnen. Obwohl ich mir große Sorgen machte, ob wir die Rechnungen bezahlen könnten, dachte ich dennoch bereits an die Wiedereröffnung des Reservats für Gäste und daran, dass Thula Thula dringend Buchungen benötigte. Wir mussten dringend wieder die Werbetrommel rühren.

Kim war genau die richtige Frau für diesen Job! Sie hatte Thula Thula verlassen, um reisen zu können, und arbeitete zu der Zeit als Fotografin in der Provinz Limpopo. Ich rief sie kurzentschlossen an und bat sie: »Komm doch zurück und bring deine Kameras mit, dann können wir schöne Lockdown-Filme drehen und Fotos machen. Du kannst uns bei unserer Präsentation in den Sozialen Medien helfen, das Wildreservat und unsere wunderbaren Tiere zeigen, damit wir viele Buchungen bekommen, sobald der Lockdown aufgehoben wird und sich die Lage bessert.«

Daraufhin sprang Kim in ihr Auto und fuhr nach Thula Thula. Kim zog es vor, in der Freiwilligen-Akademie zu wohnen, die wir gegründet hatten, um Menschen für den Naturschutz zu begeistern. Von ihrer Eröffnung im Juni 2018 an war die Akademie ein großer Erfolg bei jungen (und nicht mehr ganz so jungen) Frauen und Männern aus der ganzen Welt. Manche kamen nur für ein Wochenende, manche für zwei Wochen und andere absolvierten das ganze 21-tägige Programm. Da wurden sie dann vormittags bei Arbeiten im Wildreservat eingesetzt und am Nachmittag nahmen sie an Bildungsprogrammen teil. Für ihre Teilnahme zahlten die Freiwilligen eine kleine Gebühr, die in unsere Naturschutzprojekte floss.

Im Rahmen der Freiwilligen-Akademie nehmen wir auch Schulklassen auf und engagieren uns in den Gemeinden rund um Thula Thula. Ich möchte, dass die Menschen vom Busch träumen, dass sie sich in ihn verlieben und sich für ihn engagieren. Ich glaube, dass Menschen erst anfangen, sich für den Naturschutz zu interessieren und verstehen, was auf dem Spiel steht, wenn sie den Busch in all seiner Schönheit und Härte erleben. Wenn man bei der Rodung mit angepackt hat, wenn man den Todeskampf eines kleinen Bocks in der Schlinge eines Wilderers miterlebt hat, wenn man einem Elefanten ganz nahe war und in seine weisen und sanften Augen gesehen hat, erst dann versteht man besser, was hinter den Kulissen eines Wildreservats geschieht und welche Anstrengungen zum Schutz unserer Wildtiere unternommen werden. So nehmen unsere Freiwilligen alle ganz außergewöhnliche Erfahrungen mit, ungeachtet dessen, ob sie später im Naturschutz Karriere machen, vielleicht Politiker oder Vorstand einer Bank werden oder jemand anderes, der etwas bewirken kann.

Die Freiwilligen wohnen in einem urigen Zeltcamp oben auf einem Hügel mit traumhaftem Blick auf den Mkhulu-Stausee und den Rest des Reservats. Zum Camp gehört auch ein altes Haus mit einer ländlichen Außenküche, beide überdacht von einem riesigen Flammenbaum. Überall wachsen Schatten spendende Akazienbäume, und in den Wintermonaten ziehen die blühenden Aloen mit ihren leuchtenden, nektarreichen Blüten in Rot, Orange und Gelb unzählige Bienen und Schmetterlinge und eine unglaubliche Vielfalt an Singvögeln an. Hier kann man den Sonnenaufgang und -untergang miterleben und dazwischen Elefanten, Nashörner und Giraffen auf ihrem Weg durch die Ebenen, vom Stausee über den Wald bis zum Grasland, beobachten. Es ist zwar ein herrlicher Ort, aber er ist weit vom

Haupthaus entfernt, das ich mit unserem Hunderudel bewohne. Ohne weitere Freiwillige fühlte sich Kim dort isoliert und einsam.

»Ich hätte gern einen Hund, der mir Gesellschaft leistet. Kann ich einen von dir mitnehmen?«, fragte sie und deutete auf meine Hunde, die malerisch auf dem Teppich und den Möbeln verstreut lagen. »Was ist mit der kleinen Lucy? Kann ich sie haben?«

Lucy war eine entzückende kleine braune Mischlingshündin, die vor ein paar Monaten plötzlich am Tor aufgetaucht war. Der Wachmann rief an und sagte, dass sich ein Welpe am Tor herumtrieb, worauf Andrew hinging, um nachzusehen. Er kam mit Lucy zurück – abgemagert, ausgehungert, zitternd und voller Flöhe. Lynda badete sie, fütterte sie und kümmerte sich um sie. Sie war unser neues Baby, und wir liebten sie.

Als ich sah, wie Kim sie beäugte, sagte ich: »Keine Chance! Du bekommst keinen meiner Hunde. Hol dir einen eigenen, okay?«

Gut, Kim nahm meine Ansage wörtlich und kam dreißig Minuten später mit einem winzigen, zitternden Hund zurück. Sie hatte Dorfkinder mit drei Welpen gesehen, die nur noch Haut und Knochen waren, und fragte sie, ob sie einen haben könne. Als sie versprach, sich um ihn zu kümmern und ihm ein gutes Zuhause zu geben, stimmten die Kinder zu. Sie entschied sich für eine braune Hündin mit schwarzer Schnauze und gefühlvollen Augen.

»Hier ist sie!«, sagte Kim und setzte das kleine Ding auf meinen Schoß. »Ich wusste, wenn ich zu lange warten würde, würdest du deine Meinung ändern, also bin ich sofort losgezogen! Ich nenne sie Zara.«

»Willkommen im Paradies, meine kleine Zara«, sagte ich. »Wir werden dich schon mästen, du spindeldürres Mädchen!«

Hunde zu mästen, ist meine Spezialität – ich kann ihren flehenden Augen einfach nicht widerstehen. Die meisten sind schon nach wenigen Monaten, nachdem sie zur Familie gestoßen sind, ein wenig, sagen wir mal, üppig.

Kim nahm sie auf den Arm und zeigte dieses arme kleine Geschöpf stolz dem Büropersonal. »Ist sie nicht süß? Ich finde, sie ist einfach wunderschön.«

Die Damen im Büro kriegten sich gar nicht mehr ein, während Andrew nur schroff antwortete: »Lass sie bloß nicht allein auf der Wiese, sonst holt sie einer der Adler.« Daraufhin steckte Kim den Hund in ihre Jacke, wo er in seinen ersten Wochen die meiste Zeit des Tages verbrachte.

Zara war so schwach und dünn, dass wir nicht einmal sicher waren, ob sie überleben würde. Wir ließen sie impfen, vom Tierarzt untersuchen und versuchten, sie zu stärken. Auch versuchten wir, ihr Vertrauen zu gewinnen, denn sie hatte Angst vor allem, sogar vor ihrem eigenen Schatten. Wir wussten nicht warum, aber sie ging partout nicht durch eine Tür oder über eine Schwelle.

»Komm schon, Zara, du schaffst das!«, rief Kim von draußen, aber Zara blieb stehen und sah sie flehend an.

Kim winkte mit einem Keks. »Leckerli! Jetzt komm!«

Zara blieb zitternd vor der Tür stehen, aber ging nicht hindurch.

»Ist schon gut«, sagte Kim, hob sie hoch und trug sie durch die Türöffnung.

Heute geht Zara problemlos durch Türen. Sie ist sehr fröhlich und selbstbewusst geworden, sucht aber nach wie vor Kims Nähe. Zara liebt ein warmes Plätzchen; wenn man auf dem Sofa sitzt, kuschelt sie sich hinter einen und schiebt einen so lange zur Seite, bis sie auf dem schönen warmen Platz liegt, auf dem man gerade gesessen hat.

Ich freue mich, dass wir diesem Hündchen ein so glückliches Leben hier bei uns ermöglichen können. Wenn es um Hunde geht, bin ich eine leidenschaftliche Verfechterin von »adoptieren statt kaufen«. Die Hunde, die zu uns kamen, hatte man einst ausgesetzt, sie waren krank oder unerwünscht. Ich liebe Hunde. Die Vorstellung, dass diese treuen und liebevollen Tiere misshandelt oder vernachlässigt werden, ist einfach furchtbar. Aber es macht mich glücklich, dass unsere Hunde in Thula Thula trotz ihres schwierigen Starts ins Leben in einem Hundeparadies gelandet sind.

Nun möchte ich Ihnen unsere kleine mauritische Prinzessin, die wunderschöne honigfarbene Tina, vorstellen.

Kurz nachdem wir 2019 für einen dreiwöchigen Urlaub in Tamarin, im Südwesten von Mauritius, angekommen waren, tauchte ein magerer, räudiger kleiner Straßenhund auf der Veranda des Hauses von Cléments Familie auf, in dem wir wohnten. Natürlich habe ich sie gefüttert – sie verschlang die Schüssel mit Hühnchen aus Freilandhaltung und Basmatireis mit großem Appetit – und deshalb war es keineswegs verwunderlich, dass sie bei uns blieb. Sie ernannte sich selbst zu unserem Wachhund, ließ sich auf der Veranda nieder und bellte Passanten an. Sie war so süß, so lieb und anhänglich. Als sich das Ende unseres Urlaubs näherte, wusste ich, dass ich sie nicht zurücklassen konnte.

An unserem letzten Wochenende auf Mauritius sagte ich zu Clément: »Schatz, ich liebe diesen kleinen Hund jetzt schon. Wir werden ihn mit nach Südafrika nehmen.«

»Okay«, sagte er nur. Er kannte mich gut genug, um zu wissen, dass er mich davon nicht würde abbringen können. »Nur, wie wollen wir das anstellen?«

Unser Flug war am Mittwoch, also blieben uns nur noch zwei Tage, um die Impfung, den Käfig und die Quarantäne zu organisieren. Gleich am Montagmorgen machte ich mich an die Arbeit, um Tinas Einreise zu organisieren. Erst rief ich den örtlichen Tierarzt an, der mir empfohlen worden war. Ich stellte mich Dr. Bester vor und erzählte ihm die Geschichte meines kleinen Hundes.

»Moment«, sagte er, »Françoise Malby-Anthony? Sind Sie diejenige, die das Buch über den Elefanten geschrieben hat? Ich habe es gerade gelesen. Sie können sofort kommen!«

Ich ging mit meiner schönen kleinen Tina hin.

»Haben Sie jemals einen so süßen Hund gesehen?«, fragte ich ihn voller Stolz. »Wie nennt man diese Art von Hunden auf Mauritius?«

Er schaute sich den kleinen Krümel an und sagte abschätzig: »Wir nennen sie ›Maurichien‹.«

Es war ein Wortspiel, das sich aus den französischen Worten für Mauritius »Maurice« und »chien«, was »Hund« bedeutet, zusammensetzte. Ich verstand das nicht als Kompliment! Im Grunde bedeutete es, dass sie nicht reinrassig sind, sondern halt nur Hunde, ganz normale mauritische Streuner. Dennoch verließ Tina die Praxis mit allen notwendigen Impfungen und Bluttests und einem schicken Halsband mit Leine. Ich beauftragte ein Haustiertransportunternehmen, um die Details zu regeln. Arme Tina, sie sah so verwirrt aus, als sie sich hinter Gittern wiederfand – in einem Fünf-Sterne-Zwinger, wohlgemerkt. Ich legte meinen Sarong in ihren Käfig, in der Hoffnung, dass mein Geruch sie trösten würde, und verließ sie sehr traurig.

Zwei Monate später, am 30. Januar 2019, kam Tina in Durban an. Sie erkannte mich sofort und rannte schwanzwedelnd auf mich zu und wollte gestreichelt und geknuddelt werden. Wir waren beide so glücklich, wieder vereint zu sein! Sie ist immer noch eine sehr fröhliche, gutmütige und anhängliche Hündin, die zu wissen scheint, dass sie großes Glück hatte.

Als wir sie abholten, dachte ich an all die Hürden, die wir überwinden mussten, um einen Hund nach Südafrika zu bringen. Ich sagte zu Clément: »Stell dir vor, wir Menschen müssten all diese Tests machen, bevor wir irgendwohin reisen könnten.« Da ahnte ich noch nicht, dass ein Jahr später ein Virus auftauchen würde, der genau das erforderte.

Wie ich ist auch Lynda eine Hundenärrin mit einem weichen Herzen. Sie war noch nicht lange bei uns, als das örtliche Tierheim anrief und mitteilte, dass sie eine Labrador-Mutter mit sieben Welpen hätten, einige goldfarbig und einige schwarz. Wir fuhren zusammen hin, um sie uns anzusehen. Die Mutter sah nicht gut aus, und wir fragten uns, ob sie die Welpen ernähren könnte und ob alle überleben würden. Ich sagte zu Lynda: »Wenn du einen willst, nimm einen, und ich nehme einen. Wir können nicht alle sieben Welpen retten, aber zwei schon.«

Lynda, ein intelligentes Mädchen vom Land, wählte den größten und stärksten Hund, einen goldfarbenen Labrador, den sie »Miley« nannte. Ich nahm eine kleine schwarze Hündin und gab ihr den Namen »Chéri«. Beide Welpen wurden bald darauf vom Parvovirus befallen und erkrankten schwer. Miley überlebte, aber die arme Chéri starb innerhalb einer Woche. Später erfuhren wir, dass auch der Rest des Wurfes und die Mutter sehr krank geworden waren und eingeschläfert werden mussten. Unsere Miley, die einzige Überlebende, ist ein großes, freundliches Mädchen und ein typischer Labrador: Schläft sie zum Beispiel gerade am anderen Ende des Gartens, brauche ich nur die Kühlschranktür zu öffnen, und sie steht mit ihren großen braunen Augen neben mir, fleht mich vor Hunger an und hofft auf etwas Leckeres aus der großen weißen Box mit den köstlichen Snacks. Wer Miley jemals trifft, wird sofort erkennen, dass sie ganz sicher nicht hungert!

Thula Thula mag für seine Elefanten berühmt sein, aber mein Leben wird von meinen Hunden beherrscht. Jeder von ihnen hat sein eigenes Kissen oder Bett. Trotzdem sind die Sofas in meinem Haus mit Decken bedeckt, weil unsere Hunde auf den Möbeln schlafen, sitzen, laufen und springen. Ich koche spezielle Suppen und Eintöpfe für sie – mit Fleisch von Freilandhühnern wohlgemerkt, Legebatteriehennen kommen mir für mich und meine Hunde nicht ins Haus – und auf meinem Schreibtisch steht ein großes Glas mit Hundeleckerlis, falls einer gerade einen Snack braucht. Ich bin ständig unterwegs, um einen Hund raus oder rein zu lassen, für sie zu kochen, sie zu füttern, zu streicheln oder mit ihnen zu plaudern.

Oft habe ich acht Hunde in meinem Schlafzimmer, was nicht gerade eine ruhige Nacht verspricht, da sie immer wieder versuchen, auf das Bett zu springen. Unweigerlich fängt einer von ihnen an, einen Bock im Garten oder einen imaginären Eindringling anzubellen, und dann stimmen auch die anderen in eine große Kakophonie mit ein. Aber darauf haben wir uns eingelassen, als wir beschlossen, diese kleinen unschuldigen und verlassenen Kreaturen zu adoptieren. Wir sind alle Teil des Rudels, in guten wie in schlechten Zeiten. Und ich bereue es nicht – auch nicht nach einer schlaflosen Nacht.

Jedes Mal, wenn ich das Haus verlasse, um zur Lodge oder zum Zeltcamp zu gehen, sehen mich die Hunde mit traurigen Augen an, als hätten sie Angst, verlassen zu werden. Und wenn ich eine halbe Stunde später zurückkehre, begrüßen sie mich, als wäre ich tagelang weg gewesen. Immer, wenn ich diese bedingungslose Liebe erlebe, sage ich leise: »Nein, meine kleinen Engel, ihr wisst doch, ich werde euch nie verlassen.«

Die Hunde profitieren sehr von dem gemeinschaftlichen Leben hier in Thula Thula. Sie bewegen sich zwischen den Häusern auf dem Gelände des Haupthauses oder besuchen die Damen im Büro. Und wenn ich verreisen muss, ziehen sie einfach bei Lynda oder Kim ein. Umgekehrt passe ich auf ihre Hunde auf, wenn sie in den Urlaub fahren. Es ist immer jemand da, der den Hunden ein Leckerli gibt oder sie streichelt.

Ich wünschte mir, die Tierheime müssten keine verlassenen Kreaturen mehr betreuen, und jeder Hund auf der Welt würde so glücklich sein und verwöhnt und geliebt werden wie die Hunde von Thula Thula.

14 THABO VERSUS BAGGERLADER

Neben dem Schleifen, Abkratzen, Streichen und Polieren gab es eine weitere, große Instandsetzungsaufgabe, die während des Lockdowns erledigt werden musste: die Reparatur unserer unbefestigten Straßen. Sie sind von Jahr zu Jahr schlechter geworden und waren in einem miserablen Zustand. Es gab Schlaglöcher und *Dongas* (Gräben), nervige Kanten und große Steine sowie Sandabschnitte, die bei Nässe gefährlich rutschig wurden. Nach einem Starkregen waren einige von ihnen stunden- oder sogar tagelang unbefahrbar – es war einfach zu gefährlich. Jetzt im Lockdown waren die Straßen menschenleer und so war das die perfekte Zeit, um sie zu reparieren. Aber Straßen zu reparieren, ist etwas anderes, als Möbel abzuschleifen, es ist mit großem Aufwand und hohen Kosten verbunden. Und außerdem würden die Gäste sicher bald wiederkommen.

Als sich der Sommer dem Ende zuneigte und es keine Anzeichen für eine Lockerung der Reisebeschränkungen gab, beschloss ich, in den sauren Apfel zu beißen. Ich würde unsere Ersparnisse in die Hand nehmen und die Gelegenheit nutzen, die Covid uns bot. Die trockenen Wintermonate lagen noch vor uns, es waren keine Gäste da und es fanden keine Beobachtungsfahrten statt. Einen besseren Zeitpunkt, um die Straßen zu reparieren, würde es nicht geben. Im Mai 2020 machten wir uns an diese Mammutaufgabe. Mit einem riesigen Baggerlader arbeiteten wir an Steinbrüchen, um die benötigten Steine und den Schotter zu gewinnen.

Thabo hasste den Baggerlader. Nashörner sind zwar groß und stark, aber in mancher Hinsicht sind sie sehr sensible Tiere. Sie haben einen der besten Gehörgänge im Tierreich und hören

Töne und Frequenzen, die wir Menschen nicht wahrnehmen können. Sie nehmen auch Schwingungen auf, die über den Boden übertragen werden. Das Rumpeln, Graben, Knirschen und Krachen des Baggerladers machte Thabo verrückt. Stellen Sie sich vor, Ihre Nachbarn feiern eine Woche lang den ganzen Tag und die ganze Nacht mit lauter Musik und dröhnenden Bässen und benutzen gleichzeitig den Laubbläser im Garten – so erging es dem armen Thabo!

Als wir etwa die Hälfte unserer Arbeiten abgeschlossen hatten, kam Vusi zu mir und sagte: »Wir müssen etwas gegen Thabo unternehmen. Sieh dir das an.«

Er zeigte mir ein Video, auf dem zu sehen war, wie Thabo mit seinem großen Kopf in die Fahrerkabine des Baggerladers blickte, der gerade auf einem Sandhügel stand. Er schien ein ernstes Wort mit dem Fahrer zu reden. Ich stellte mir ihr Gespräch vor:

Thabo: »Wer bist du und was fällt dir ein, hier an einem Sonntagmorgen so einen Lärm zu machen?«

Fahrer, panisch mit den Armen fuchtelnd: »Wah! Was zum Geier soll das? Raus aus meinem Bagger, Freundchen!«

Thabo: »Wie wär's, wenn du weggehst, wenn du nicht willst, dass ich dich wegstoße. Das hier ist mein Revier, kleiner Mensch. Und hör endlich mit dem schrecklichen Lärm auf!«

Der Fahrer erkannte, dass er es mit einem sehr ungewöhnlichen und entschlossenen Nashorn zu tun hatte, und stellte den Motor ab.

Thabo: »Schon besser. Jetzt sorge dafür, dass ich nicht zurückkommen und dich noch einmal bitten muss!«

Und damit machte Thabo auf dem Absatz kehrt und trottete davon, während der arme Fahrer erschüttert, aber unverletzt zurückblieb.

Thabo hasst Bagger, Traktoren, Walzen, Lastwagen – aber besonders verabscheut er das Geräusch einer Kettensäge. Und mal ehrlich, wer kann es ihm verdenken? Im Rahmen unserer Lockdown-Wartungsarbeiten war ein Team damit beschäftigt, einen Farbkätzchenstrauch zu roden, ein schnellwüchsiges Gehölz, das in kurzer Zeit zu dicht wird und das Grasland überwuchert. Wir wollten ein großes Gebiet von diesen Sträuchern befreien, um in einigen Bereichen ein savannenähnliches Terrain zu schaffen. Daher die Kettensäge.

Der unaufhörliche Lärm erregte Thabos Aufmerksamkeit. Er machte sich auf die Suche nach der Quelle dieses Lärms, um mit dem Verursacher mal ein Wörtchen zu reden. Immerhin hatte er auch den lärmenden Baggerlader erfolgreich zum Schweigen gebracht. Was er nicht wusste, war, dass wir auf seine Ankunft vorbereitet waren. Wir konnten nicht riskieren, dass die Männer, die mit lauten Werkzeugen am Boden beschäftigt waren, Besuch von unserem großen Jungen bekamen. Deshalb hielt dort, wo gerade gearbeitet wurde, jemand auf einem Baum Ausschau nach ihm. Wenn er Thabo entdeckte – was oft der Fall war, weil dieser vom Lärm angelockt wurde –, benutzte er seine Pfeife, sodass sich die Männer schnell in einem Fahrzeug in Sicherheit bringen konnten. Thabo muss geglaubt haben, er hätte magische Kräfte: Sobald er ankam, um das heimtückische Geräusch zu untersuchen, hörte es – schwuppdiwupp – auf! Einfach so. Gut gemacht, Thabo!

Einmal gelang es dem Informanten nicht rechtzeitig, vom Baum herunterzusteigen, um zu den Kollegen ins Auto zu steigen. Thabo umkreiste den Baum langsam und schaute dann nach oben, wo er den seltsamen Baummenschen mit großem Interesse beobachtete. Dank Thabos magischen Kräften war es jetzt schön ruhig – gab es einen besseren Zeitpunkt für ein Nickerchen? Der arme Mann klammerte sich eine Stunde lang an den Baum, während Thabo döste, bevor er schließlich erquickt davontrottete, um zu sehen, ob noch andere lärmende Maschinen zum Schweigen gebracht werden müssten.

»Die Männer haben Angst«, sagte Vusi. » Und mal ehrlich, wer hätte sie nicht, wenn ein großes Nashorn vor dem Fenster deines Fahrzeugs oder unter deinem Baum auftaucht? Wenn wir nicht etwas gegen Thabo unternehmen, stellen die Männer die Arbeit ein. Und außerdem wird der Lärm Thabo in den Wahnsinn treiben!«

Ich konnte seinen Standpunkt verstehen. Wir mussten Thabo und die Arbeiter voneinander fernhalten, um ihrer beider willen. Nur wie?

»Wer böse ist, kommt in die Ecke«, sagte ich. »Wir brauchen Äpfel!«

Wir heckten einen Plan aus, um Thabo in die *Boma* zu locken und ihn dort zu behalten, bis die Straßeninstandsetzung abgeschlossen war. So hätte er seine Ruhe, und die Arbeiter könnten ihrer Arbeit nachgehen, ohne von unserem Rabauken gestört zu werden. Ich kaufte einen großen Sack Äpfel – seine Leibspeise, als er noch klein war. Wir hatten den Plan, dass Promise das Fahrzeug lenkt und Khaya die Äpfel rauswirft, sodass Thabo der Apfelspur bis zur *Boma* folgen würde, so wie Hänsel und Gretel im Märchen der Brotkrumenspur durch den Wald folgen. Kim würde das ganze Abenteuer mit Fotos und Videos dokumentieren. Ein genialer Plan.

Aber zuerst mussten sie Thabo finden.

Sie machten sich in aller Frühe auf den Weg, während ich zu Hause blieb und auf Nachrichten wartete. Kim hielt mich mit regelmäßigen WhatsApp-Nachrichten auf dem Laufenden:

Wir haben Thabo gefunden!

Sehr gut, er isst einen Apfel!

Wir fahren langsamer. Er mag die Äpfel nicht.

Ich glaube, er vermutet, dass es eine Finte ist.

Das ging so stundenlang, und langsam, sehr langsam lockten sie Thabo quer durch das Wildreservat zur *Boma*. Als er das Interesse an den Äpfeln verlor, lockte Khaya ihn an, indem er vorgab, etwas auf den Boden hinter dem Fahrzeug zu legen. Thabo war zwar misstrauisch, konnte aber nicht widerstehen, einen Blick zu riskieren. Er ist ein neugieriges Kerlchen und will meist wissen, was wir Menschen so treiben. Meter für Meter bewegten sie sich auf die *Boma* zu.

Und dann bekam ich die Nachricht:

Thabo hat uns in der Boma *eingesperrt und wir kommen nicht mehr raus!*

Ich wusste nicht, ob ich lachen oder in Panik geraten und mit Verstärkung herbeieilen sollte. Wie sich herausstellte, hatten sie Thabo bis zum offenen Tor der *Boma* gelotst. Promise sollte langsam in das Gehege hineinfahren, während Khaya Thabo weiterhin anlocken und überreden sollte, ihnen zu folgen. Und sobald Thabo drinnen wäre, würden sie mit dem Fahrzeug um ihn herum durch das offene Tor fahren und es hinter sich schließen – so der Plan.

Nur war Thabo mit diesem Plan gar nicht einverstanden und hatte seine eigenen Vorstellungen von dem Ganzen. Als das Fahrzeug in der *Boma* war, legte er sich quer vor das offene Tor und machte ein Nickerchen, das etwa eine Stunde dauerte. Promise, Khaya und Kim saßen im offenen Fahrzeug in der prallen Sonne, während Thabo sich von den Strapazen des Tages erholte, was Kim die Gelegenheit gab, viele Fotos von dem schlafenden Nashorn zu machen. Zwei Stunden später kamen die drei müde und hungrig zu Hause an, aber sie hatten dann doch noch ihre Mission erfüllt. Sie hatten einen ganzen Tag gebraucht, um den schlauen Kerl in die *Boma* zu bekommen – und sich selbst wieder hinaus.

Khaya beschrieb, wie sie Thabo, nachdem der endlich aufgewacht war, ein wenig ärgerten, indem sie den Motor des Fahrzeugs starteten und rückwärts fuhren, in der Hoffnung, er würde ihnen folgen. Es war ein riskanter Plan – normalerweise sollte man ein Nashorn nicht ärgern! –, aber er ging auf. Thabo trabte ihnen nach in die *Boma*. Und so gelang es ihnen, um ihn herum und durch das Tor zu fahren. Khaya sprang herunter, schlug das Tor zu und verriegelte es, und damit war die Sache erledigt. Thabo war in der *Boma*, die Ranger und Kim wieder außerhalb und der Baggerfahrer und die Arbeiter in Sicherheit. Alle waren glücklich.

»Thabo ist ein schlaues Nashorn«, sagte Kim mit widerwilliger Bewunderung. »Mit ihm wird es nie langweilig!«

15 WIR SIND ALLE AUFEINANDER ANGEWIESEN

Thula Thula liegt im Zululand im Norden der Provinz KwaZulu-Natal, einer ländlichen, mit kleinen Dörfern übersäten Region. Es ist eine landschaftlich wunderschöne Gegend mit sanften Hügeln, bunt gestrichenen kleinen Häusern und den runden, traditionellen und strohgedeckten »Bienenkorb«-Hütten der Zulus. Jedoch ist die Gegend auch sehr arm und bietet kaum Arbeitsplätze oder staatliche Programme. Der monatelange Lockdown hat den Menschen in den Dörfern damals stark zugesetzt.

Und was folgte, war nicht nur eine humanitäre Krise, sondern auch eine Naturschutzkrise, wie Larry mir erzählte, als er mich mit beunruhigenden Nachrichten vom Sicherheitsteam und der Anti-Wilderer-Einheit besuchte.

»Unsere Fußpatrouillen beobachten einen Anstieg der Aktivitäten, Françoise«, sagte er. »Wir finden Löcher im Zaun und mehr Schlingen … Es sieht so aus, als wilderten die Leute, um an Nahrung zu kommen oder um mit dem Verkauf des Buschfleisches Geld zu verdienen.«

»In guten Zeiten kommen sie gerade so über die Runden«, überlegte ich laut, »aber wenn die Touristen wegbleiben und die Arbeitsplätze infolge von Corona wegfallen, verhungern die Menschen buchstäblich. Wir müssen etwas tun, um ihnen zu helfen.«

Die Hilfe kam und zwar von weit her, vom anderen Ende der Welt.

Wir haben das große Glück, treue und hilfsbereite Gäste – ich sollte eher sagen, liebe Freunde – zu haben, die eine lange und tiefe Beziehung zu Thula Thula und uns in ihr Herz geschlossen haben. Einige, wie die Familie Simonsen aus Dänemark, verbringen schon seit drei Generationen ihren Urlaub bei uns. Sie verstehen sich gut mit unseren Mitarbeitern und unterstützen unsere Naturschutzprojekte mit großzügigen Spenden. Daher freute ich mich zu erfahren, dass sich Susanne Simonsen mit Mabona und Promise in Verbindung gesetzt hatte, um zu hören, wie es ihnen persönlich und ihren Gemeinden in diesen schwierigen Zeiten ging.

»Ich habe ihr erzählt, dass die Menschen in Buchanana keine Arbeit haben und die Familien versuchen, mit einem kleinen staatlichen Zuschuss von ein paar hundert Rand über die Runden zu kommen«, sagte Mabona, die aus diesem Dorf stammte. Sie hatte eine ganz besondere Beziehung zur Familie Simonsen, die sie im vergangenen Jahr eingeladen hatte, ihren Urlaub in Dänemark zu verbringen, wo sie eine wunderbare Zeit verlebte.

»Susanne hat angeboten zu helfen«, sagte Promise. »Sie wollen uns Geld geben, um Lebensmittelpakete für die notleidenden Menschen zu kaufen.«

Ich spürte, wie mir die Tränen in die Augen schossen. Es war für mich außergewöhnlich, dass in diesen Zeiten großer Not und großer Schwierigkeiten auf der ganzen Welt diese freundliche Frau an unser kleines Dorf in Zululand dachte und sich bei uns meldete, um zu helfen.

Gegen Ende der Woche erhielten wir eine großzügige Spende von der Simonsen-Stiftung, die direkt an den Conservation Fund, der gemeinnützigen Organisation von Thula Thula, weitergeleitet wurde, um sie für Nahrungskäufe für die Familien in der Umgebung zu verwenden. Wir machten uns sofort an die Arbeit, um das Geld in der Gemeinde sinnvoll einzusetzen.

»Ich würde ihnen gerne gute Lebensmittel und ein paar Leckereien geben, nicht nur das Alltägliche«, sagte ich zu Victor und Promise, unseren Leitern der Freiwilligen-Akademie, die für den Kauf der Lebensmittel zuständig waren. »Jedes Paket sollte so viel enthalten, dass sich eine Familie einen Monat lang davon ernähren kann.«

Über einen großen Supermarkt in Empangeni, unserer nächstgelegenen Stadt, kauften sie Lebensmittel, unter anderem Speiseöl, haltbare Milch, Orangenkürbisse, große Tüten mit Hühnerteilen, Suppe und Bohnen, Säcke mit Reis und vieles mehr. Das alles haben wir in Pakete gepackt. Es war eine Menge Arbeit, aber es tat gut, zu sehen, wie sich die großen Lebensmittelpakete stapelten, bereit, an die Bevölkerung verteilt zu werden. Die fünf *Amakhosi* ermittelten Familien, die in ihren Stammesgebieten Hilfe benötigten, und wir machten uns auf den Weg zu ihnen. Einige der kleinen Gehöfte waren so abgelegen, dass nicht einmal eine Straße hinführt, und so mussten wir die Lebensmittel durch den Busch tragen oder einen kleinen Fußweg entlang schleppen. Es dauerte Tage, bis wir alle Pakete ausgeliefert hatten. Und dass wir kamen, sprach sich herum. Manchmal sahen die Familien, wie wir auf der Hauptstraße vorfuhren, und kamen mit einer Schubkarre den Feldweg hinunter, um ihre Lebensmittel selbst abzuholen.

Die Freude über unser Erscheinen war überall riesig! Die Menschen trauten ihren Augen nicht, als sie die Pick-ups mit den Lebensmittelpaketen sahen.

Kleine Kinder kamen aus ihren Hütten gelaufen, um uns zu begrüßen, und riefen »*Sawubona* … Hallo« und klatschten und lachten.

Die Frauen winkten und riefen das hohe, trillernde »*lalalalalala* …«, das die Luft über den sanften Hügeln des Zululandes durchschnitt.

Viele Hände packten mit an beim Abladen der gespendeten Pakete. Männer wie Frauen schulterten fröhlich die Säcke mit Reis und Mais, und die Kinder liefen ihnen mit Flaschen und Tüten hinterher. Die Reaktion war unglaublich und so herzerwärmend. Sie kommen mit so wenig aus – und seit Corona mit noch weniger –, dass ihnen ein Sack mit Lebensmitteln wie ein Sechser im Lotto erschien.

»*Ngiyabonga* … Dankeschön … *Ngiyajabula* … Wir sind glücklich …«, riefen sie und winkten weiter.

Die Menschen in den Dörfern lehren uns viel über das Leben. Sie teilen das Wenige, das sie haben, mit einem Nachbarn, der noch weniger hat. Trotz der ärmlichen Verhältnisse, in denen sie leben, singen und tanzen sie und finden auch in schweren Zeiten Momente des Glücks und der Freude.

Diese Arbeit an der Basis war eine äußerst emotionale Erfahrung und öffnete vielen von uns die Augen. Victor kam ziemlich erschüttert zurück, nachdem er einem Mann begegnet war, der allein in einem behelfsmäßigen Unterschlupf im Busch lebte.

»Er hat nichts«, sagte er mir. »Absolut nichts.«

»Nicht mal eine Decke?«

Es war Winter und die Nächte waren sehr kalt.

»Kein Bett, keine Decke, rein gar nichts. Was können wir für ihn tun?«

Mabona, die Lodge-Managerin, holte Decken und Handtücher aus unserem Lager und besorgte ihm sogar eine Matratze. Victor überbrachte dem Mann die Sachen und auch etwas zu essen. Da wir nun sicher waren, dass er zumindest in dieser Nacht nicht frieren und sich nicht mit leerem Magen schlafen legen musste, fühlten wir uns alle besser.

So sehr mich die lachenden Gesichter und das Glück auch erfreuten, sie rührten mich auch zu Tränen. Fast alle Menschen in den Dörfern hatten keine oder nur wenig Schulbildung, und die meisten hatten keine Arbeit. Und wenn doch, dann wahrscheinlich in Richards Bay oder Empangeni, beide Städte waren weit entfernt, sodass die lange teure Reise den größten Teil ihres miserablen Gehalts auffraß. Ihre Aussichten auf ein besseres Leben waren gering.

Ich dachte an meine Mitarbeiter in Thula Thula, junge Frauen und Männer, die eine Ausbildung erhielten, ein Dach über dem Kopf hatten und anständig bezahlt wurden. Ich war stolz auf sie und wünschte, ich könnte mehr Dorfbewohner beschäftigen. Allerdings konnte ich nicht umhin, mich angesichts der mangelnden Fürsorge der Behörden und der Korruption, die zur extremen Armut in Südafrika beitrug, zu empören und wütend zu sein. Die Ungleichheit zwischen den Menschen auf dem Land, die nicht einmal das Nötigste zu essen haben, und solchen, die Bentleys und Ferraris fahren und in Villen in Kapstadt oder Johannesburg leben, fand ich abscheulich. Ich wollte mich damit jedoch nicht befassen, sondern zog es vor, meine Energie darauf zu verwenden, dort etwas zu bewirken, wo wir es konnten.

Und wir bewirkten etwas, aber ich wusste, dass die Not wie ein Fass ohne Boden war und die Lebensmittelpakete nicht ewig reichen würden. Doch weitere Freunde kamen zu Hilfe, dieses Mal Kingsley Holgate und Grant Fowlds.

Kingsley ist ein bekannter Philanthrop, Abenteurer und Schriftsteller, die Kingsley Holgate Foundation engagiert sich für den Naturschutz und den Kampf gegen Malaria, eine Krankheit, die in Afrika jedes Jahr Hunderttausenden von Menschen, darunter viele kleinen Kindern, das Leben kostet. Mit Maßnahmen wie Aufklärung, der Verteilung von Moskitonetzen gegen Insekten und das Besprühen von Wohnhäusern wird der Krankheit vorgebeugt. Selbst in Zeiten der Pandemie können wir es uns nicht leisten, wichtige Leistungen wie die medizinische Grundversorgung und die Malariaprävention zu vernachlässigen.

Grant ist für Project Rhino tätig, eine gemeinnützige Organisation, die sich für die Rettung von Nashörnern in der Provinz KwaZulu-Natal einsetzt. Mit dem Programm »Rhino Art« von Richard Mabanga bringt die Organisation Botschaften zum Naturschutz und für die Bekämpfung der Wilderei an die Bevölkerung und bindet die Kinder vor Ort mithilfe von Kunst und Aufklärung über Nashörner ein.

Als Grant und Kingsley die drohende Nahrungsmittelkrise in den armen Gemeinden in der Nähe der Wildreservate erkannten, richteten sie ihre ganze Kraft darauf, ihnen zu helfen. Im ersten Corona-Jahr verteilten sie eine Million Einheiten eines speziell entwickelten, vorgekochten nahrhaften Porridges. Als Grant auf Facebook mehr über unsere Lebensmittelspendenaktion erfuhr, rief er mich, fröhlich wie immer, an.

»Hey, Françoise, wir wollen Lebensmittelpakete in deiner Gemeinde verteilen. Wie wäre es mit nächstem Donnerstag?«

»Das ist ja wunderbar! Wir werden euch bei der Verteilung helfen.«

»Das wird aber ein langer Tag werden. Wir werden über Nacht bleiben müssen. Ich bringe Zelte mit.«

»Zelte haben wir hier genug, Grant. Das ganze Zeltcamp! Es ist leer, denn wir haben seit Monaten keine Gäste mehr. Wir würden euch gerne aufnehmen.« Und dann fügte ich jenen Satz hinzu, von dem ich wusste, dass er das Herz dieses Mannes in Zeiten der Prohibition, in denen es keinen Alkohol zu kaufen gab, aufheitern würde: »Und wir haben Bier!«

Sie kamen zu zwölft, alles wunderbare Menschen. Grant hatte ein Näschen dafür, interessante und fürsorgliche Menschen – viele von ihnen bekannte Sportler oder Künstler – zu motivieren, seine Anliegen zu unterstützen.

Als er die Beutel mit jeweils 100 Porridge-Mahlzeiten verteilte, wirkte Kingsley mit seinem weißen Haar und dem weißen Rauschebart wie die Busch-Ausführung des Weihnachtsmanns.

»Man braucht ihn nicht zu kochen«, erklärte er und gab einer einheimischen »Gogo« (Großmutter) einen Fünf-Kilogramm-Beutel. »Einfach mit Wasser oder Milch vermischen. Es enthält alle Nährstoffe, alles, was man braucht.«

Grant unterhielt sich in fließendem Zulu mit den Ältesten, fragte sie nach ihrem Leben und den Auswirkungen von Corona, während Richard die einheimischen Kinder mit Fakten und Geschichten über Nashörner bespaßte.

Nach einem langen Tag auf den Straßen waren wir zwar müde, aber auch dank des herzlichen Empfangs und des Wohlwollens, das uns entgegengebracht wurde, wieder optimistischer. Wir kehrten nach Thula Thula zurück und erlebten einen Abend klassischer Gastfreundschaft im Busch: Beim Abendessen in der *Boma*, am knisternden Lagerfeuer, gab es nicht nur reichlich Geschichten, sondern auch Bier. David Jenkins, ein junger Sänger aus Empangeni, war bei uns und sang an diesem Abend ein schönes, von ihm selbst komponiertes Lied, mit einem Text meines Freundes Jos Robson über Thula Thula und die Elefanten, die Lawrence vor zwanzig Jahren gerettet hatte.

Ich sang den Refrain leise vor mich hin und genoss die schönen Worte:

Thula thula
Wo thulani
(Beruhige dich)
Ningasabi sizoniphatha kahle
(habe keine Angst, wir kümmern uns um dich)

Diese gemeinsamen Abende sind immer von wilden Busch-Geschichten geprägt, wie etwa von der einer Riesenkobra im Schrank, zwei Spitzmaulnashörnern beim Revierkampf oder Fahrzeugen, die im Sand, Schlamm oder in Flüssen stecken geblieben waren. Ich muss sagen, man kann sich keine besseren Tischnachbarn wünschen als Naturschützer und afrikanische Abenteurer. Als es langsam dunkel wurde und die leuchtenden Sterne am Himmel erschienen, ließen die Hyänen ihr eigenes Gelächter erklingen. Es war ein passender Abschluss eines gelungenen Tages und eines wirklich magischen Abends inmitten dieses Corona-Alptraums.

Ich bin sehr stolz auf die Arbeit, die wir geleistet haben, um den Menschen in unserer Gegend zu helfen, die Pandemie und den Lockdown zu überleben. Trotz unserer eigenen Situation, die ebenfalls äußerst schwierig war, konnten wir anderen die Hand reichen und ihnen unsere Liebe und Fürsorge zeigen. So sollte es auch sein: sich kümmern, geben, helfen, teilen. Nicht wegschauen und darauf hoffen, dass jemand anderes es schon tun wird.

Das ist es, was man lernt, wenn man in der Nähe von Elefanten lebt: Mitgefühl, Empathie. Wenn einer von ihnen in Schwierigkeiten ist, kommt die ganze Herde, um ihn zu retten. Ich erinnere mich an die Geschichte eines Mannes, der während einer Reise nach Botswana an einem Wasserloch Elefanten beobachtet hatte, von denen einer zwei Drittel seines Rüssels verloren hatte. Normalerweise bedeutet eine solche Verletzung den Tod, da ein Elefant mit einem verkürzten Rüssel nicht mehr in der Lage ist, sich zu ernähren oder Wasser zu trinken. Er beobachtete aber, wie andere Mitglieder der Herde Wasser in ihre Rüssel zogen und es dem verletzten Elefanten ins Maul verabreichten. Sollte die Welt von uns Menschen nicht genauso sein? Denn wie in der Natur sind doch auch wir alle voneinander abhängig.

16 VERZWEIFELTE ZEITEN, VERZWEIFELTE MASSNAHMEN

Die Wochen und Monate vergingen, aber die Pandemie hielt an und Thula Thula blieb weiterhin für Gäste geschlossen. Wir hatten die Ausgaben auf ein Minimum reduziert, aber in einem Wildreservat gibt es viele Kosten, die sich nicht einsparen lassen. Unsere Verantwortung für den Schutz der Wildtiere und die Erhaltung des Reservats hört nicht einfach auf, wenn eine Pandemie grassiert. Auch wenn wir keinen einzigen Gast haben, müssen wir die Zäune instand halten und für die Sicherheit zahlen. Wilderer halten sich nicht an die Anweisung der Regierung, zu Hause zu bleiben, ganz im Gegenteil; sie gehen eher noch verzweifelter und gefährlicher vor.

In den zwanzig Jahren, in denen wir das älteste private Wildreservat in KwaZulu-Natal betreiben, hatten wir mit Überschwemmungen, Buschbränden, Wilderei, Angriffen auf unsere Tiere und unsere Mitarbeiter, dem Tod unseres Gründers, meines Mannes, zu kämpfen, ganz zu schweigen von den alltäglichen Herausforderungen des Lebens im Busch; doch so schwer wie in Zeiten der Pandemie hatten wir es noch nie. Von der Regierung erhielten wir ein wenig Kurzarbeitergeld, um unsere Gehälter aufzustocken, aber damit war im September 2020 Schluss. Anschließend waren wir auf uns allein gestellt.

Die Verantwortung, das Wildreservat am Laufen zu halten, die Mitarbeiter zu bezahlen und für die Sicherheit der Tiere zu sorgen, lastete schwer auf mir. In der Öffentlichkeit bewahrte ich weiterhin ein fröhliches Gesicht und eine positive Einstellung, aber es gab durchaus Momente der Entmutigung und Verzweiflung, die ich allein mit meinen Hunden verbrachte. Sie sind diejenigen, an die ich mich in schwierigen Zeiten wende, mit denen ich meine tiefsten Ängste und Sorgen teilen kann. Tiere fühlen unsere Sorgen, und sie sind die besten Begleiter in Zeiten der Verzweiflung. Gypsy kletterte auf meinen Schoß, um mich zu trösten, und die anderen versammelten sich um mich herum. Ich fühlte mich geliebt und unterstützt und ermutigt, nicht aufzugeben, den Kampf fortzusetzen – für sie und auch für mich selbst. Es machte mich froh, diesen kleinen Überlebenskünstlern zuzusehen, wie sie ihr Leben leben, ohne sich um irgendetwas auf der Welt zu kümmern, außer vielleicht, dass sie sich fragen, was es abends zu fressen gibt und wann der beste Zeitpunkt für ihren Mittagsschlaf ist. Das hat mir Mut gemacht. Wir würden auch diese Krise überleben! Ich musste nur einen Weg finden.

Am dringendsten war, Wege zu finden, um Geld aufzutreiben. Wir haben wunderbare Gäste und Freunde in aller Welt, die uns unterstützen. Aber ich wusste auch, dass alle den Druck spürten und sich langsam eine Spendermüdigkeit einstellte. Einfach zu sagen »Bitte spenden Sie Geld« ist sehr unhöflich. Ich bin der Meinung, dass Fundraising für den Naturschutz immer für einen bestimmten Zweck sein sollte und dass wir den Spendern immer etwas Wertvolles zurückgeben sollten. Nur was?

Wir hatten bereits ein virtuelles Patenschaftsprogramm durchgeführt, wobei unsere Elefanten, jeder Einzelne von ihnen, vom größten bis zum kleinsten, und die Nashörner Thabo, Ntombi, Mona und Baby Sissi, adoptiert werden konnten. Wer kann schon der bezaubernden Sissi widerstehen? Wir warben für unsere Patenschaften und machten wunderschöne Fotos von den Tieren, die wir in den sozialen Medien veröffentlichten und in unserem Newsletter zeigten. Unser Patenschaftsprogramm wurde ein voller Erfolg. »Warum bei den Wildtieren aufhören?«, dachte ich. Und so boten wir auch unsere schönen Hunde zur virtuellen Adoption an – auf den Fotos sahen unsere reizenden geretteten Hunde einfach so schön aus, dass unsere Freunde und Unterstützer entsprechend bereitwillig darauf reagierten.

Ich glaube, dass Herausforderungen und Widrigkeiten uns dazu zwingen, nach neuen Ideen und neuen Wegen zu suchen. Und ja, wir hatten eine Menge Herausforderungen und Widrigkeiten zu bewältigen, so viel ist sicher. Aber jetzt brauchten wir die Ideen dafür! Und ich hatte eine.

Ich trommelte alle zusammen und sagte zu ihnen: »Dies sind verzweifelte Zeiten. Wir müssen alles Erdenkliche tun, um Geld aufzutreiben und zu überleben, bis sich die Lage bessert.«

Alle nickten zustimmend.

»Was können wir bieten? Wir haben gut aussehende, sehr beliebte Ranger. Khaya, Siya, Victor, Muzi, Andrew – wir werden sie auf den Markt bringen.«

Es wurde zwar genickt, aber Begeisterung sah anders aus. Die Ranger sahen mich misstrauisch an. »Oh je«, dachten sie, »der ganze Stress hat Françoise ganz schön zugesetzt, jetzt dreht sie durch!«

»Im Ernst, das ist eine großartige Idee!«, sagte ich voller Überzeugung. »Ihr wisst, wie sehr die Gäste unsere Ranger lieben. Sie sind täglich stundenlang mit ihnen auf Beobachtungsfahrten, sie lernen sie kennen und lernen so viel von ihnen. Ich bin sicher, sie würden sie gerne unterstützen. Warum lassen wir sie sie nicht adoptieren, genau wie unsere Tiere?«

So wurde entschieden, die Ranger zur virtuellen »Adoption« anzubieten – für 50 Dollar pro Monat für einen Zeitraum, dessen Dauer die Spender selbst festlegen konnten. Das Geld sollte in unseren Naturschutzfonds fließen, was bedeutete, dass jeder Cent davon für den Unterhalt und die Sicherheit des Reservats und der Tiere verwendet wird. Kim machte wunderschöne Fotos von den Rangern und versah jedes Bild mit einer kleinen Geschichte – eine von Muzis wunderbarer Gesangsstimme, eine von Victors fotografischem Talent, von Khayas großartigem Sinn für Humor, und von Siyas erstaunlichem Wissen über die Tierwelt. Sogar Andrew, den man nicht gerade ein eifriges Fotoobjekt nennen würde, rang sich ein Lächeln ab.

Was die Sache so erfolgreich machte, war die Tatsache, dass jeder, der in Thula war oder mein Buch gelesen hatte, unsere Ranger kannte und mochte. Und jetzt kam der clevere Teil des Patenschaftsangebots: Wer einen unserer Ranger adoptierte, bekam noch mehr Geschichten und Fotos! Unsere Ranger sind wirklich etwas ganz Besonderes. Im Gegensatz zu anderen Wildreservaten, in denen die Ranger nur ein oder zwei Jahre bleiben und dann weiterziehen, sind die meisten unserer Ranger schon seit 10 oder 15 Jahren hier. Stammgäste lernen sie kennen und wollen dann oft nur mit ihrem Lieblings-Ranger auf Beobachtungsfahrt gehen. Auch die Ranger kennen die Gäste – oder wie Muzi es formuliert: »Man muss auch lernen, die Menschen zu lesen, nicht nur die Tiere!« Die meisten unserer Ranger stammen aus Zululand und sind sozusagen hier in Thula Thula »aufgewachsen«, was heißt, dass sie hier zu professionellen Rangern wurden. Siya, Victor, Muzi und Khaya haben alle im Sicherheitsteam angefangen und den Busch und die Tiere langsam lieben gelernt.

Während wir die Geschichten der Ranger für unser Patenschaftsprogramm zusammenstellten, plauderten die Ranger über ihre ersten Tage im Busch. Khaya erinnerte sich, wie sehr er vom Busch angetan war, dass er an freien Tagen nicht nach Hause ging, sondern oft im Wildreservat blieb und die Ranger auf ihren Beobachtungsfahrten begleitete, um ihnen zuzuhören und von ihnen zu lernen. Da wusste er bereits, dass auch er Ranger werden wollte.

Der erste Schritt auf dem Weg zum Ranger ist die Ausbildung zum Fährtenleser – das ist derjenige, der bei Beobachtungsfahrten auf der Motorhaube sitzt und Ausschau hält nach Fußspuren, Dung und anderen Zeichen im Sand, die zeigen, wo die Tiere sind. Eine etwas unheimliche Aufgabe am Anfang.

»Die Tiere kommen so nah an dich heran. Und wenn ein Elefant oder ein Nashorn das Auto schubst oder jagt und der Ranger rückwärtsfährt, ist man direkt vor ihm oder es kommt auf einen zu! Ich hatte schreckliche Angst«, sagte Khaya und lachte. »Aber nach kurzer Zeit wurde ich entspannter, und schon bald hatte ich nicht einmal mehr Angst vor den Elefanten.«

»Wovor sollte man denn Angst haben? Sie sind doch nicht gefährlich, wie etwa Frösche«, sagt Muzi, der warmherzig und lustig war und immer einen Witz auf Lager hatte. Seine Bemerkung löste Gelächter aus, denn jeder wusste, dass Khaya Angst vor Fröschen hatte. Deshalb hatte er schon mehr als einmal in seine Tasche gegriffen und dort einen Frosch entdeckt.

»Ich kann doch nichts dafür, so bin ich halt erzogen worden«, sagte Khaya mit einem Lächeln und einem Schulterzucken. »Die Erwachsenen sagten: Wer mit einem Frosch oder einem Chamäleon spielt, den wird der Blitz treffen.« Er erschauderte bei dem Gedanken.

»Aber das Schlimmste sind Krabben. Als wir Kinder waren, sagten unsere Eltern immer: ›Spielt nicht mit Krabben, denn wenn dich eine zwickt, wirst du als Junge zu einem Mädchen und als Mädchen zu einem Jungen.‹ Natürlich wollte niemand, dass das passierte.«

»Klingt das wahrscheinlich?«

»Natürlich nicht. Und ich kannte auch niemanden, der wegen der Frösche an Blitzen gestorben ist. Deshalb sehe ich diese Sprüche als Botschaften zum Schutz der Tiere. Sie sollten dafür sorgen, dass wir Kinder die kleinen Tiere in Ruhe lassen und ihnen kein Leid zufügen.«

An diesem Tag war Khaya derjenige, der gehänselt wurde, aber irgendwann ist jeder einmal die Zielscheibe des Spotts. Die

Ranger lieben es, sich gegenseitig zu necken, was vor allem die Neulinge abbekommen.

Sie tauschten weiter ihre Geschichten aus.

»Siya hat mir erzählt, dass man leicht erkennen kann, ob Elefantenkot von einem Männchen oder einem Weibchen stammt«, erinnerte sich Muzi. »Man steckt einfach den Finger rein und nimmt ihn in den Mund. Wenn der Kot süß ist, ist er von einem Weibchen, wenn nicht, von einem Männchen.«

»Und du hast das wirklich gemacht?«, fragte Victor und lachte.

»Er machte es mir vor, also dachte ich, das macht jeder, also muss ich es auch machen. Der Trick war der, dass er nicht den Kotfinger in den Mund gesteckt hat, sondern einen anderen. Er hat an einem sauberen Finger gelutscht, ich nicht, und so kam ich in den Genuss, Elefantenkacke zu kosten!«

Jetzt waren sie in Fahrt gekommen.

»Wie ging noch mal der Trick mit dem Akazienbaum?«

»Ich habe immer noch Narben!«

Die schönen Akazienbäume mit ihren breiten, runden Kronen sind typisch für das afrikanische Buschland, sie haben Blätter und lange, scharfe Dornen. Zum Glück für Giraffen und andere Pflanzenfresser zeigen die Dornen nach unten. Wenn das Tier also seine Zunge um einen Ast legt und ihn nach unten zieht, um die Blätter zu fressen, werden die Dornen gegen den Ast gepresst und verletzen das Tier nicht. Die Ranger demonstrieren dieses Phänomen gerne, indem sie den Ast in der Hand halten und kräftig an den Dornen ziehen, um die Blätter zu entfernen. Sie verletzen sich dabei nicht! Allerdings gibt es eine Akazienart, bei der die Dornen nicht nach unten gerichtet sind. Bei einem Neuling halten die Ranger gerne bei solchen Akazien an und bitten den Neuling zu demonstrieren, wie sich eine Giraffe von den Akazien ernährt. Daraufhin bekommt der arme Kerl eine Handvoll Dornen ab.

Solange am Ende alles gut ausgeht, sind die Missgeschicke der anderen ein Grund zur Heiterkeit. Als Muzi beispielsweise in einer regnerischen Nacht mit einem Motorrad unterwegs war, um den Zaun zu kontrollieren, wurde er von den Elefanten umzingelt. Dies war eine potenziell gefährliche Situation, denn Elefanten mögen keine lauten mechanischen Geräusche wie Drohnen, Motorräder und Hubschrauber. Wenn sie sie wahrnehmen, dann jagen sie den Verursacher oder greifen ihn an.

»Ich sah, wie die Stoßzähne in der Nacht leuchteten. Ich war mitten in der Herde, also habe ich angehalten und den Motor abgestellt«, sagte Muzi, als er uns sein Erlebnis schilderte. »Ich musste da weg. Ich konnte nicht dort bleiben. Mein Herz raste. Ich wusste nicht, was ich tun sollte!«

Wir hörten alle gespannt zu, als er seinen Fluchtplan beschrieb. Da es an der Stelle bergab ging, schaltete er die Scheinwerfer aus, rollte ein Stück an den Elefanten vorbei, startete erst dann das Motorrad und raste runter.

»Ich hatte es geschafft! Ich war so froh, dieser gefährlichen Situation entkommen zu sein. Ich schaltete mein Licht an und fuhr nach Hause. Aber dann spürte ich plötzlich einen gewaltigen Zusammenstoß, der mich von meinem Motorrad schleuderte. Geblendet von den Scheinwerfern war ein großes Impalamännchen direkt in mein Motorrad hineingelaufen. Ich lag in der Dunkelheit und mir war schwindlig. Kaum war ich den Elefanten entkommen, wurde ich von einem Bock angerempelt! Ich weiß nicht, wer sich mehr erschreckt hat, ich oder das Impala. Zum Glück hat sich keiner von uns beiden verletzt.«

Die anderen Ranger lachten schallend über diese Geschichte. Muzi stimmte mit ein.

»Was für ein Tag«, sagte er und schüttelte den Kopf. »Heute kann ich darüber lachen!«

Die Ranger lieben es, sich gegenseitig zu necken, aber was mich mit Freude erfüllt, ist, dass sie wunderbar miteinander auskommen. Es gibt weder Streit noch Neid, sie respektieren sich gegenseitig und haben großen Respekt vor Siya, dem obersten Ranger. Ich weiß auch, dass sie alle füreinander einstehen, wenn zum Beispiel jemand ein paar Bier zu viel getrunken hat! Ich habe im Laufe der Jahre gelernt, gelegentlich die Augen zu schließen.

Für den frisch gebackenen Fährtenleser, der seine Ausbildung von den Gästeführern erhält, besteht der nächste Schritt auf der Ausbildungsleiter zum Ranger in der Vorbereitung für die Fachprüfungen des Berufsverbandes Field Guides Association of Southern Africa, kurz FGASA. Und zum Schluss folgt der in der Regel schwierigste Teil der Ausbildung, der Erwerb des Führerscheins.

Ich war so stolz, als ich ihnen allen im März 2016 ihre FGASA-Diplome überreichen konnte. Sie waren nun ausgebildete, professionelle Ranger – mit einem eingerahmten Zertifikat zum Aufhängen und der Pflicht und Verantwortung, das Bewusstsein für die missliche Lage unserer bedrohten afrikanischen Wildtiere zu verbreiten. Wenn unsere Gäste Thula Thula verlassen, dann tun sie das immer mit der Aussage, dass sie dank unserer hervorragenden Ranger viel Wissen und Verständnis für den Busch gewonnen haben. Die Ranger ihrerseits haben ihr Wissen durch stundenlange Beobachtungen und gegenseitiges Lernen erworben, nicht nur aus Büchern – manchmal wissen die Ranger sogar besser Bescheid als Bücherautoren. Als Muzi für die FGASA-Prüfung lernte, war er überrascht zu lesen, dass Elefanten sich niemals hinlegen würden, weil sie so schwer sind und ihre Organe Schaden nehmen würden.

Er erzählte dem Prüfer: »Ich habe einen Elefanten beobachtet, der sich hingelegt hat. Da habe ich mich gefragt, ob etwas nicht stimmt, aber nein, es war alles in Ordnung. Wie soll ich also auf diese Frage antworten?«

Daraufhin erwiderte der Prüfer: »Schreiben Sie das auf, was im Buch steht, nicht, was Sie beobachtet haben.«

Deshalb bin ich manchmal skeptisch gegenüber sogenannten Experten!

Viele Menschen träumen davon, im Busch mit Tieren zu leben und zu arbeiten. Es ist tatsächlich ein großes Privileg, aber einfach ist es nicht. Ranger haben lange Arbeitstage – sie stehen morgens um 5 Uhr auf, und erst nach der abendlichen Beobachtungsfahrt ist ihr Arbeitstag zu Ende. Sie tragen eine große Verantwortung für die Gäste, die Tiere und die Fahrzeuge. Während des Lockdowns haben sie andere Aufgaben übernommen als die, die sie normalerweise erledigen, wie etwa die Überwachung der Nashörner, aber Beschwerden gab es keine. Immer hieß es: »Kein Problem, Madame« – oder wie sie mich manchmal nennen: »Ma Fra«.

Zusammen mit den Mitarbeitern der Lodge und des Zeltcamps sind die Ranger das Gesicht von Thula Thula. Sie teilen ihre Leidenschaft, ihr Wissen und ihre Vision für den Schutz der Natur und der Wildtiere mit all unseren Gästen und Freiwilligen. Da unsere Ranger schon so lange hier sind, kennen sie sich und die Tiere gut. Sie erkennen jeden Elefanten und kennen seinen Namen, seine Geschichte und seinen Charakter. Es sind die Ranger, die zuerst bemerken, wenn ein Tier krank ist oder sich seltsam verhält. Sie sind die Ersten, die sehen, dass es Nachwuchs gibt. Jeder von ihnen ist Teil der Geschichte von Thula Thula und arbeitet für das gleiche Ziel, mit der gleichen Leidenschaft und Vision, die Lawrence hatte. Und sie halfen mir, sein Vermächtnis weiterzuführen.

17 DIE LIEBENSWÜRDIGKEIT VON FREMDEN (UND FREUNDEN)

Wenige Tage nachdem wir die Ranger zur virtuellen »Adoption« freigegeben hatten, kam Portia mit einem breiten Lächeln auf ihrem Gesicht zu mir: »Es funktioniert!«

Immer mehr Patenschaften wurden eingegangen. Unsere wunderbaren Mitarbeiter und Tiere berührten Menschen auf der ganzen Welt, und endlich kam auf diese Weise wieder Geld herein.

»Ellen Olson Brooks aus Colorado hat alle unsere Hunde und unsere Wildtiere adoptiert«, sagte Lynda.

»Sie ist eine große Tierliebhaberin«, sagte ich.

»Und außerdem hat sie jeden einzelnen Mitarbeiter adoptiert – auch dich, Françoise!« Die Adoption von »Madame« sorgte für viel Heiterkeit unter den Angestellten.

»Vielleicht wirst du eines Tages so beliebt sein wie Baby Jo«, sagte Portia. »Schau mal, wie viele Leute sie adoptiert haben!«

»Baby Sissi auch«, sagte Lynda. »Alle lieben sie.«

»Mit den Tierbabys kann ich nicht mithalten«, sagte ich. »Die sind zu niedlich!«

Von den Hunden war Christiaans großer Bursche Bruce sehr beliebt. Es gab Leute, die ihn nicht nur virtuell adoptieren, sondern mit nach Hause nehmen wollten. Bruce wurde als Kampfhund gezüchtet – er hat tatsächlich Ähnlichkeiten mit einem Mastiff –, aber trotz seiner Größe und seines grimmigen Blickes hat er ein ruhiges Temperament. Er ist ein Schmuser, kein Kämpfer. Unser Mechaniker fand ihn auf der Straße und nahm ihn auf. Daraufhin adoptierte Christiaan ihn, damit er ihm im Zeltcamp Gesellschaft leistete.

Er ist ein großer, zuverlässiger und sanfter Charakter, der sich prächtig mit den anderen Hunden des Rudels und auch mit Menschen versteht. Er erinnert mich an unsere sanften Riesen, die Elefanten. Er ist der Liebling der Besucher. Christiaan hat sich schon daran gewöhnt, dass Besucher, die schon mal in Thula Thula waren, erst den Hund mit einem freudigen »Hallo, Bruce, ich habe dich vermisst …« begrüßen, bevor sie ihn begrüßen.

Christiaan platzte fast vor Stolz, als er erfuhr, dass Bruce der beliebteste aller Thula-Thula-Hunde war. Ich habe es den anderen Hunden nicht erzählt; wir wollen ja keine Eifersüchteleien im Rudel. Außerdem ist jeder Hund auf seine Weise etwas Besonderes.

Die Ranger zogen sich gegenseitig bezüglich ihrer neuen Popularität oder dessen Fehlen auf. Dazu gab es von mir keinen Kommentar, denn für mich waren sie alle gleich großartig! Das Tolle am Patenschaftsprogramm war, dass alle in Thula Thula, von den Rangern über die Elefanten bis hin zu meiner kleinen Gypsy, ihren Beitrag leisteten, um Geld aufzutreiben, damit wir uns in diesen schweren Zeiten über Wasser halten konnten.

Die Ranger sagen mir immer, dass ihre Arbeit in Thula Thula kein »Job« sei, und das stimmt auch. Ich freue mich über ihr Engagement und ihre Initiativfreudigkeit, wenn sie neue Projektideen oder Lösungen vorschlagen, weil es irgendwo Probleme gibt. Sie sind stolz auf ihre Arbeit und lieben sie, weil sie die Freiheit haben, sich einzubringen, und weil sie wissen, dass ich großes Vertrauen in sie habe und ihre Ideen und Beiträge schätze. Im Leben ist niemand allein erfolgreich, schon gar nicht im Busch! Wir arbeiten alle gemeinsam für das Wohl aller, für ein besseres Thula Thula und für eine bessere Zukunft unserer gesamten Tierwelt. Ich schätze mich sehr glücklich, meine Thula-Thula-Familie und die Vision, die wir teilen, zu haben. Die Großzügigkeit und die Liebe unserer Gäste und Freunde, aber auch die von Fremden aus der ganzen Welt ehrt uns sehr. Die offenherzige Unterstützung der Menschen hat uns geholfen, auch die dunkelsten Zeiten zu überstehen.

Besonders berührt hat mich Ayan Mehra, ein zwölfjähriger Schüler der amerikanischen Schule in Singapore, der sich als sehr talentierter Künstler und kreativer, tatkräftiger Spendensammler entpuppte. Er hat Zeichnungen von all unseren Nashörnern, Big Bruce, meiner kleinen Gypsy und vielen anderen Tieren angefertigt und anschließend eine Website erstellt, auf der er seine Bilder verkaufte. Mit dem Geld adoptierte er alle unsere Nashörner und die meisten unserer Elefanten. Er schreibt auch hervorragende Blogs, mit denen er das Bewusstsein für den Schutz der Wildtiere schärfen will. Da er den Schutz der Tiere in einem größeren Zusammenhang sieht, sammelt er jetzt Geld für unsere Erweiterungspläne.

Ayans erstaunliche Unterstützung für Thula Thula erregte auch die Aufmerksamkeit der Tierschutzorganisation Born Free, und im September 2021 wurde Ayan zu ihrem ersten internationalen Jugendbotschafter ernannt. Ich bin so stolz darauf, dass sein Engagement und seine Liebe für den Schutz von Wildtieren entfacht wurden, nachdem er mein erstes Buch *Ein Elefant in meiner Küche* gelesen hat. Er ist eine enorme Inspiration für künftige Generationen. Ayan und seine Familie wollten uns im April 2020 besuchen, aber Corona machte ihnen einen Strich durch die Rechnung. Aber seine Spenden haben uns in diesen schweren Zeiten sehr geholfen – wir hoffen, dich eines Tages zu treffen, Ayan!

Im Sommer 2020 wurde die nationale Corona-Warnstufe schrittweise gesenkt, woraufhin die Regierung ab August 2020 auch die Beschränkungen lockerte. Auch Europa öffnete sich im Sommer wieder etwas. Endlich hatte man wieder das Gefühl, dass es in die richtige Richtung geht.

Zwar waren internationale Reisen nach wie vor so gut wie unmöglich, aber die Lockerung der Lockdown-Vorschriften verschaffte uns wieder etwas Freiraum und mehr Möglichkeiten. Unter ganz bestimmten Umständen – zu Bildungszwecken oder für Geschäftstreffen – durften wir wieder Gäste empfangen, und diese Gelegenheit wollten wir sofort nutzen! Wir steckten unsere Köpfe zusammen und überlegten uns, wie wir Gäste sicher in Thula Thula unterbringen konnten, um Einkünfte zu generieren.

Wir starteten den Fotografiekurs »Thula Thula Wildlife« – natürlich zu Bildungszwecken –, der fast zwei Monate lang zu einer der Haupteinnahmequellen der Lodge wurde. Der Kurs dauerte fünf Tage, in denen die Teilnehmer von Kim sowohl theoretisches als auch praktisches Fotografiewissen vermittelt bekamen. Außerdem nahmen sie täglich an einer Beobachtungsfahrt teil, um das Wissen und die neu erworbenen Fähigkeiten anzuwenden und ein Portfolio mit Wildtierbildern anzulegen. Thula Thula ist der perfekte Ort dafür, denn die Landschaft ist wunderschön und fotogen, und unsere prächtigen Elefanten kommen sehr nah heran.

Bald wurden die Vorschriften weiter gelockert, und wir konnten zumindest wieder südafrikanische Gäste willkommen heißen – für viel frische Luft, Belüftung und soziale Distanz war gesorgt. Die Menschen wollten unbedingt wieder mit der Natur in Kontakt kommen, nachdem sie fast sechs Monate lang in ihren Häusern eingeschlossen gewesen waren. Die Freude der Gäste darüber, wieder im Busch zu sein, konnte nicht größer sein. Auch das Alkoholverbot wurde aufgehoben, was für viele eine Erleichterung darstellte. Überall stellte sich ein neues Gefühl von Freiheit ein.

Es war einfach herrlich, wieder Gäste bei uns zu haben, und niemand freute sich mehr darüber als die Elefanten – endlich waren die Besucher wieder da, um sie zu bewundern. Als die Herde bei der ersten Beobachtungsfahrt in Sichtweite kam, schlenderte Mabula, der aufmerksamkeitsheischende Entertainer der Herde, auf die Straße, wo er sich in Pose stellte, sich putzte, seine Yogaübungen vorführte und den Touristen alle seine Tricks zeigte. Dann ließ er seine Trompete ertönen. Seine Mutter, Frankie, schaute nachsichtig zu, denn sie wusste, dass er damit sagen wollte: »Willkommen zurück! Seht mich an! Seht mich an!«

18 WAS UNS GEHÖRT, IST … BERGBAULAND?

Im August 2020 betrat Vusi mein Büro mit sorgenvoller Miene.

»Wusstest du, dass am Eingang des Lavoni-Lands ein Bergbauhinweis hängt?«, fragte er. »Ich war heute Morgen dort und habe das hier gesehen.«

Er reichte mir sein Handy mit einem Foto des Hinweises. Ich ließ meinen Blick über den Text schweifen:

Hiermit wird bekannt gegeben, dass … XYZ einen Antrag auf eine Abbaugenehmigung gestellt hat … Kommentare und Bedenken sind vor dem … einzureichen.

Das Blut gefror mir in den Adern. Dies war nicht das erste Mal, dass wir in Thula Thula mit möglichem Bergbau konfrontiert wurden. Mir war bekannt, dass nach dem Gesetz alles, was sich unter der Erdoberfläche befindet, dem Staat gehört. Wir mögen zwar das Land besitzen, aber der Staat besitzt die Schürfrechte und kann diese verkaufen. Wenn das Land nicht genutzt wird, kann der Inhaber der Schürfrechte anfangen zu graben. 2017 hatten wir erfolgreich eine Abbaugenehmigung mit der Begründung abgewehrt, dass auf dem Land gefährdete Arten leben. Aber dieses Mal war das betreffende Land nicht einmal eingezäunt, sodass es als ungenutzt galt. Und Wildtiere gab es dort ebenfalls keine, also konnten wir auch dieses Argument nicht vorbringen. Es gab somit keine Argumente, mit denen wir verhindern konnten, dass in unserem Vorgarten nach Steinkohle gegraben wird.

Bei dem fraglichen Gebiet handelte es sich um ein Stück Land der alten Lavoni-Farm, teils Buschland, teils Zuckerrohrplantage, das dem Wildreservat noch nicht angehörte. Wir wollten das Gebiet nach dem Auslaufen des Pachtvertrags mit dem Zuckerrohrhersteller im März 2020 einzäunen, aber daraus wurde nichts, da Corona unsere Pläne zunichtegemacht hatte. Das Bergbauunternehmen muss gewusst haben, dass der Pachtvertrag mit dem Zuckerunternehmen auslief, und wollte offenbar die Gelegenheit beim Schopf packen, schnell einzusteigen, solange das Land nicht genutzt wurde.

Nach dem Überlebenskampf infolge der Pandemie jetzt auch noch das! Ein Kohlebergwerk direkt vor unserer Haustüre wäre verheerend für die natürliche Umgebung und für Thula Thula.

»Sie dürfen hier nicht schürfen, sie würden den Busch zerstören und mit dem ganzen Lärm die Tiere erschrecken«, sagte ich. »Stell dir vor, welche Auswirkungen die Sprengungen, Grabarbeiten und das Zerkleinern auf die Elefanten und Nashörner haben würde! Und die Wasser- und Luftverschmutzung durch den Kohleabbau ist schrecklich. Das könnte das Aus für den Tourismus in der gesamten Region bedeuten.«

»Das wäre eine Katastrophe. Wir müssen dagegen vorgehen«, sagte Vusi. Nach unserem Gespräch rief ich sofort unsere Anwältin Kirsten Youens an. Sie hat sich auf Umweltrecht spezialisiert und bereits diverse Bergbauvorhaben in ökologisch sensiblen Gebieten im nördlichen Zululand gestoppt. Sie ist eine brillante Anwältin und spricht eine klare Sprache ohne viel Fachchinesisch, was ich sehr schätze. Kirsten sagte mir zu, sich umgehend mit dem interessierten Bergbauunternehmen in Verbindung zu setzen.

In der Zwischenzeit informierte ich Christiaan und Vusi und sagte: »Wir müssen sofort mit der Einzäunung des Gebiets anfangen, um sicherzustellen, dass dieses Land als Teil von Thula Thula anerkannt wird und daher für den Bergbau nicht geeignet ist.«

»In Ordnung, wir fangen gleich damit an«, sagte Christiaan, der zusammen mit Vusi für das Projekt verantwortlich sein sollte. »Es sind allerdings fünf Kilometer Elektrozaun, das ist eine Menge Arbeit …«

Er hatte recht. Zäune anzubringen, ist eine körperlich anstrengende und zeitaufwendige Arbeit. Für jeden Pfosten muss ein Loch in den harten, steinigen Boden gegraben werden.

»Ich weiß, aber wir müssen es tun. Und zwar sofort! Frag Jack, ob er mithelfen kann.«

Zu dem Zeitpunkt war Jack für die Freiwilligen-Akademie zuständig. Das Freiwilligenprogramm ist ein wichtiger Teil unserer Arbeit, aber das Zaunprojekt hatte Priorität, und wir benötigten jede verfügbare Hand. Schon am nächsten Tag waren Vusi, Christiaan und Jack unterwegs, um die Zaunlinie zu vermessen und einen Schlachtplan zu erstellen. Jack hatte eine großartige Idee: »Die Praktikanten! Warum fragen wir nicht die Praktikanten, ob sie uns helfen? Sie können weiterhin in der Akademie wohnen und Zäune aufstellen.«

Die Reisebeschränkungen während der Pandemie hatten dazu geführt, dass nicht wie gewohnt Freiwillige aus der ganzen Welt zu uns kamen. Als in Europa der Herbst begann, sahen die Infektionszahlen in anderen Teilen der Welt nicht gut aus. Einige Länder schienen sogar in eine zweite Infektionswelle zu schlittern. Und damit wurden alle Hoffnungen, die ich noch in die Aufhebung der internationalen Reisebeschränkungen gesetzt hatte, zunichtegemacht. Gleichzeitig aber hatten viele im Naturschutz oder im Tourismus tätige Südafrikaner ihre Arbeit verloren. Einige von ihnen hatten wir als Praktikanten aufgenommen und boten ihnen freie Kost und Logis als Gegenleistung für ihre Mitarbeit bei unserem Erweiterungsprojekt und anderen Aufgaben, wie der Überwachung unserer Nashörner. Anstatt zu Hause herumzusitzen und auf die Rückkehr der Touristen zu warten, konnten sie an der frischen Luft Arbeitserfahrung sammeln, Abenteuer im Busch erleben und etwas Sinnvolles tun. Und darüber hinaus hatten sie natürlich die Gelegenheit, unsere besondere Elefantenherde kennenzulernen! Eine Win-win-Situation! Alle waren glücklich.

Aber wir starteten zusätzlich noch einen Aufruf, und kurz nachdem wir ihn verbreitet hatten, meldeten sich reihenweise Begeisterte aus ganz Südafrika, die auch an dem Zaunprojekt mitarbeiten wollten. Die Altersspanne reichte von 18 bis 77 Jahren, wobei die reiferen Praktikanten manchmal die tatkräftigsten waren. Ich sagte Jack, er möge eine über 70-jährige Dame schonen, aber davon wollte diese nichts hören, im Gegenteil. Sie bestand darauf, die gleichen anspruchsvollen Aufgaben wie die jüngeren Praktikanten zu bekommen, die sie anschließend mit großem Elan erledigte. Wir beschäftigten auch Leute aus der Umgebung und luden unsere wunderbaren, großzügigen Freunde und Unterstützer ein, einen Meter (oder mehr) Elektrozaun zu sponsern. Es passte alles perfekt. Der Zaun konnte gebaut werden!

Im Oktober begannen wir mit der Umzäunung des Lavoni-Landes, ein Projekt, das sich sechs Monate hinziehen sollte. Mit einem Bulldozer wurde ein fünf Meter breiter Buschstreifen entlang der Grenze, wo der Zaun verlaufen sollte, gerodet. Wir gruben ganze 1100 Löcher in den felsigen Boden, jedes eineinhalb Meter tief, und setzten in jedes einen Pfosten. Anschließend wurde der Draht angebracht, dann der Elektrozaun und zum Schluss auch die solarbetriebenen Stromaggregate für die Stromversorgung des Zauns. Das alles wurde von Hand gemacht. Sicherlich gibt es Maschinen, die das schneller erledigen können, aber wir mussten die Kosten im Blick behalten, denn nach wie vor war die Zukunft ungewiss, da die Pandemie sowieso schon länger dauerte, als wir dachten.

Es war Frühsommer und da konnte es in unserem subtropischen Klima schon sehr schwül und um die 30 Grad Celsius heiß werden. Die meiste Zeit wurde in der prallen Sonne gearbeitet. Ich fuhr regelmäßig hinaus, um mit den Leuten, die so hart arbeiteten, zu plaudern, um ihre Fortschritte zu bewundern und um meine Anerkennung für ihr Engagement für dieses Eilprojekt zum Ausdruck zu bringen. Bei meinen Besuchen sah ich mir gerne auch das saftige neue Land an und stellte mir den Tag vor, an dem es mit dem restlichen Wildreservat vereint sein würde und wir unsere Elefantenfamilie hier willkommen heißen könnten.

»Stellt euch vor, wie glücklich sie sein werden, wenn sie diesen Fluss entdecken«, sagte ich zu Jack und Victor. In dem Gebiet des integrierten Lavoni-Landes gibt es einen Fluss, der durch einen wunderschönen dichten Auwald fließt. Dort ist es feucht, und alles ist ganz anders als das, was unsere Elefantenfamilie gewohnt ist. Dieser Wald ist für die meisten Tiere undurchdringlich und daher noch unberührt – ein Festmahl für Elefanten. Und wenn sie ihn betreten, öffnen und fressen, wird er auch zugänglich für andere Tiere auf der Suche nach Leckereien.

In einigen Bereichen dort hatten sich hohe, nichtheimische Sukkulenten mit dem Namen »Königin der Nacht« angesiedelt. Sie sind dornig und haben wunderschöne weiße Blüten, die sich nachts öffnen und Fledermäuse anlocken, die dann ihre Pollen verbreiten. Nach der Blüte produziert die sich leicht vermehrende Pflanze köstliche Früchte.

»Mach dir um die mal keine Sorgen«, sagte Christiaan. »Die Elefanten lieben sie. Sie reißen sie um und rollen sie dann über den Boden hin und her, um die Dornen zu entfernen, sodass sie die Pflanzen fressen können. Zum Glück mögen sie keine Euphorbia (Wolfsmilch), denn die sieht der Königin der Nacht ähnlich, ist aber wegen ihrer milchigen Flüssigkeit bitter und giftig.«

»Wir sollten ein Auge darauf haben, was sie fressen. Wir wollen nicht, dass die Kohlbäume verschwinden«, sagte Vusi. Kohlbäume, oder *kiepersol*, sind ungewöhnlich geformte, skulpturale Bäume mit einer runden Krone aus graugrünen Blättern an der

Spitze jedes Zweigs. Sie sind wunderschön – und für Elefanten eine Delikatesse. »Wir müssen sie vielleicht schützen. Und die jungen Marula-Bäume ebenfalls. Wir sollten einen Zaun oder Steine um die jungen Triebe legen.«

»Richtig. Die Maulbeerfeigenbäume dürften dagegen sicher sein – seht nur, wie groß sie sind«, sagte Christiaan und schlug mit der Hand gegen einen breiten Stamm.

Diese riesigen, robusten Bäume tragen fast das ganze Jahr über reichlich Früchte, zur großen Freude von Vögeln, Fledermäusen und Affen und, wenn sie auf den Boden fallen, auch von vielen Antilopenarten sowie kleineren Tieren und Insekten.

Wir beschlossen, die Auswirkungen, welche die Tiere auf dieses Land haben werden, das seit langer Zeit weder von Elefanten noch von anderen Wildtieren bewohnt wurde, zu untersuchen. Dazu wurde ein Streifen am Fluss und ein weiteres Stück Land in der offenen Landschaft markiert. Dann wurden diese Bereiche sorgfältig inventarisiert, um Listen aller Pflanzenarten und deren Vorkommen zu erstellen. In einem Jahr wollten wir das Ganze wiederholen, um die Auswirkungen – positiv oder negativ –, die von den neuen Bewohnern ausging, festzustellen.

»Es wird interessant sein zu sehen, wie schnell sich die Zuckerrohrfelder wieder in den ursprünglichen Busch verwandeln werden«, sagte Victor.

»Dazu müssen die Elefanten nur ein wenig herumlaufen, die Reste des Zuckerrohrs zertrampeln und den Boden düngen«, erwiderte Christiaan.

»Zwei Dinge, bei denen man sich auf Elefanten immer verlassen kann, sind das Zertrampeln und die Düngung!«, sagte ich.

Elefantendung ist eine wichtige und reichhaltige Nahrungsquelle für den glänzenden schwarzen Mistkäfer, den man oft dabei beobachten kann, wie er heldenhaft eine vollkommen runde Kugel, die um ein Vielfaches größer und schwerer ist als er selbst, über die unbefestigten Straßen des Reservats schiebt.

Diese faszinierenden Kreaturen – von denen es in Südafrika 800 Arten gibt – spielen eine wichtige Rolle im südafrikanischen Ökosystem. Der Dung dient als Nahrung entweder für den Käfer oder für seine Larven, die aus den Eiern schlüpfen, die das Weibchen in der Kugel abgelegt hat. Die Dungkugel wird dann in den Boden eingegraben, wo sie sich zersetzt, den kompakten Boden belüftet und diesen düngt. Auf diese Weise reduzieren die Käfer die Zahl der Fliegen und anderer Organismen in der Umgebung, und sorgen gleichzeitig für Nahrung, da die Käferlarven ein beliebter Snack für beispielsweise Mäuse und Honigdachse sind.

Die Ranger kamen auf ein anderes Lieblingsthema zu sprechen: auf die neuen Tiere, die nach der Erweiterung im Wildreservat leben würden. Denn wir würden nicht nur mehr Land bekommen, sondern auch anderes Land mit einer anderen Pflanzen- und Tierwelt, mit neuen Insekten und neuen Vögeln. Einige müssten wir wohl ansiedeln, andere würden einfach kommen, wenn ihnen der Lebensraum in Bezug auf Wasser, Nahrung und Schutz gefiele.

»Wir bekommen vielleicht Tiere wie Riedböcke, Steinböckchen, Buschböcke, Warzenschweine und Buschschliefer«, sagte Christiaan.

»Und wenn man diese Beutetiere anlockt, kommen mit ihnen auch die Raubtiere. Wir wissen, dass es in diesem Gebiet bereits Leoparden gibt«, sagte Victor.

»Und Adler und Bussarde«, sagte Jack. Während sich die anderen Ranger eher für Elefanten und Nashörner interessierten, war Jack von Käfern, Schlangen, Eidechsen, Vögeln und Pflanzen fasziniert. Er wusste eine Menge darüber und teilte sein Wissen gerne mit anderen – daher auch sein Spitzname »Dr. Google«. »Die Vielfalt der Flora in dem Gebiet ist sehr groß, und durch das neue Land haben wir eine große Diversität an Mikrohabitaten, was eine große Vielfalt an Schmetterlingen bedeu-

Frankie und Mabula.

Achtundzwanzig Thula Thula-Elefanten – unsere Herde!

Mein Lieblingsfoto – Frankie in all ihrer Schönheit.

Die größte Überraschung in meinem Garten: Frankie!

Shaka und Thabo kommen sich sehr nah.

Weißrückengeier

Die Ankunft der beiden Neuankömmlinge Mona und Lisa – zusammen mit Siya, Lynda und Vusi.

Der Elefant Ilanga trifft auf Mona und Sissi. Während der Nashorn-Überwachung fängt Victor diesen ganz besonderen Moment ein und bietet uns ein spektakuläres Foto.

(rechts) Unser Safari-Fahrzeug mit den Büffeln von Thula Thula.

(unten) Die spielerische Elefantenherde sucht Kontakt zu einigen unserer Gäste.

Baby Jo – das Nilpferd.

Baby June – die Giraffe.

Mona und ihr Kalb Sissi.

Svannah – der erste Gepard, der seit 1941 in diesem Gebiet gesehen wurde.

Frankie und Gobisa – eine ganz besondere Liebesgeschichte!

Mabona beim Spielen mit einer Decke.

Jo Malone besucht das Wildreservat Thula Thula.

Großes Weihnachtsfest inklusive einer Menge Geschenke von unserer großzügigen Freundin Jo.

Baby Lucy. Wir haben sie am Eingang des Wildreservats gefunden.

Christiaan mit seinem geliebten Hund Bruce.

Umgeben von meinen geliebten Hunden.

Erdmännchen Daisy.

Mona und Lisa werden enthornt.

Verteilung der Lebensmittelpakete an die Bevölkerung in Thula Thula während Corona. Eine beängstigende Zeit für uns alle, aber auch ein großes Privileg, helfen zu können.

Thabo greift den Bagger während Bauarbeiten an.

Unser Tierarzt Trever Viljoen bei Frankies Untersuchung – er nimmt Blutproben und verabreicht Vitamine sowie Antibiotika-Booster.

Fütterung von Frankie zusammen mit Andrew.

Der Tag, an dem die Vereinbarung über Dube Ridge unterzeichnet wurde. Ein besonderer Moment für unsere Gemeinschaft und den Schutz der Wildtiere.

Die Einzäunung von Lavoni mit der Hilfe von Freiwilligen während des Lockdowns.
Im Hintergrund sieht man die Lavoni-Landschaft.

Die Elefanten erkunden ihr neues Lavoni-Land.

Die Mitarbeiter des Tented Camps und der Safari Lodge haben sich für einen besonderen Anlass herausgeputzt.

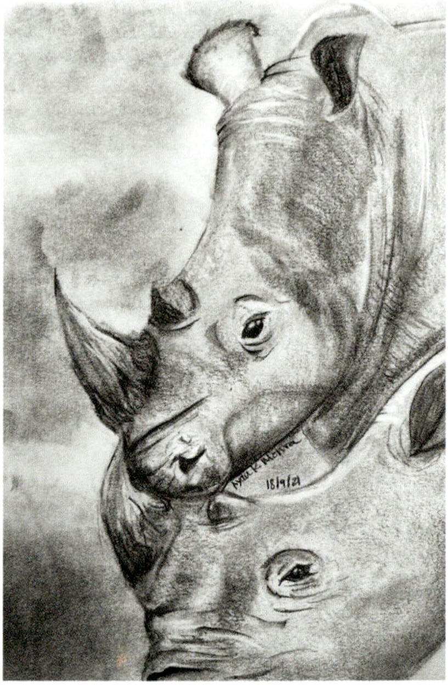

(oben links) Fruchtbarkeitsuntersuchung für Ntombi und Thabo.
(oben rechts) Eine Zeichnung von Thabo und Ntombi von einem jungen Naturschützer namens Ayan.

Erste Begegnung zwischen Rambo und Thabo.

tet. Besonders da unten im Süden, im neuen Teil. Im Sommer sieht man dort Schmetterlinge, die man sonst nirgendwo sieht. Eine wahre Freude für jeden Schmetterlingsliebhaber.« Er deutete mit einer breiten Geste an, wo die Schmetterlingsschwärme bald flattern würden, wobei er seinen Unterarm zeigte, auf dem eine Spur von tätowierten Blatthornkäfern und anderen Insekten zu sehen war.

»Wenn wir 6000 bis 7000 Hektar haben, kommen eines Tages vielleicht sogar Löwen«, sagte Christiaan, und seine Augen leuchteten vor Vorfreude.

Raubtiere wie Löwen, Leoparden und Geparden, die andere Tiere fangen, töten und fressen, sind wichtig für die Aufrechterhaltung des natürlichen Gleichgewichts im Wildreservat. »Sie erbeuten nur die schwachen und kränklichen Exemplare«, sagte er, der immer sehr pragmatisch ist, kein sentimentaler Tierfreak wie ich! »Es bleiben die stärkeren, fitteren Tiere übrig, die sich fortpflanzen können, was in einer viel besseren Blutlinie resultiert.«

»Und sie tragen dazu bei, dass die Bestände nicht zu groß werden«, sagte Vusi und warf einen Blick auf eine Gruppe von Impalas, die auf dem offenen Grasland des gegenüberliegenden Hügels grasten. »Denen geht es in Thula Thula etwas zu gut. Wenn es zu viele werden, nimmt der Nahrungsdruck auf den Busch deutlich zu.«

»Bei dem reichhaltigen Regen und dem saftigen Busch kann sich die Impalapopulation in nur drei Jahren verdoppeln«, nickte Christiaan. »Das könnte problematisch werden. Nun, wenn wir Löwen hätten …«

Die Impalas schienen von diesem Gespräch Wind bekommen zu haben und machten sich schnell aus dem Staub, bevor jemand auf dumme Gedanken kommen konnte.

Die Löwenpopulationen sind rückläufig, und – schockierenderweise – lebt die Mehrheit der Löwen in Südafrika in Gefangenschaft: Schätzungsweise 12.000 in Gefangenschaft gezüchtete Löwen werden in Käfigen gehalten, damit Menschen sie streicheln, jagen oder anderweitig Geld mit ihnen verdienen können. Durch die Arbeit von Four Paws, unserem Partner in der Auffangstation, der sich sehr für ein Ende der kommerziellen Zucht von Löwen in Gefangenschaft engagiert, ist mir klar geworden, wie verzweifelt die Lage der sogenannten Könige des Dschungels ist. Oft werden die Tiere in kleinen Gehegen gehalten und nicht immer gut versorgt. Ihr gesamtes Leben ist von Leid geprägt.

Die niedlichen, kuscheligen Löwenbabys sind sehr beliebt in Streichelzoos. Aber sie bleiben nicht lange niedlich und kuschelig. Nach ein paar Monaten, in denen sie von Touristen gestreichelt oder als Requisiten für Fotozwecke benutzt werden, sind sie zu groß, um gefahrlos angefasst zu werden. Ausgewachsene Weibchen können an Züchter zum Zweck der intensiven Züchtung verkauft werden, wobei sie mehrere Würfe pro Jahr produzieren müssen. Männliche Tiere, die für die Züchter weniger nützlich sind, werden entweder von Trophäenjägern erschossen oder wegen ihrer Haut, ihren Zähnen, Krallen und Knochen, meistens für asiatische Märkte, getötet. Großkatzen, die in Gefangenschaft von Menschen aufgezogen wurden, können niemals wieder ausgewildert werden. Sie werden nie Teil eines Rudels sein, sich auf natürliche Weise fortpflanzen und ihre eigenen Jungen aufziehen, und ebenso wenig im Busch jagen, wie es sich gehört.

Die meisten Touristen sind sich der Problematik von Begegnungen mit Großkatzen nicht bewusst. Die Wahrheit jedoch ist, dass sie das Problem verstärken, wenn sie mit einem Wildtier interagieren, es streicheln oder fotografieren. Bei jeder Interaktion mit einem Tier sollte man sich fragen, ob sie gut für das Tier ist.

Wer Tiere liebt, sollte Streichelzoos oder Orte, an dem Wildtiere in kleinen Gehegen gehalten werden, meiden und ein authentisches Busch-Erlebnis an einem Ort, an dem die Tiere frei, wild und sicher leben, bevorzugen. Unterstützen Sie Wildreservate, die sich um den Erhalt des natürlichen Lebensraums sorgen, die Tierbestände verantwortungsvoll regulieren, und die sich um die Tiere und die Menschen, die mit ihnen arbeiten, kümmern. Oder besuchen Sie einen unserer wunderschönen großen Nationalparks, wo die Eintrittsgelder dem Naturschutz zugutekommen. Statt eines schnellen Selfies mit einem Jungtier werden Sie das Gras und den Staub riechen, den Klang der Vögel und Grillen hören, den Nervenkitzel einer Beobachtungsfahrt erleben und die Aufregung spüren, wenn Sie ein freies, glückliches Tier entdecken. Es ist ein Erlebnis, das man sein Leben lang nicht mehr vergisst.

Da wir mehr Löwen in freier Wildbahn benötigten – auch, um die Beutetierbestände zu regulieren –, hatten wir die Anschaffung von Löwen in Erwägung gezogen, sobald unser Gebiet die erforderlichen 5000 Hektar erreicht hätte. Während wir über eine solche Ansiedlung von Löwen oder anderen Raubtieren in Thula Thula nachdachten, sah ich einen faszinierenden Dokumentarfilm über die positiven Auswirkungen einer Wiederansiedlung von Wölfen im Yellowstone-Nationalpark in den USA, auf der anderen Seite der Welt. Siedler hassten, fürchteten und erschossen diese großen Raubtiere, um ihr Vieh zu schützen, vergifteten sie oder fingen sie mithilfe von Fallen. Die Regierungen förderten ihre Ausrottung und zwar so energisch, dass sie in den späten 1920er-Jahren tatsächlich ausgerottet waren. Nach dem Verschwinden der Wölfe wuchsen allerdings die Populationen von Hirsch und Elch so stark an, dass es zu Überweidung, Erosion und Schäden an den Flussufern kam.

Im Jahr 1995 wurden wieder Wölfe eingeführt, aus Kanada und Montana. Ihre Rückkehr hat bei den Elchen zur Populationskontrolle geführt, da die schwächeren und älteren Tiere erbeutet wurden und die Herde insgesamt widerstandsfähiger wurde. Die Rückkehr der Raubtiere veränderte auch das Verhalten der Elche. Sie wanderten mehr, sodass die Beweidung weniger intensiv wurde. Da sie das Land entlang von Flüssen und Schluchten mieden, wo sie den Wölfen am schutzlosesten ausgeliefert waren, setzte hier eine langsame Erholung ein.

Auch andere Tiere profitierten von der Rückkehr der Wölfe. So hatten die angewachsenen Elchpopulationen dem Bestand an jungen Weiden stark zugesetzt. Als sich die Weiden dann wieder erholten, hatten die Biber mehr Nahrung, und so wuchs auch ihre Population wieder: Vor der Wiederansiedlung der Wölfe gab es nur noch eine einzige Biberkolonie, jetzt waren es zwölf. Die Biber bauten neue Dämme und Wasser speichernde Teiche, die Fischen und anderen Wasserbewohnern einen gesunden Lebensraum boten. Die neu entstandenen Habitate zogen aber auch Vögel, Mäuse, Füchse und Bären an. Und da es mehr Aas gab, kamen auch die Aasfresser zurück. Das war gut für Raben, Adler, Elstern und Kojoten. Die Wiederansiedlung von Raubtieren führte zu einer unvorhersehbaren Veränderung des gesamten Ökosystems – von der Form der Flüsse über die Höhe der Bäume bis hin zur Vielfalt der dort lebenden Tierarten.

Ich fragte mich, welche Auswirkungen Löwen auf Thula Thula haben würden. Die Anwesenheit von Großkatzen würde sicherlich den Frieden und die Ruhe unserer Antilopenherden stören, die sich derzeit kaum vor Raubtieren fürchten müssen. Löwen könnten sogar ein Elefanten-, Nashorn- oder Flusspferdbaby erlegen. Der Gedanke, dass unsere Wildtiere keine Erfahrung mit Löwen haben, beunruhigte mich, aber ich war mir sicher, dass sie sich und ihre Babys mit ihrem natürlichen, latent vorhandenen Überlebenstrieb schützen würden.

19 GROSSE PLÄNE FÜR GROSSE KATZEN

In Thula Thula gibt es drei Leoparden, die allerdings nur selten zu sehen sind. Leoparden sind keine sozialen Tiere, sondern Einzelgänger. Sie kommen und gehen, wie es ihnen gefällt, und sie bleiben für sich, lauern im dichten Busch am Fluss oder in felsigen Gebieten und gehen abends auf die Jagd. Mit ein wenig Glück kommt mal einer an einer der Überwachungskameras vorbei, die wir im Rahmen unserer Anti-Wilderer-Strategie rund um das Wildreservat aufgestellt haben. Es ist immer wieder aufregend, nachts eine Nachricht mit einem Bild von einem dieser prächtigen Tiere, die sich durch unseren Busch schleichen, auf dem Handy zu erhalten. Sie sind sehr stark und wendig – ein Leopard schafft es sogar, mit einer Antilope im Maul auf einen Baum zu klettern. Außerdem können sie hoch springen und gut schwimmen.

Die Kameras bieten amüsante Einblicke in das Buschleben. Manchmal entdecken die Giraffen diese mysteriösen Metallklumpen hoch oben an einem Pfosten und fangen an, sie zu untersuchen, was uns Bilder von einem riesigen Augapfel mit prächtigen Wimpern oder einer neugierigen Nase mit Schnurrhaaren beschert. Manchmal sehen wir auch nachtaktive Tiere, die tagsüber unterwegs sind, und tagaktive, die nachts umherspazieren – dabei machen sie immer einen etwas hinterlistigen Eindruck, wie Schule schwänzende Kinder, die gerade verbotenes Terrain erkunden.

Eines Tages schickte mir Larry eine Nachricht:

Françoise, wir haben im vergangenen Monat drei Kameras verloren. Von Wilderern zerstört.

Drei? Das ist schockierend.

Ja. Sie müssen Insiderwissen erhalten haben. Von irgendjemandem erfahren sie, wo die Kameras aufgestellt sind.

Das ist nicht gut, Larry. Wer könnte das sein?

Ich werde es herausfinden, versprochen.

Zwei Wochen später schickte mir Larry eine weitere Nachricht.

Es geht um die Kameras. Ich habe den Übeltäter gefunden.

Er schickte ein Foto mit – eine extreme Nahaufnahme eines Elefantenrüssels, der sich der Kamera entgegenstreckt. Es war ein Elefanten-Selfie – oder sollte ich sagen, ein Selefie? Wie auch immer, es war ein sehr lustiger Anblick. Wer braucht schon Fernsehen, wenn man eine Wildkamera hat?

Anders als Leoparden, die sehr scheu und normalerweise nur flüchtig auf den Überwachungskameras zu sehen sind, bleiben Geparden meistens in ihrem Revier, das die Männchen mit Urin markieren. In Thula Thula gibt es keine Geparden, aber ich bewundere diese anmutigen, athletischen Tiere – die schnellsten Landtiere – sehr und hege weiterhin die Hoffnung, sie eines Tages bei uns im Wildreservat zu sehen.

Chantal Rischard und Stephan Illenberger haben Thula Thula 2019 einen Besuch abgestattet. Als Christiaan mir erzählte, dass sie die Gründer des Wildreservats Ashia Cheetah Conservation in Paarl unweit von Kapstadt waren, wollte ich sie unbedingt kennenlernen und mehr über ihre Arbeit erfahren. Als ich mich vorstellte und sie willkommen hieß, erfuhr ich, dass Chantal mein Buch gelesen hatte und sie nach Thula Thula gekommen waren, um Stephans Geburtstag zu feiern.

Es waren zwei sehr leidenschaftliche und visionäre Menschen. Sie hatten für sich den Lebensplan gehabt, erst in Europa viel Geld im Finanzsektor zu verdienen, dann früh in Rente zu gehen und nach Südafrika auszuwandern, um sich für den Schutz von Geparden einzusetzen. Und den Plan haben sie tatsächlich realisiert! Jetzt verschreiben sie sich dem Schutz gefährdeter und vom Aussterben bedrohter Tiere, indem sie die genetische Vielfalt erhalten und die Ausbreitung und das Verbreitungsgebiet der Geparden vergrößern. Während wir an der *Boma* saßen, die Sterne über uns funkelten und ein prasselndes Feuer unsere Füße wärmte, unterhielt ich mich bis tief in die Nacht mit Chantal und Stephan über das Leben und die Tierwelt, den Naturschutz und die Geparden.

Mir war bekannt, dass auch Geparden sehr gefährdet sind, aber dass die Situation weitaus schlimmer war, als ich dachte, überstieg meine Vorstellungskraft – seit 1975 ist die weltweite Population von geschätzten 14.000 Geparden auf weniger als 7000 geschrumpft. Wie alle Wildtiere sind auch sie von der Zerstörung ihres Lebensraums, der Wilderei und dem illegalen Handel betroffen, aber nicht nur. Chantal erklärte, dass die Geparden als Art noch ein weiteres Problem haben: und zwar eine sehr geringe genetische Vielfalt.

»Die in Südafrika wild lebenden Geparden leben meistens in kleinen isolierten Gruppen in eingezäunten Wildreservaten«, sagte sie. »Obwohl der südafrikanische Gepardenbestand in den letzten zehn Jahren als Einziger gewachsen ist, ist der Genfluss jedoch sehr begrenzt, was eine echte Herausforderung für das Bestandsmanagement darstellt, da Inzucht unbedingt vermieden werden muss.«

Um Inzucht entgegenzuwirken, hat der Endangered Wildlife Trust (EWT) das sogenannte Cheetah Metapopulation Project ins Leben gerufen. Dabei tauschen die verschiedenen Reservate untereinander Geparden aus, damit diese sich mit Artgenossen aus einer anderen genetischen Linie fortpflanzen und so die genetische Vielfalt erhalten. Ashia arbeitet bei der Erforschung, Umsiedlung und Wiederansiedlung der Großkatzen eng mit der EWT zusammen. Um die geeigneten Geparden zu finden, sind neben einer gründlichen Hintergrundforschung zur Geschichte von jedem Tier auch DNA-Tests von entscheidender Bedeutung. Mithilfe einer umfangreichen Datenbank, in der alle Geparden erfasst sind, wird dafür gesorgt, dass nur geeignete Tiere in die richtigen Reservate kommen und Inzucht vermieden wird.

Ashia nimmt auch halbwüchsige, von ihren Müttern in Gefangenschaft aufgezogene Geparden auf und bereitet sie auf das Leben in der Wildnis vor. Dafür verbringen sie erst einige Monate in Ashias Zentrum in Paarl, wo auf einer speziellen Laufbahn an ihrer Fitness gearbeitet wird. Sie werden nur mit Wildfleisch gefüttert und der Kontakt zu Menschen wird auf ein Minimum reduziert. Sobald sie alt genug sind, um ihre angeborenen Jagdfähigkeiten zu entfalten, werden sie in eine der zwei Auswilderungsgebiete von Ashia in Partnerreservaten in den Provinzen Nordkap und Limpopo umgesiedelt.

Chantal erklärte mir, was dort geschieht: »Diese Auswilderungsgebiete erhalten ständig neue Beutetiere. Sobald ein Gepard mindestens zweimal pro Woche erfolgreich gejagt und völlig selbstständig ist, kann er in einem privaten Wildreservat in Südafrika ausgewildert werden oder Teil einer Wiederansiedlung in Nationalparks etwa in Malawi, Sambia oder Mosambik werden, wo die Art ausgestorben ist, sodass dort neue Gepardenpopulationen entstehen.«

Ich war beeindruckt von ihrem Wissen und ihrer Leidenschaft für diese wunderschönen Katzen, und ich spürte, dass wir gemeinsame Werte haben. Wie sie glaube ich, dass Wildtiere in die Wildnis gehören. Ashia hat mehr als 20 Geparden ausgewildert – eine wunderbare Leistung. Ich hatte das Gefühl, dass wir erfolgreich zusammenarbeiten könnten.

Als die Glut des *Boma*-Feuers erlosch, sagte ich: »Geparden in Thula Thula zu haben, war ein Traum, den Lawrence und ich teilten. Und nachdem ich gehört habe, was ihr macht, würde ich gerne dazu beitragen, die Zahl dieser schönen Tiere zu erhöhen, indem ich ihnen hier ein Zuhause biete.«

Sie schlugen mir vor, mit Vincent van der Merwe, der als Geparden-Metapopulationskoordinator für das EWT-Schutzprogramm für Karnivoren (Fleischfresser) tätig ist, über die Erstellung eines Raubtiermanagementplans für Thula Thula zu sprechen. Genau das taten wir. Aus einer Analyse des Reservats ging hervor, dass wir den Platz, die landschaftliche Vielfalt und ausreichend Beutetiere hatten, um Geparden zu beherbergen. Im Dezember 2019 stellten wir den Raubtiermanagementplan fertig. Für die Ansiedlung von Geparden verlangt die Wildtierbehörde eine Fläche von mindestens 5000 Hektar, was angesichts unserer Erweiterungspläne kein Problem war. Ich war der Meinung, dass Geparden besser zu Thula Thula passen würden als Löwen. Sie sind für Menschen ungefährlich und würden unsere Wildtiere auf sanftere Weise an das Leben mit Raubtieren gewöhnen. Ich war besorgt, dass Löwen ein Gemetzel anrichten könnten.

So planten wir, im Jahr 2020 Geparden in Thula Thula anzusiedeln.

In Ashia gab es ein wunderschönes Weibchen, das zu uns kommen konnte, sobald die Genehmigungen vorlagen. Die Gepardin – die wir später Savannah nannten – stammte aus einer ausgezeichneten Blutlinie mit einer hohen genetischen Vielfalt, wie Vincent uns anhand ihres Stammbaums zeigte. Savannahs Großmutter war eine sogenannte »Supermama«, also ein Weibchen, das fit und fruchtbar war, sich ausgiebig fortpflanzte und ihre Jungen erfolgreich zur Selbstständigkeit erzog. Aus Gentests wissen wir, dass etwa 90 Prozent der Metapopulation von 460 Individuen auf nur drei Supermamas zurückzuführen sind.

Savannahs Großmutter wurde in der Kalahari gefangen und nach Sanbona am Westkap gebracht, wo sie 20 Junge zur Welt brachte. Außerdem zog sie sie erfolgreich in einer rauen Umgebung auf, in der Löwen lebten – die Raubtiere, die für etwa ein Drittel der Todesfälle unter Geparden verantwortlich sind. Ihre

Tochter, Savannahs Mutter kam zum Garden Route Nationalpark, hatte auch Supermama-Gene und brachte 15 Nachkommen zur Welt, darunter unsere schöne Gepardin.

Laut Vincent war Savannahs Vater »eine seltsame Katze«. »Als er in einem Winter auf dem Gipfel des Mount Camdeboo am Ostkap im Schnee gesichtet wurde, wusste niemand, woher er kam. Er muss aus einem der nahe gelegenen Reservate, dem Samara- oder dem Mountain-Zebra-Nationalpark, entkommen sein. Er war eine sehr wilde Katze, die erfolgreich den Löwen auswich und sich als guter Jäger erwies. Er war nicht an Menschen gewöhnt und so schlau, dass wir ihn nicht fangen konnten, um ihm einen Sender anzulegen.«

Mit einer geliehenen Käfigfalle, in der sich ein Fleischköder befand – eine Fangmethode, die bei Geparden nur selten funktioniert –, gelang es schließlich doch, ihn zu fangen und wieder freizulassen. Auch dieser wilde Bursche erwies sich als sehr erfolgreich bei der Vermehrung mit den anderen Geparden im Wildreservat. Das war zwar positiv für den Bestand, aber gleichzeitig problematisch, da es bald zu viele Jungtiere mit den gleichen Genen geben würde und so die Gefahr der Inzucht wuchs.

»Er wurde zur Garden Route gebracht, wo er sofort weitermachte, Babys zu zeugen«, so Vincent. »Da er vom Ostkap kam, hatte er andere Gene als die Geparden dort, was natürlich großartig war. Eines seiner Jungtiere ist Savannah.«

Als wir von diesem Stammbaum hörten, waren wir überzeugt, dass Savannah ein wunderbares Tier mit einer sehr starken genetischen Herkunft ist. Mit ihren 24 Monaten war sie im richtigen Alter, um Nachwuchs zu zeugen, und die Chancen standen gut, dass sie auch eine fruchtbare, erfolgreiche Supermama sein würde. Natürlich brauchten wir für sie noch einen Partner – oder zwei. In einem anderen Wildreservat fanden wir zwei Männchen mit einem anderen Genpool, was angesichts der winzigen Population sehr wichtig war. Wir beabsichtigten, Nachwuchs von Savannah und den beiden Männchen in andere Reservate zu bringen, um die genetische Vielfalt der dortigen Population dieser herrlichen Tiere zu verbessern. Alles, was wir dazu noch brauchten, waren die Genehmigungen für die Einführung der Gepardin in Thula Thula und für ihren Transport über Provinzgrenzen hinweg nach KwaZulu-Natal.

20 DIE CLEVEREN TATORTREINIGER

Aasfresser sind genauso wichtig wie Raubtiere. Dennoch kommen Hyänen und Geier in der öffentlichen Wahrnehmung schlechter weg als Leoparden und Löwen, obwohl sie als Beseitiger von Kadavern getöteter Tiere eine lebenswichtige Funktion in der Natur erfüllen. Ein Gepard oder Leopard vertilgt vielleicht ein Hinterviertel eines erlegten Bocks, während der Rest am Boden verrotten würde und ein perfekter Nährboden für Krankheiten und Parasiten wäre, wenn es die fleißigen Aasfresser nicht gäbe.

An der Flussüberquerung hinter unserem Zeltcamp sitzen oft große graue Vögel in den Bäumen. Manchmal machen sie sich auf die Suche nach Nahrung oder kreisen am Himmel über einem Kadaver, der bald ihr Abendessen sein wird. Von diesen vom Aussterben bedrohten Weißrückengeiern (*Gyps africanus*) haben wir in Thula Thula eine der größten Brutkolonien im ganzen Land. Obwohl sie die am häufigsten vorkommenden Geier Afrikas sind und das größte Verbreitungsgebiet haben, ist die Art infolge von Vergiftungen – versehentliche und absichtliche –, illegalem Handel und der Zerstörung ihrer Lebensräume und infolge von Nahrungsknappheit gefährdet.

Als Aasfresser sind Geier auf Fleischfresser angewiesen, die größere Beutetiere töten, sodass sie selbst die Knochen und Häute zerkleinern können. Sinkt aber die Zahl der Fleischfresser, schrumpft auch der Bestand der Geier. Daher stehen diese Vögel auf der Liste der vom Aussterben bedrohten Arten, und es wird befürchtet, dass sie lokal bereits 2034 ausgestorben sein werden.

Auf der Straße zum Zeltcamp entdeckte Christiaan einen Geier, der dort mit hängendem Kopf stand. Er flog nicht weg, als Christiaan sich näherte, was ein klares Zeichen dafür war, dass es ihm nicht gut ging. Christiaan hob ihn auf, brachte ihn mit nach Thula Thula und versuchte vergeblich, ihn mit Wasser und Futter zu locken. Er sah wirklich jämmerlich aus.

»Es könnte eine Vergiftung sein«, sagte Christiaan. »Manchmal verstecken die Farmer Gift in toten Ziegen, um Aasfresser wie Hyänen und Geier zu töten, weil sie glauben, dass diese ihr Vieh töten.«

Ich schüttelte den Kopf angesichts von so viel Dummheit und Grausamkeit unserer Spezies. »Manchmal werden Tiere auch aus Versehen vergiftet«, fuhr er fort. »Wenn Jäger Bleikugeln anstelle der teureren Kupferkugeln verwenden und ein Tier damit verletzen, das erst später stirbt, verschlucken Aasfresser das Blei womöglich und sterben daran.«

Unser geretteter Geier sah wirklich nicht gut aus, also wandten wir uns an die Vulture Group, die sich mit dem Aufpäppeln von Geiern auskannte. Nachdem sie den Geier in ihrem Zentrum untersucht hatten, erfuhren wir bald die Diagnose: Vogelmalaria.

»Es ist eine sehr seltene Krankheit, die nur einmal unter einer Million Tieren vorkommt«, berichtete Christiaan. »Jedenfalls ist der Bursche jetzt in der Tierklinik und schon wieder auf dem Weg der Besserung. Er wird wieder gesund werden.«

Das war ein Glücksgeier!

Nicht jeder versteht oder schätzt die lebenswichtige Arbeit der Aasfresser, weshalb sie gejagt und vergiftet werden, sodass ihr Bestand gefährdet ist. Würden die Menschen verstehen, wie wichtig diese Tiere sind, wären sie vielleicht eher bereit, sich des Fortbestehens ihrer Art anzunehmen. Genau hier kommt die Bildung ins Spiel.

Victor spricht leidenschaftlich gern mit den Menschen in den lokalen Gemeinschaften über Wildtiere und die Umwelt. Da er eine ruhige, unvoreingenommene Art hat und den Menschen eher zuhört, als sie zu belehren, fühlen sie sich frei, ihre Überzeugungen mitzuteilen. So erfuhr er auch von jenem Mythos, dass man die Zukunft sehen und sogar von den richtigen Lottozahlen träumen kann, wenn man mit dem getrockneten Gehirn eines Geiers unter dem Kopfkissen schläft. Mein gesunder Menschenverstand sagt mir, dass, wenn ein Geierhirn wirklich helfen würde, von den richtigen Lottozahlen zu träumen, der Typ, der Geierhirne verkauft, ein sehr reicher Mann sein müsste! Aber dann würde er eher mit seinem Ferrari durch Buchanana düsen anstatt weiter getrocknete Vogelhirne an die Dorfbewohner zu verscherbeln. Das mit dem gesunden Menschenverstand ist so eine Sache, nicht wahr?

Victor fragte dann die Kinder: »Wer kennt jemanden im Dorf, der im Lotto gewonnen hat?«

Keiner hob die Hand.

»Und, glaubt ihr wirklich, dass es funktioniert, wenn man sich das Geierhirn unter das Kopfkissen legt?«

Einige schauten skeptisch und schüttelten den Kopf.

Daraufhin erzählte er ihnen einige erstaunliche, aber wahre Geschichten über Geier, wie etwa, dass sie mit ihren scharfen Augen ein totes Tier aus drei Kilometern Höhe erkennen können, dass sie manchmal so schnell und viel fressen, dass sie kaum abheben können und dass sie auf ihre eigenen Pfoten urinieren, um Parasiten abzutöten. Aber vor allem verbreitete er die Botschaft, dass die Umwelt den Tieren genauso gehört wie uns.

Mit den Geiern teilen Hyänen den unverdientermaßen schlechten Ruf: Die Menschen betrachten sie als schmutzig und hässlich und als Bedrohung für das Vieh. Tatsächlich findet man die beiden Arten oft zusammen, sie fressen oft Seite an Seite – bis die Hyänen das Gefühl bekommen, dass es zu viel Konkurrenz gibt und die großen Vögel davonjagen. Gemeinsam sind sie die für das Ökosystem unverzichtbaren »Tatortreiniger«.

Etwa zu der Zeit, wenn für die Hunde und mich der Feierabend anbricht, wachen die Tüpfelhyänen auf und gehen ihren Geschäften nach. Da sie nachtaktiv sind, bekommen wir sie nur ganz selten, etwa während einer abendlichen Beobachtungsfahrt oder am frühen Morgen, zu Gesicht. Dafür hören wir sie umso öfter, und wie! Hyänen zählen zu den lautesten Tieren mit einer großen Bandbreite an Lauten. Ihr gackerndes »Lachen«, das sie ertönen lassen, zeugt jedoch nicht von Humor, sondern ist ein Zeichen von Stress oder Nervosität – oder von Unterwerfung gegenüber einem dominanten Mitglied des Clans. Wenn sie sich gegenseitig begrüßen, geben sie alle möglichen Stöhn- und Quietschlaute von sich, und sie grunzen und knurren auch. Jede Lautäußerung hat eine eigene Bedeutung. Der gebräuchlichste Laut ist der »Whoop«, ein Ruf, der bis in eine Entfernung von fünf Kilometern zu hören ist. Er dient der Kommunikation über große Distanzen – etwa um umherstreifende Junge zu rufen, um den Clan zusammenzubringen oder um fremden Artgenossen mitzuteilen, dass das Territorium besetzt ist. Ich finde es immer wieder faszinierend, dass der gleiche laute Ruf, den ich in meinem Wohnzimmer höre, auch in der Lodge und im Zeltcamp zu hören ist. Denn wir befinden uns alle in ihrem Revier!

Hyänen sind faszinierende Geschöpfe, hochintelligent, gesellig und voller Überraschungen. Sie sehen zwar ein wenig wie Hunde aus, sind aber eher mit den Katzen verwandt. Als Aasfresser bekannt, sind Hyänen aber auch ausgezeichnete Jäger und – sagen wir es mal so –, sie sind nicht wählerisch! Mit ihren riesigen, kräftigen Kiefern haben sie viele Möglichkeiten und schrecken auch nicht davor zurück, Kochtöpfe vom Feuer eines Campers oder Kisten mit Lebensmitteln wegzuschleppen, was wirklich vorgekommen ist. Ihre Vorderbeine sind länger als ihre Hinterbeine, was ihr schiefes Profil erklärt. Lange glaubte man, dass Hyänen ihr Geschlecht wechseln können, aber das stimmt nicht – wahrscheinlich entstand die Verwirrung lediglich durch die Ähnlichkeit der beiden Geschlechter.

Hyänen leben in sehr gut organisierten und hierarchisch aufgebauten Clans mit bis zu 100 Mitgliedern, die von einer Matriarchin angeführt werden. Die Weibchen sind größer, aggressiver und haben einen höheren Rang als die Männchen. Die Rangstellung innerhalb eines Clans entscheidet darüber, wann ein Tier jagt und wie es sich ernährt. Die Dominanz wird vom Alphaweibchen über ihre weibliche Linie an ihre Jungen weitergegeben.

Das Leben der Hyänen ist hart und ihre Rangkämpfe beginnen schon im Kindesalter. Ein Wurf besteht in der Regel aus zwei Tieren, die von Anfang an um die Vorherrschaft (und die Milch der Mutter) kämpfen. Nach einigen Wochen in einer Höhle mit der Mutter ziehen die Hyänenjungen in einen »Clankindergarten« um und lernen dort, um ihre Stellung in der Gemeinschaft zu kämpfen. Ihre einzigen Fressfeinde sind Löwen und – leider auch – Menschen. Hyänen sind eine unterschätzte Tierart, die außerhalb von Reservaten und Schutzgebieten vom Aussterben bedroht ist.

Hinsichtlich ihrer Organisation und ihrer Familienstrukturen haben Hyänen vieles mit Elefanten gemeinsam. Daher ist es nicht verwunderlich, dass sie bei unseren Wildhütern sehr beliebt sind, die sich immer freuen, wenn sie Hyänen sehen. Christiaan behauptet, dass Hyänen im Allgemeinen recht harmlos sind. »Sie sind sehr neugierig. Wenn man sich hinsetzt, sodass man auf ihrer Höhe ist und eine unterwürfige Haltung einnimmt, kommen sie einem recht nahe.«

Das habe ich allerdings noch nie ausprobiert!

Ein weiterer Vorschlag, den ich noch nicht in der Praxis erprobt habe: Wenn man sich auf den Boden legt, wird wahrscheinlich ein Gepard kommen, um an einem herumzuschnüffeln und Untersuchungen anzustellen.

Die Ranger haben unterschiedliche Theorien darüber, was zu tun ist, wenn man in freier Wildbahn einem Tier begegnet, aber in einem Ratschlag sind sie sich absolut einig: »Nicht wegrennen!« Es mag zwar der natürliche Instinkt eines jeden Menschen sein wegzulaufen, aber eine solche Bewegung löst eine Verfolgungsreaktion aus und macht einen zur Beute. »Wer jemals einem Löwen begegnet, sollte einfach stehen bleiben. Irgendwann wird er sich entfernen«, sagen die Ranger lässig.

Ich hoffe, diesen Test nicht durchführen zu müssen.

21 STIMMT ETWAS NICHT MIT UNSERER MATRIARCHIN?

Wie die meisten Menschen in der Welt war auch ich froh, als sich das Jahr 2020 endlich dem Ende zuneigte. Es war ein langes, hartes Jahr gewesen, das in Südafrika in einer zweiten Corona-Welle und einer erschreckenden Zunahme von Krankenhauseinweisungen und Todesfällen gipfelte. Erneute Beschränkungen waren unvermeidlich. Was für ein Jahr war das gewesen! In wenigen Wochen würde 2021 anbrechen – ich freute mich schon auf einen Neuanfang und auf ein besseres Jahr.

Ich hatte mich in mein Büro zurückgezogen, um mich vor der Hitze eines schwülen Sommertags im Zululand zu schützen. Der Ventilator lief auf Hochtouren, während ich mir am Bildschirm die Fotos ansah, welche die Teilnehmer des Fotografiekurses bei ihren hautnahen Begegnungen mit den Tieren gemacht hatten. Wie immer gab es Dutzende von Videos und Fotos von unseren prächtigen Elefanten – ich kann mich einfach nicht sattsehen an ihnen, man entdeckt immer wieder etwas Neues.

Ich klickte auf ein Video und sah, wie Frankie sich dem Fahrzeug näherte, aus dem der Teilnehmer filmte. Frankie wirkte stark und majestätisch. Schließlich war sie die Matriarchin, und das zeigte sich in ihrer Körperhaltung, ihrem Verhalten und ihrer Art, sich zu benehmen und zu bewegen. Nur: Die Frankie, die ich kannte, war nicht die, die ich auf dem Video sah. Denn sie näherte sich dem Fahrzeug auf eine Art und Weise, die ich noch nie zuvor bei ihr gesehen hatte. Sie wirkte schwach und hilfsbedürftig, sogar verzweifelt. Ihre Augen waren traurig. Das war nicht unsere Frankie, die wagemutige und stolze und ein wenig einschüchternde Frankie, die ich kannte.

Ich bat Siya, für den nächsten Morgen eine Besprechung mit allen Rangern in meinem Büro zu organisieren.

»Kommt her und seht euch das an«, sagte ich und spielte das Video ab.

»Seht euch Frankie an.«

Sie beugten sich vor und blickten auf den kleinen Bildschirm.

»Seht, wie sie sich gegen das Fahrzeug lehnt und sich mit ihrem Rüssel auf der Motorhaube abstützt«, sagte ich.

»Es sieht aus, als ob etwas mit ihr nicht stimmt«, sagte Khaya.

Andrew stimmte ihm zu: »Sie sieht schwach aus.«

»Sie sieht gar nicht gut aus«, sagte Muzi.

»Vielleicht ist sie krank«, sagte Siya. Sie alle sahen einen Unterschied in ihrem Verhalten und ihrer Körperhaltung, ja, sogar in ihrem Charakter.

Die Ranger sahen besorgt aus. Ihre Reaktionen bestätigten meinen Verdacht, dass etwas nicht in Ordnung war. Elefanten können krank werden und bekommen manchmal sogar einige der gleichen Krankheiten wie wir, etwa Lungenentzündung, Tuberkulose, Verstopfung, Koliken und sogar eine Erkältung. Intelligent, wie sie sind, suchen sie sich dann bestimmte Pflanzen, einheimische Gräser oder Kräuter, oder sie verzehren die Rinde bestimmter Bäume, um beispielsweise Verdauungsbeschwerden zu lindern. Und um Insekten und Würmer von kleinen Wunden fernzuhalten, bedecken sie diese sogar mit Schlamm.

Ich habe einmal gesehen, wie Nandi das Baby Themba mit einer Heilpflanze behandelt hat. Nandi ist unglaublich fürsorglich. In jeder Familie gibt es eine Tante, die sich immer um alle sorgt, die sich kümmert und dafür sorgt, dass es allen gut geht. Bei unserer Elefantenfamilie ist das Nandi. Sie sah, wie Themba ein Häufchen machte, ging dann hinüber, trat in das Häufchen und roch mit ihrem Rüssel daran. Ein paar andere Weibchen kamen herüber, hielten eine Besprechung ab, nickten und grummelten. Sie schienen sich irgendwie einig zu sein. Daraufhin ging Nandi in ein Dickicht, um von einem bestimmten Busch einen Zweig zu pflücken. Als sie zurückkehrte, reichte sie ihn dem kleinen Themba, so wie eine Tante einem Baby einen Hustensaft verabreicht.

Aber natürlich kann sich ein Wildtier nur bedingt selbst helfen. Die Art und Weise, wie Frankie sich dem Fahrzeug genähert hatte, wirkte fast so, als würde sie um Hilfe bitten. Es erinnerte mich daran, wie Frankie und Marula um Hilfe gebeten hatten, als der neugeborene Vusi in einer Schlinge gefangen war. Brauchte Frankie jetzt selbst unsere Hilfe? Aus Sorge um ihr Wohlergehen wandte ich mich an unseren Tierarzt, Dr. Trever Viljoen. Ich schickte ihm das Video und erklärte ihm meine Bedenken.

»Was könnte das sein?«, fragte ich. »Was würdest du sagen?«

»Schwer zu sagen«, sagte er. »Ich sehe, dass sie nicht gut aussieht, es könnte durchaus etwas Ernstes sein. Vielleicht ihre Leber oder ihre Nieren. Vielleicht eine Infektion, vielleicht hat sie etwas Falsches gegessen, oder vielleicht ist es etwas Schlimmeres, wie ein Tumor. Ohne eine große Blutuntersuchung lässt sich das sehr schwer sagen.«

Es lässt sich nicht leicht feststellen, was genau mit einem Elefanten los ist. Man kann ihn nicht einfach mal schnell untersuchen, ihn fragen, wo es wehtut, oder ihn zum Röntgen schicken. Für eine Untersuchung und die Entnahme von Proben muss der Elefant sediert oder narkotisiert werden. Dazu braucht man einen Hubschrauber, mit dem der Rest der Herde vertrieben und aus dem der betreffende Elefant mit einem Gewehr betäubt wird. Eine solche Aktion ist keine Kleinigkeit – sie kostet eine Menge Geld und ist außerdem riskant. Denn es besteht immer die Gefahr, dass das Tier schwer stürzt, schlecht auf das Betäubungsmittel reagiert oder sich nach dem Aufwachen in benommenem Zustand verletzt. Letzteres kann auch den Tierarzt und das Fangteam in Gefahr bringen, schließlich will man nicht in der Nähe von einem vier Tonnen schweren, benommenen Elefanten sein.

»Wenn ihr etwas Kot einsammelt, dann können wir ein paar Untersuchungen durchführen«, sagte Trever. »Vielleicht erfahren wir so etwas.«

Das Einsammeln von Kot ist zwar deutlich einfacher als das Abnehmen von Blutproben, aber auch nicht ganz ungefährlich. Man muss dem Tier folgen und darauf warten, dass es Kot absetzt. Da Elefanten zum Glück viel essen, tun sie dies mehrmals täglich. Ich bat die Ranger, Frankie im Blick zu behalten und Kot für die Untersuchung mitzubringen. Muzi war der Erste, der Kot mitbrachte. In einem sterilen Gefäß verpackt, schickten wir den Kot gemäß Trevers Anweisungen an das Labor.

»Die Ergebnisse sind da, aber leider nicht sehr aufschlussreich«, sagte Trever, als er ein paar Tage später anrief. »Es gibt keine offensichtlichen Probleme.«

»Was machen wir jetzt?«, fragte ich.

»Wir warten ab, um zu sehen, ob es besser wird. Die Ranger sollen sie genau beobachten und auf Veränderungen in ihrem Verhalten achten.«

»Machen wir. Wir werden sie im Blick behalten.«

Wir alle hofften, dass Frankie sich erholen würde, aber ich war fast krank vor Sorge. Die Matriarchin ist von ausschlaggebender Bedeutung für das Wohlergehen einer Elefantenherde, sie ist diejenige, die für Zusammenhalt und Frieden in der Familie sorgt. Sie trifft die Entscheidungen im Namen der Gruppe und entscheidet, wann und wo die Familie frisst und schläft und wohin sie wandert. Die gesamte Herde folgt ihr mit Respekt und Disziplin.

Nana, die erste Matriarchin der Thula-Thula-Herde, war behutsam, aber bestimmt. Sie konnte eine Gruppe rauflustiger Halbwüchsiger beruhigen, indem sie ihren Rüssel sanft auf den Rücken des Anführers legte. Ein Stups hier oder ein strenger

Blick dort genügte in der Regel, um wieder Ruhe und Ordnung einkehren zu lassen. Und das alles ohne Aufregung oder Konflikte. Als Frankie die Führung übernahm, brachte sie ihren eigenen Führungsstil mit. Sie war stolz und stark und temperamentvoller als Nana. Frankie duldete keinen Unfug und führte ihre eigenen Rituale ein. Wenn es kalt und windig war, führte sie die Herde in den Süden, wo die tiefen Täler Schutz boten. Bei heißem Wetter gingen die Elefanten zu ihrem Pool, dem Mkhulu-Stausee im Norden, um sich abzukühlen. Frankie hatte sogar einen Freund, Gobisa. Sie waren ein wunderschönes Liebespaar, immer zusammen und sie küssten und berührten sich mit ihren Rüsseln.

Unter Frankie ging es unserer Herde gut, die Elefanten waren ruhig, friedlich und gesund. Sie war eine gute Anführerin. Mit etwas Glück würde sie noch einige Jahrzehnte lang unsere Matriarchin sein.

Jeden Tag stellte ich die gleiche Frage: »Wie geht es Frankie?«

Und jeden Tag erhielt ich die gleiche Antwort: »Sie ist nicht mehr die alte.«

Eines Tages kam Muzi mit einer besorgniserregenden Mitteilung von einer nachmittäglichen Beobachtungsfahrt zurück: »Ich habe Frankie gesehen. Sie scheint eine Beule an der Bauchunterseite zu haben.«

Und tatsächlich, seine Fotos bestätigten seine Beobachtung: Es war eine deutliche Schwellung zu sehen. Ich schickte die Bilder an Trever, der sagte, dass es sich um ein Ödem, eine durch überschüssige Flüssigkeit verursachte Schwellung, handelte. Was sie bedeutete und warum sie da war, wusste er nicht. Wir beschlossen, sie weiterhin sorgfältig zu beobachten. Die Betäubung eines Tieres ist eine riskante Maßnahme, vor allem, wenn es die Matriarchin betrifft. Da dies für die gesamte Herde extrem traumatisch ist und die Reaktionen der anderen Elefanten unberechenbar sind, kann eine solche Aktion sehr gefährlich sein.

In den nächsten Wochen machte Kim unzählige Fotos, die wir uns genau ansahen. Das Ödem schien zu wachsen. Doch noch besorgniserregender war, dass Frankies Schädel knochig zu werden schien und die Wölbung des Oberschädels seltsam eingefallen war.

Ende November war ich mit einem französischen Fernsehteam am Mkhulu-Stausee, um eine Sendung über Thula Thula zu drehen. Es war ein herrlicher Abend, die untergehende Sonne spiegelte sich glitzernd im Wasser des Stausees und tauchte die Herde in ein goldenes Licht. Frankie stand am Ufer des Sees, ihr Sohn Brendan und ihre Tochter Marula ganz in der Nähe, ihr treuer Gefährte Gobisa an ihrer Seite. Ich beobachtete, wie er zärtlich seinen Rüssel über sie legte, so wie ein Mensch seinen Arm um die Schultern eines geliebten Menschen legen würde. Es schien eine Geste des Schutzes oder des Mitgefühls zu sein, als wollte er ihr sagen: »Ich bin für dich da, Frankie.« Es schien, als wüsste ihre enge Familie, dass sie litt, und umgab sie mit ihrer Liebe und ihrem Schutz. Es war so schön und rührend zu sehen, aber auch traurig. Ich bangte um Frankies Leben.

22 EIN WEIHNACHTSBESUCH MIT EINER BOTSCHAFT

Am ersten Weihnachtsfeiertag 2020 erhielten wir Besuch, jedoch nicht von Rentieren, sondern von unserer prächtigen Elefantenherde.

Unsere Herde hat einen bemerkenswerten sechsten Sinn und ist dafür bekannt, dass sie zu wichtigen Anlässen bei uns am Haus erscheint. Auch kurz nach Lawrence' Tod kamen die Elefanten zu uns, als wüssten sie, dass ihr Beschützer nicht mehr da war. Sie wollten mich sehen und Lawrence würdigen. Auch in den drei folgenden Jahren erschienen die Elefanten am Jahrestag genau zur gleichen Zeit vor meinem Haus, um ihm ihren Respekt zu zollen.

Ich habe weder einen Beweis noch eine wissenschaftliche Erklärung für dieses erstaunliche Phänomen, aber ich habe es selbst erlebt. Ich weiß nicht, woher sie diese Fähigkeit haben, aber ich weiß, dass Elefanten über eine sehr ausgeprägte Intuition verfügen, ein fast spirituelles Bewusstsein. Außerdem haben sie eine starke Bindung zu Menschen. Wenn sie mich so wie jetzt besuchen, steckt immer eine Botschaft dahinter.

Als die ganze Herde am 25. Dezember eintraf, dachten wir, dass sie gekommen wäre, um uns ein frohes Weihnachtsfest zu wünschen. Ich ging zum Zaun, um die Elefanten zu begrüßen, und merkte sofort, dass etwas nicht stimmte – Nana führte die Herde an und Frankie war nirgends zu sehen. Die Elefanten waren gekommen, um uns zu zeigen, dass Frankie fehlte.

Es ist immer ein besorgniserregendes Zeichen, wenn sich ein Tier von der Herde entfernt. Es zeigt, dass es weiß, dass etwas nicht in Ordnung ist oder dass es sogar Zeit ist zu sterben. Dass die Matriarchin fehlte, war aber sehr ungewöhnlich. Ich rief sofort Andrew an, der sich sehr gut mit dem Verhalten von Elefanten auskennt und sie auch intuitiv und auf einer tieferen Ebene zu verstehen scheint. Oft denke ich, dass er mit Elefanten sogar besser kommuniziert als mit Menschen. Ich hoffte, er könnte mir helfen herauszufinden, was mit Frankie los war.

»Andrew, ich mache mir große Sorgen. Die Herde ist hier, aber ohne Frankie. Wo könnte sie sein? Und warum hat sie die Herde verlassen?«

»Manchmal ziehen sich Elefanten zurück, wenn es ihnen nicht gut geht. Sie könnte krank sein. Oder verletzt. Oder ...«

Es fiel eine Pause, da keiner von uns aussprach, was wir dachten: dass sie tot sein könnte.

Er fuhr fort: »Wenn Frankie sich schwach fühlt, will sie die Herde vielleicht nicht ausbremsen und ihre Sicherheit gefährden.«

Mir fiel eine andere Möglichkeit ein: »Oder vielleicht weiß sie, dass es für uns einfacher ist, sie zu untersuchen und uns um sie zu kümmern, wenn sie allein ist?«

»Wir müssen sie suchen«, sagte er.

Da wir ernsthaft glaubten, dass Frankie in Gefahr wäre, machten wir uns auf die Suche nach ihr. Uns blieb nicht viel Zeit. Bereits am zweiten Weihnachtsfeiertag schwärmten die Ranger aus und sahen zuerst bei den Wasserlöchern, den Lieblingsplätzen der Elefanten, nach. Sie suchten Frankie überall. Ich war so erleichtert, als ich endlich eine erlösende Nachricht von Siya, dem leitenden Ranger, erhielt: *Ich habe Frankie gefunden. Sie ist allein und lebt.*

Frankie hatte die Herde verlassen und war in südlicher Richtung zu ihrem Lieblingsgebiet im Wildreservat gewandert. Wir kletterten in die Beobachtungsfahrzeuge und fuhren gemäß Siyas Anweisungen. Frankie war genau dort, wo er sie Stunden zuvor gesehen hatte, mitten auf einer Straße.

Die Tatsache, dass sie sich von dort nicht fortbewegt hatte, war kein gutes Zeichen. Andererseits bedeutete sie auch, dass Frankie allein und in offenem Gelände war, sodass es einfacher und sicherer wäre, sie zu betäuben. Im dichten Busch wäre dies unmöglich und in Anwesenheit der Herde viel gefährlicher. Ich rief Trever an, und wir beschlossen, Frankie zu betäuben und umfassendere Untersuchungen durchzuführen, um Antworten zu erhalten. Trever wollte einen Hubschrauber und das erforderliche medizinische Material besorgen und wir verabredeten uns für den nächsten Tag, den 27. Dezember.

Die Frage, ob man eingreifen soll, wenn ein Wildtier krank oder verletzt ist, lässt sich immer schwer beantworten. Normalerweise lassen wir der Natur ihren Lauf, es sei denn, das Problem wurde von Menschen wie etwa Wilderern verursacht. Bei Frankie traf ich die Entscheidung einzugreifen, obwohl es sich nicht um eine von Menschen verursachte Verletzung handelte. In diesem Fall glaubte ich, dass es unsere Pflicht war, dem Tier zu helfen. Es ging schließlich um Frankie, unsere Matriarchin, ein wichtiges Mitglied der Thula-Thula-Familie. Ich konnte nicht tatenlos zusehen, wie sie vor meinen Augen zu verenden drohte. Ich musste zumindest versuchen, sie zu retten.

Unser gesamtes Team war bei der Betäubungsaktion dabei – alle Ranger, Christiaan und Lynda und Kim, die die Maßnahme für Archivzwecke auf Videos und Fotos festhielt. Die Betäubung eines so großen Tieres mit dem Gewehr ist riskant, und ich wollte, dass das ganze Team vor Ort ist, wenn es Probleme geben sollte. Außerdem ist eine solche Aktion sehr lehrreich für alle. Mit all unseren Rangern und Wächtern in Fahrzeugen am Boden und unserem Tierarzt Trever im Hubschrauber brachten wir dieses große Tier sicher zu Boden. Wir alle rannten zu ihr.

Es war herzzerreißend, Frankie dort im Gras liegen zu sehen. Sie war natürlich riesig, aber trotzdem wirkte sie dünn und verletzlich. Ihr großer Brustkorb hob und senkte sich, als Trever ihre Brust und dann ihren Bauch mit einem großen Stethoskop abhörte. Ihr riesiger, sonst so neugieriger Rüssel lag leblos neben ihr auf dem Boden, offen gehalten von einem Stöckchen, um ihr das Atmen zu ermöglichen.

Ich streichelte ihre breite Schulter – es war das erste Mal in all den Jahren, die wir uns kannten, dass ich sie mit der Hand berührte. Ihre Haut war sehr faltig, rau wie Baumrinde und borstig. Als ich meine Hand zurückzog, war sie leicht mit Sand und Staub bedeckt. Während ich mich über sie beugte und sie berührte, flüsterte ich ihr zu: »Verlass uns nicht, Frankie. Du kannst wieder gesund werden, du musst wieder gesund werden. Bitte verlass mich nicht. Gib nicht auf.« Wer weiß, was Trever von dieser verrückten Frau gedacht hat, die sanft wie zu einem kranken Kind zu diesem vier Tonnen schweren Wesen sprach.

Trever arbeitete schnell und begann, Frankies Körper zu untersuchen. Er öffnete ihr Auge und zog das Lid herunter, um es mir zu zeigen.

»Schau«, sagte er. »Ihre Augen sind entzündet. Siehst du das? Und das Innere des Augenlids ist sehr blass, es sollte aber ein dunkles Rosa sein.«

Er zog an ihrer Lippe, um das Innere ihres Mundes freizulegen.

»Auch ihr Zahnfleisch sieht …«

Es war blass und gräulich im Vergleich zu ihren riesigen gelben Backenzähnen. Ich wusste genug, um zu erkennen, dass dies kein gutes Zeichen war.

Aus den Adern in ihren Ohren entnahm er ihr eine Menge Blut und holte dann ein paar große Spritzen heraus.

»Was gibst du ihr?«, fragte ich.

»Das ist ein gängiges Antibiotikum«, sagte er und stach die Nadel in ihre mächtige Schulter. »Wenn es sich um eine bakterielle Infektion handelt, sollte das Antibiotikum helfen.«

Anschließend nahm er eine zweite riesige Spritze in die Hand. »Da drin sind Vitamine und ein Aufputschmittel. Bis wir mehr wissen, können wir nur hoffen, dass eines der Mittel wirkt«, sagte er, während er die Nadel in ihre dicke graue Haut stach.

Während Trever Vorbereitungen traf, um Frankie zum Aufwachen ein Gegenmittel zu injizieren, zog sich der Rest des Teams oben auf einen Hügel in einigen hundert Metern Entfernung zurück. Man möchte einem schläfrigen Elefanten nicht zu nahe sein, wenn der nach einer Dosis Beruhigungsmittel wieder versucht aufzustehen und herumtaumelt!

Frankie lag noch ein paar Minuten lang still da, und gerade, als ich anfing, mir Sorgen zu machen, dass vielleicht etwas schiefgegangen war, stand sie auf. Da stand sie jetzt, stark und stolz, mit erhobenem Kopf. Sie sah gut aus, majestätisch, die alte Frankie. Wir alle jubelten und klatschten, fühlten uns erleichtert und hoffnungsvoll, als Frankie langsam in den Busch spazierte. Es war ein sehr langer Tag gewesen, und ich war emotional erschöpft – von meiner Angst um Frankies Gesundheit und von dem Stress, der mit Betäubungsaktionen wie dieser einhergeht.

Ich dachte an meine lange gemeinsame Geschichte mit Frankie. Sie war so eng mit unserer Vergangenheit verbunden – mit der von mir und Lawrence und mit der von der Herde. Frankie war erst 46 Jahre alt, für Elefantenverhältnisse gerade mal im mittleren Alter. Sie könnte noch locker 20 Jahre bei uns sein.

Ich hoffte von ganzem Herzen, dass Frankies Problem behandelbar war und sie sich erholen würde, sodass sie die Thula-Thula-Elefantenherde noch viele Jahre anführen würde können. Aber für den Moment blieb mir nichts anderes übrig, als auf die Laborbefunde zu warten.

23 ORANGEN FÜR DIE KÖNIGIN

»Immer noch keine Orangen?«

»Ich fürchte nein«, erwiderte Clément, während er die Einkäufe auf den Küchentisch legte. Die Saison ist vorbei. Aber ich habe Äpfel bekommen.«

»Die Sorte Pink Lady?«

Wir schmunzelten beide, da wir wussten, dass das Thula-Thula-Team sich über Frankies Vorliebe für hochwertiges Obst und Gemüse in den Tagen, in denen wir sie gefüttert hatten, lustig machte. Die Untersuchungen hatten ergeben, dass Frankies Leber nicht gut funktionierte. Trever, unser Tierarzt, wollte keine genaue Prognose abgeben – er murmelte etwas von »50/50« –, aber ich war optimistisch. Wenigstens wussten wir jetzt, was los war. Wir konnten wieder nach vorne schauen und versuchen, Frankie zu stärken. Dank meiner positiven Einstellung bin ich immer bereit, Energie und Mühe in die Suche nach Lösungen zu stecken, damit Situationen wieder besser werden.

Frankie fraß nicht gut und sah dünn und schwach aus. Die Ranger gaben ihr Luzerne – eine Lieblingsspeise von Elefanten –, aber sie spielte nur mit dem köstlichen Futter, warf es sich auf den Kopf und ließ es zu Boden fallen. Mit Pferdepellets, die für einen Elefanten wie leckere Cocktail-Nüsse sind, hatten sie mehr Glück, aber auch da war Frankies Appetit nicht so groß wie sonst. Nun sah ich es als meine persönliche Aufgabe an, Frankie wieder gesund zu füttern. Man muss sich nur meine Hunde anschauen, die bei ihrer Rettung völlig abgemagert gewesen waren – heute sind sie wohlgenährt! Ich würde auch Frankie aufpäppeln und ihr helfen, wieder zu Kräften zu kommen. Und ich würde dafür sorgen, dass sie die Medikamente und das spezielle Lebertonikum nähme, die Trever ihr verschrieben hatte.

Ich bereitete für Frankie zwei Mahlzeiten pro Tag zu, eine Aufgabe, die ich mit viel Liebe und mit der Hilfe meines Sous-Chefs Clément, der mich beim Schneiden unterstützte, erledigte. Zusätzlich zu den Pferdepellets erhielt Frankie in einer großen Schüssel Obst und Gemüse, in der Hoffnung, ihr eine gesunde Vielfalt an Nährstoffen zu bieten. Ich experimentierte mit verschiedenen Zutaten, um zu sehen, was der Königin am besten schmeckte. Da Elefanten Brot lieben, bekam Frankie auch ein paar Scheiben davon als Leckerbissen, bis der Tierarzt uns davon abriet. Eine typische Mahlzeit für Frankie sah in etwa so aus:

- Sechs Äpfel, halbiert
- Die Blätter eines ganzen Kohlkopfes
- Ein paar Orangen, wenn wir sie auftreiben konnten
- Gemüse und Obst wie Gurke, Tomate, ein paar Weintrauben, was immer es gab
- Ein guter Schuss des Lebertonikums vom Tierarzt
- Ein oder zwei Teelöffel Cannabisöl, denn wer weiß schon?
- Alles vermischt mit ein paar Schaufeln Pferdepellets

Diese köstliche Mischung übergab ich Andrew und Siya, mit der strengen Ermahnung, sie mögen mir meine große Salatschüssel wieder zurückbringen! Wir wollten die Zahl der Menschen, mit denen Frankie in Kontakt kam, so gering wie möglich halten, damit sie sich so ruhig und stressfrei wie möglich erholen konnte. Andrew war unser Elefantenexperte und hatte eine wunderbare Beziehung zu Frankie. Und Siya war unser leitender Ranger, dem ich voll und ganz vertraute und der hervorragend mit Tieren umgehen konnte. Sie fütterten Frankie im Wechsel morgens und abends.

Allerdings ist das keine leichte Aufgabe, denn um einen Elefanten zu füttern, muss man ihn erst finden! Wer meint, dass dies nicht so schwer sein kann, der irrt! Es ist schon rätselhaft an Elefanten, warum sie trotz ihrer enormen Größe grundsätzlich schwer aufzufinden sind. Sie sind erstaunlich leise, selbst wenn sie sich durch den dichten Busch bewegen. Das mussten wir im August 1999 feststellen, nachdem die ersten Elefanten in Thula angekommen waren. Kaum 24 Stunden hier, waren sie schon wieder verschwunden. Lawrence und ich fuhren eine ganze Woche lang über die unbefestigten Straßen von Zululand, bis wir sie schließlich entdeckten!

Selbst stark geschwächt konnte Frankie noch weite Strecken zurücklegen. Mit einem der Ranger am Steuer, Kim, die Fotos und Videos machte, um Frankies Fortschritte zu überwachen und aufzuzeichnen, und Siya oder Andrew, die für das Futter zuständig waren, konnte die Suche nach Frankie und ihre anschließende Fütterung schon mal sieben Stunden dauern.

Ach, sie konnte eine richtige Prinzessin sein, unsere Frankie.

Nachdem man Frankie die liebevoll zubereitete Kost in einem Eimer hingestellt oder als Haufen aufgeschüttet hatte, schlenderte sie heran und stöberte mit ihrem Rüssel darin herum, um nach Leckerbissen zu suchen. Wenn sie ein Stück Orange oder eine Scheibe Apfel fand, steckte sie sich das ins Maul und zerkleinerte es mit ihren großen Backenzähnen. Dann verteilte sie das Futter malerisch mit ihrem Rüssel über den Boden, um nachzusehen, was sonst noch im Angebot war, und suchte sich nur die Leckerbissen heraus. So wurde bald klar, dass sie den Kohl, den ich ihr zur Förderung der Eisenaufnahme zum Futter gegeben hatte, nicht mochte: Sie zog die Blätter behutsam heraus und warf sie beiseite. Eines Tages hatte ich zufällig einen halben jungen Bio-Gourmet-Kohl von Woolworths im Kühlschrank, den ich ihr dazu gab – ihn verschmähte sie nicht! So eine Feinschmeckerin!

Bereits nach zwei Tagen seit Beginn der Fütterung schienen sich erste Erfolge einzustellen.

»Sie sieht schon etwas besser aus, findest du nicht auch?«, sagte ich, während ich mir das Video ansah, das Kim an dem Morgen aufgenommen hatte.

Und tatsächlich, Frankie sah ein wenig munterer aus, mehr wie ihr altes Ich. Wir reichten es herum – Vusi, Christiaan, wir alle meinten, es hätte sich etwas getan. Nur Andrew schien etwas weniger überzeugt und Kim schwieg ganz.

Am nächsten Tag regnete es. Da die Windschutzscheiben der Beobachtungsfahrzeuge noch auf den Motorhauben heruntergeklappt waren, hatte sich darauf Regenwasser gesammelt. Frankie war hocherfreut, frisches Wasser gefunden zu haben. Elefanten trinken normalerweise jegliches Wasser, das sie finden können, aber wenn sie es bekommen können, bevorzugen sie klares, sauberes Wasser. Wenn sie auch nur einen Hauch von frischem Wasser riechen, fördern sie, wenn es sein muss, auch die Wasserleitung zutage und »knacken« sie, um an das Wasser zu kommen. Oder, wie vor einigen Jahren, als unsere Herde in einer denkwürdigen Silvesternacht, als der Champagner für die Gäste bereits auf Eis lag, beschloss, den Jahreswechsel mit köstlichem frischem Wasser zu begießen. Ich war gerade dabei, Zandile, dem Küchenchef des Zeltcamps, bei der Zubereitung der Kartoffel-Zwiebel-Rösti, die mit geräuchertem Lachs und Schnittlauch-Zitronen-Chili belegt werden sollten, zu helfen, als unsere Gäste von der abendlichen Beobachtungsfahrt zurückkehrten und anschließend feststellten, dass ihre Duschen nicht funktionierten. Ich bat Vusi nachzusehen und es dauerte nicht lange, bis er die Schuldigen ausgemacht hatte. Er rief uns herbei, um uns seine Entdeckung zu zeigen. Die Elefanten hatten sich um eine Wasserleitung direkt vor dem Zaun versammelt und genossen abwechselnd das köstliche Wasser und das wachsende Schlammbad, das sich zu uns ausbreitete. Die Gäste, die draußen an der Bar saßen, sahen den dreckigen Elefanten beim Trinken zu und waren entzückt – bis auf eine Dame, die in Abendgarderobe – langem Kleid und hochhackigen Schuhen – erschienen war (nicht gerade Buschkleidung, selbst an Silvester) und Schlamm abbekommen hatte. Es ist auch nicht lustig, wenn man gerade dabei ist, ein Festessen zuzubereiten und währenddessen die Küche sauber und aufgeräumt halten will, wenn Elefanten die Wasserversorgung gekapert haben. Dennoch haben Zandile und ich es geschafft, allerdings mit Unterstützung des Champagners, der um Mitternacht eingeschenkt wurde. Er und ich begannen das Jahr in einer sehr heiteren Stimmung.

Frankie schlürfte das Wasser, das sich auf den Autoscheiben angesammelt hatte, als wäre es ein köstliches Glas Perrier. Von diesem Tag an erhielt sie neben ihrem Futter auch frisches Wasser, das wir auf die Windschutzscheiben spritzten, sodass sie es mit ihrem Rüssel aufsaugen konnte.

Im Laufe der Tage und Wochen veränderte sich Frankies Persönlichkeit. Solange ich Frankie kenne, hielten wir alle Abstand zu ihr und behandelten sie mit Vorsicht und Respekt. Sie war zwar nicht aggressiv, nur ein bisschen vielleicht, aber, wie soll man sagen … einschüchternd.

Ich fragte Andrew jeden Tag: »Was findest du? Geht es Frankie besser?«

»An manchen Tagen«, sagte er und wich meinem Blick aus. »Vielleicht ein wenig …«

»Glaubst du, dass die Medikamente wirken?«

»Keine Ahnung, Françoise …«

»Ich werde die Hoffnung nicht aufgeben. Wir müssen positiv bleiben!«, sagte ich.

Irgendwann fuhr ich dann mit Andrew zu Frankie, um mir selbst einen Eindruck von ihrem Zustand zu verschaffen. Ich hielt die große Schüssel mit dem Futter in den Händen, als wir uns auf die Suche nach ihr machten. Sie graste friedlich nur wenige Meter von der Straße entfernt. Andrew nahm mir die große Schüssel mit ihren Leckereien ab, stieg aus und rief ihr leise zu: »Hey, Frankie, komm her, Mädchen …« Sie ging langsam auf ihn zu und schleppte die Füße über den Boden. Ich erkannte sie kaum wieder. Ihr Auftreten, ihr Verhalten, ihr Gang – alles war anders. Aber die beunruhigendsten Veränderungen waren ihr eingefallener Schädel und die trüben Augen. Frankie aß ein wenig von ihrem speziellen Mittagessen, schleuderte die verachteten Kohlblätter weg, näherte sich unserem Fahrzeug, ging langsam an uns vorbei und blieb stehen. Dort standen wir, Andrew, Frankie und ich. Nachdem sie sich von ihrer eigenen Elefantenfamilie entfernt hatte, schien sie jetzt unsere Gesellschaft zu brauchen. Es wirkte so, als wollte sie uns bei dieser langen Begegnung auf der Straße etwas mitteilen.

Nach einiger Zeit startete Andrew den Motor des Fahrzeugs und fuhr langsam davon. Frankie stand am Straßenrand und blickte uns nach. Es brach mir das Herz, sie dort ganz allein zu sehen, so alt und gebrechlich. Ich war am Boden zerstört, weigerte mich aber dennoch, die Realität zu akzeptieren. Ich redete mir ein, dass Frankie sich erholen würde und als mächtige Matriarchin zur Herde zurückkehren wird. Und dass die Ordnung wiederhergestellt werden und das Leben wieder normal ablaufen würde.

Selbst meine entschlossen positive Einstellung wurde in den ersten Januartagen durch die Verschlechterung ihres Zustandes erschüttert. Siya und Andrew berichteten, dass sie immer träger werde. Ihr Schädel schien immer weiter einzufallen und das Ödem weiter zu wachsen, was Kims Videos und Fotos bestätigten. Wir sahen uns die täglichen Bilder an und schickten sie per E-Mail an unseren Tierarzt. Trever gefiel nicht, was er sah – das wachsende Ödem war ein Zeichen dafür, dass sich durch die Dysfunktion der Leber schwerkraftbedingt Wasser im unteren Bauchraum angesammelt hatte. Ich konnte nicht einmal vor mir selbst zugeben, was ich sah, und hielt unvermindert an dem Glauben fest, dass sie sich wieder erholen würde. Der Gedanke, dass dies nicht der Fall sein könnte, war unerträglich. Ich begann, ihr wieder Brot zu geben. Welchen Schaden könnte es jetzt noch anrichten? Es war an der Zeit, sie mit ihren Lieblingsspeisen zu verwöhnen.

Und dann auf einmal machte sie sich von ihren Lieblingsplätzen im Süden auf den Weg in Richtung Zeltcamp. Das war ein gutes Zeichen! Ich schöpfte neue Hoffnung, dass Frankie doch noch die Kurve kriegen würde. Am nächsten Tag, dem 8. Januar, fand Andrew sie an den Croc Pools. Er stieg aus seinem Fahrzeug aus, ging auf sie zu und stellte ihr das Futter hin. Sie sah ihn direkt an, bewegte sich aber nicht zu dem Eimer mit dem Obst und den Leckerbissen.

»Frankie«, rief er und schüttelte den Eimer mit den Pferdepellets so, dass ein schepperndes Geräusch entstand. »Frankie, komm.«

Sie entfernte sich ein paar Schritte, er folgte ihr mit dem Eimer.

»Komm schon, Frankie. Komm schon, Mädchen«, sagte er, griff in den Eimer und holte einen Apfel heraus.

Frankie warf ihrem alten Freund einen letzten langen Blick zu, dann drehte sie sich um und schlich langsam davon, ohne etwas von dem liebevoll zubereiteten Mittagessen anzurühren. Sie ging unsicher und schwankte, als sie den Staudamm überquerte. Andrew blickte ihr mit dem Apfel in der Hand nach. Auf der anderen Seite blieb Frankie am schattigen Ufer stehen. Das war ein guter Platz, denn dort gab es Nahrung und Wasser in der Nähe. Dort konnte sie bleiben und sich im kühlen Tambotie-Wald ausruhen. Und wir wüssten, wo wir sie am nächsten Tag finden würden, um ihr das Frühstück zu bringen. Vielleicht hätte sie dann mehr Appetit.

Aber am nächsten Tag fanden wir sie nicht.

Mehr als eine Woche lang suchten wir pausenlos nach Frankie zu Fuß, mit Fahrzeugen und mit Drohnen. Alle – die Ranger, der Sicherheitsdienst, die Anti-Wilderer-Einheit – waren im Einsatz, aber wir fanden sie nicht. Da sie sehr schwach war, konnte sie sich nicht weit von dem Ort entfernt haben, an dem sie zuletzt gesichtet worden war. Warum konnten wir sie nicht sehen?

Ich musste zu dieser Zeit wegen medizinischer Untersuchungen für ein paar Tage nach Durban reisen. Ich hatte vor, am Sonntag wieder zurückzukehren, aber am Samstag bekam ich plötzlich ein seltsames Gefühl der Unruhe. Ich musste zurück nach Thula Thula. Ich setzte mich ins Auto und war zwei Stunden später zu Hause.

Kim saß am Pool, als ich ankam. Ich setzte mich zu ihr, um zu erfahren, was passiert war. Wir schauten über den Zaun hinweg in das Wildreservat und ließen unsere Blicke über den Busch schweifen.

»Wo ist sie …?«, fragte ich, ohne sie anzusehen.

Kim wusste natürlich, von wem ich sprach.

»Wo bist du, Frankie?«

Kim schüttelte den Kopf und sagte: »Alle suchen sie.«

»Vielleicht kommt sie ja zu uns. Sie ist krank, vielleicht kommt sie in die Nähe des Hauses, weil sie weiß, dass wir uns besser um sie kümmern können.«

»Vielleicht. Vielleicht morgen.«

»Wir dürfen die Hoffnung nicht aufgeben.«

Lynda kam aus dem Büro und lief im Laufschritt auf uns zu. Als sie näherkam, bemerkte ich ihren traurigen Blick und ihre rot verweinten Augen.

»Die APU hat gerade angerufen«, sagte sie. »Sie haben Frankie gefunden.«

Die unausgesprochene Frage schwebte in der Luft.

»Frankie ist tot«, sagte Lynda leise.

Eine Stille großer Betroffenheit legte sich wie eine Decke über uns, während wir versuchten, diese schreckliche Nachricht zu verarbeiten.

»Ce n'est pas possible«, sagte ich in meiner Erschütterung. »Das kann nicht wahr sein.«

Aber in meinem Herzen wusste ich, dass es so war.

»Wo ist sie?«, fragte ich.

»Im Süden.«

»Komm«, sagte ich. Ich wollte sie sehen. Ich musste sie sehen, um wirklich zu glauben, dass es vorbei war, dass Frankie tot war. Es war einfach unvorstellbar, dass sie nicht mehr war. Mit gebrochener Stimme rief ich Andrew an und sagte: »Bitte, komm, ich muss Frankie sehen. Und wir müssen uns beeilen, es wird schon langsam dunkel.«

Er versuchte nicht, mich davon abzuhalten, und wenige Minuten später traf er ein. Mit Tränen in den Augen kletterte ich neben ihm ins Auto, während Kim und Lynda auf den Rücksitz sprangen. Wir fuhren schweigend, während die Sonne sich dem Horizont näherte. Wir trafen Mandla, allein, in der Nähe des Hauses. Ein Stück weiter unten Nana, ebenfalls allein. Dann Mabula, ebenfalls allein. Als wir an ihnen vorbeikamen, hörten sie auf zu grasen und starrten uns an. Es war ungewöhnlich, dass die Elefanten so verstreut waren, und es war seltsam, dass sie zu uns aufschauten und uns mit ihren Augen folgten. Unweigerlich fragte ich mich, ob sie von Frankies Tod wussten? Wussten sie, dass wir auf dem Weg zu ihr waren? Die Tränen liefen mir über das Gesicht, als wir an der verstreuten Herde vorbeifuhren. Wie würde es jetzt mit ihnen weitergehen, ohne ihre geliebte Anführerin? Den ganzen Weg dorthin weinte ich leise.

Per Telefon lotste das APU-Team uns an die Stelle, an der wir Frankie vorfinden würden. Andrew fuhr zu einer Stelle mit dichtem, fast undurchdringlichem Buschwerk, wo APU-Mitarbeiter warteten, um uns den Weg zu dem kleinen Damm zu zeigen, an dem sie Frankie gefunden hatten. Wir stiegen aus und liefen an wildgewachsenen, stacheligen Akazien vorbei durch hohes, mit Zecken übersätes Gras. Es gab weder eine Straße noch einen Pfad. Nur der Geruch ihres verwesenden Körpers verriet Frankies Aufenthaltsort – der Geruch, der die APU-Männer Tage nach ihrem Tod zu ihr geführt hatte.

Vor lauter Tränen sah ich fast nichts mehr. Andrew machte mir den Weg frei, indem er die stacheligen Zweige wegdrückte, und Lynda und Kim unterstützten mich beim Gehen. Die Stacheln verfingen sich in meiner Bluse und meinem Schal und zerkratzten meine Arme, aber ich war wie betäubt vor Kummer und spürte nichts. Der Geruch wurde stärker, je näher wir kamen, und bald war er überwältigend. Ich zog meinen Schal über meine Nase und hörte das Summen der Fliegen.

Andrew blieb stehen.

Da lag sie, unsere Matriarchin, auf der Seite, als ob sie friedlich schlafen würde. Ich brach zusammen, überwältigt von der Realität, von der Endgültigkeit. Sie war tot. Frankie hatte sich für ihre ewige Ruhestätte einen Ort ausgesucht, der so abgelegen war, dass wir ihn nicht kannten. Nicht mal von dem kleinen See, an dem sie lag, wussten wir. Es gab keinen Weg dorthin. Sie hatte uns mit der Würde, dem Stolz und der Demut einer wahren Anführerin verlassen.

Wir ließen ihren Körper dort liegen, nahmen jedoch ihre Stoßzähne mit, um sie vor den Wilderern zu retten. Als Christiaan später hinfuhr, um ihren Schädel zu holen, hatten Wilderer ihn bereits zerhackt, um Knochenstücke für *Muti*, die traditionelle Medizin, zu erbeuten.

Wir wussten, dass die Herde sie finden und sich von ihr verabschieden würde. Auch nach ihrem Tod würde sie weiterhin Teil des großen Lebenszyklus' bleiben, als Nahrung für andere große und kleine Tiere, für Hyänen und Geier, Insekten und

Mikroben. Und irgendwann würde sie dem Boden zurückgegeben werden.

Die Fahrt nach Hause zurück war die traurigste, die ich je erlebt hatte. Während sich die Dämmerung schnell über uns legte, saßen wir schweigend im Auto, jeder allein mit seinen eigenen Gedanken und seinen eigenen Erinnerungen an Frankie. Wir hatten so viel gemeinsam erlebt, Frankie und ich, und ich hatte gedacht, dass wir noch so viel mehr zusammen erleben würden. Warum hatte sie mich nur verlassen? Wieder flossen Tränen, als ich an ihren geliebten Gobisa dachte. Mein Traum war zu Ende.

Wie würde es jetzt mit unserer Elefantenherde weitergehen?

24 SAVANNAH

Frankies Tod war ein verheerender Schlag für uns alle in Thula Thula. Die unermessliche Trauer, die wir über den Verlust unserer Matriarchin empfanden, schien uns die ganze Freude am täglichen Leben zu nehmen. Während ich um Frankie trauerte, plagte mich auch die Sorge um die Zukunft der Elefanten. Wie würden sie zurechtkommen? Wer würde sie anführen? Ich fragte mich, welche Gefühle sie jetzt hatten – ich hatte keinen Zweifel daran, dass sie ebenso trauerten wie wir.

Nur wenige Tage nach Frankies Tod sollte ein lang gehegter Traum in Erfüllung gehen: Am 19. Januar 2021 stand die Ankunft des Gepardenweibchens auf dem Programm. Die Ansiedlungsgenehmigung für die drei Geparden, ein Weibchen und zwei Männchen, war eingegangen, und auch die Einfuhrgenehmigung für das Weibchen war inzwischen eingetroffen. Wir hatten beschlossen, sie »Savannah« zu nennen, denn Geparden lieben offenes Gelände. Wir hofften, dass sie die herrlichen Grassavannen in Thula lieben würde.

Wir bereiteten uns auf den ersten Geparden seit 1941 vor. Seitdem war in diesem Gebiet kein Gepard mehr gesichtet worden. Normalerweise hätte ich vor Freude getanzt, aber selbst dieses wunderbare Ereignis wurde durch die Trauer über Frankies Tod getrübt. Ich hatte größte Mühe, die gegensätzlichen Gefühle unter einen Hut zu bringen, und an diesem Tag, der eigentlich ein ganz glücklicher hätte werden sollen, verfolgten mich die Gedanken an Frankie. Ich wünschte, wir hätten Savannah unter besseren Umständen willkommen heißen können, aber ich wusste auch, dass ihre Ankunft uns bald die dringend benötigte Freude bereiten würde.

In Paarl am Westkap, wo Chantal und ihr Team Savannah auf ihre Reise vorbereiteten, war alles startklar. Unter Betäubung hatte man ihr noch eine DNA-Probe entnommen, sie geimpft und mit einem Peilsender versehen. Sie war bereit, in eine Kiste und dann in ein kleines Flugzeug verladen zu werden, um die Reise nach Richards Bay anzutreten. Die Aufregung im Thula-Thula-Team war groß, als die Ankunft unseres besonderen neuen Bewohners kurz bevorstand. Monas und Lisas Umzug war mir noch frisch in Erinnerung, und mit dieser Erfahrung im Hinterkopf schickte ich zwei Pick-ups zum Flughafen von Richards Bay, um Savannah dort abzuholen. Ich wollte mit dieser kostbaren Fracht kein Risiko eingehen! Vusi fuhr den einen Pick-up, Christiaan den anderen, während Clément und ich in meinem Auto folgten. Lynda und Kim vervollständigten den Konvoi. Kim war so aufgeregt, diesen denkwürdigen Tag festzuhalten, dass sie kaum still sitzen konnte.

Nachdem das Flugzeug gelandet war und die Motoren abgestellt waren, bekamen wir die Erlaubnis, auf das Rollfeld zu gehen. Ich ging voran, um Chantal, die sehr elegant in Khaki gekleidet war, zu begrüßen. Hinter ihr folgte Vincent van der Merwe, der Gepardenexperte, der wie immer ein breites Lächeln im Gesicht hatte. Er war jemand, der seine Arbeit zu lieben schien. Dies war ein großer Tag für uns alle. Die Kiste wurde ausgeladen, und ich warf einen Blick hinein, um Savannah zu sehen. Selbst in der Kiste und noch groggy von den Beruhigungsmitteln sah sie wunderschön aus. Aus der Nähe betrachtet waren die Flecken auf ihrem gelbbraunen Fell pechschwarz, während die Unterseite ihres Halses blass-cremefarbig war. Ich konnte es kaum erwarten, diese prächtige, agile Katze in ihrer ganzen Pracht frei rennen zu sehen.

Um keine Zeit zu verlieren, wurde sie sofort auf den Pick-up geladen und der Konvoi machte sich wieder auf den Weg zurück nach Thula Thula. Eingefangen und transportiert zu werden, ist für Wildtiere immer mit viel Stress verbunden, umso mehr an einem heißen Tag wie heute. Nach unserer Rückkehr fuhr der Pick-up direkt zur *Boma*, in die der Wagen rückwärts hineinfuhr. Die Männer hoben die Kiste von der Ladefläche und stellten sie auf dem Gras ab. Chantal und ich hatten uns beiderseits der Kistentür aufgestellt.

»Eins, zwei, drei …«, sagte sie, und auf drei zogen wir die Kistentür hoch.

»Willkommen zu Hause«, sagte ich leise.

Savannah rannte heraus, ihr langer, dicker Schweif mit weißer Spitze flog hinter ihr her. Es ging ein Raunen durch die Anwesenden. Geparden sind so anmutig und schnell, dass selbst ein kurzer Trab zur anderen Seite der *Boma* ein magischer Anblick war. Savannah blieb stehen und drehte sich zu uns um. Wir sahen ihre goldbraunen Augen mit dem schwarzen Lidstrich und die charakteristischen schwarzen »Tränenstreifen«, die von den inneren Augenwinkeln bis zu den Mundwinkeln verliefen. Sie sah aus wie ein Supermodel auf einem Catwalk, das sich uns von seiner besten Seite zeigte und uns einen Moment Zeit gab, es in seiner ganzen Schönheit zu bewundern. Kim, Clément, die Ranger, alle machten Fotos und Videos. Ich hatte auch andere Fotografen eingeladen, um diesen Moment festzuhalten, und so gab es einen regen Wettbewerb um das perfekte Foto und den besten Blickwinkel. Savannah gab ein Geräusch von sich, das irgendwo zwischen einem Zischen und einem leisen Knurren lag. Im Gegensatz zu anderen Großkatzen brüllen Geparden nicht, sondern geben alle möglichen Geräusche von sich – sie jaulen oder bellen schrill und sie schnurren sogar wie eine zufriedene Hauskatze.

»Ein Traum ist wahr geworden«, hörte ich Christiaan leise hinter mir sagen. Und das stimmte. Was für ein herrlicher Anblick: der geschmeidige Gepard im langen, sich sanft im Wind wiegenden Gras, das in der warmen Nachmittagssonne golden schimmerte.

Die Kameras surrten und klickten, surrten und klickten.

Savannah blieb zwei Monate lang in der *Boma*, um sich an die Gerüche und Geräusche ihres neuen Zuhauses zu gewöhnen. Außerdem sollte sie hier auf die Ankunft der beiden männlichen Tiere, ihre zukünftigen Gefährten, warten, deren Einfuhrgenehmigung wir bald erwarteten. Wir besuchten sie oft, vor allem Kim. Sie war völlig hingerissen von dieser wahren Schönheit der Natur und machte in diesen zwei Monaten außergewöhnliche Videos und Fotos.

Chantal hatte uns geraten, ein Geräusch als Erkennungszeichen zu verwenden, sodass Savannah sich sicher fühlt und sich zeigt, wenn wir in der Wildnis Ausschau nach ihr halten. Christiaan und ich arbeiteten an einem bestimmten Pfeifton. Die Ranger lachten, als sie sahen, wie wir die Lippen zusammenpressten und unsere kleine Melodie übten, die schließlich bedeutete: »Komm raus, Savannah, es ist Essenszeit.« Christiaan fütterte sie jeden Tag und pfiff die Melodie, während er ein Stück Fleisch über den Zaun in das Gehege warf. Geparden sind sehr wählerisch, und so reichten wir Savannah nur die besten und saftigsten Impala-Teile. Schon bald erkannte sie seinen Pfiff und reagierte darauf.

Es war lustig zu sehen, wie Savannah die jungen Impalas beobachtete, die nur wenige Meter von ihrem Gehege entfernt vorbeizogen. Wunderbar getarnt im langen Gras ahnten die Tiere nichts von der Existenz des neuen Raubtiers. Ich stellte mir vor, wie ihr beim Anblick des vorbeiziehenden Mittagsessens das Wasser im Munde zusammenlief.

»Mach dir keine Sorgen«, sagte ich zu ihr, »bald wirst du die Gelegenheit bekommen, dein Mittagessen selbst zu fangen!«

Im März dann öffneten wir die *Boma* und ließen sie frei. Christiaan pfiff seine spezielle Melodie, um sie zu ermutigen, sich zu zeigen. Sie hörte auf den vertrauten Klang und lief vorsichtig auf das offene Tor zu, während sie aufmerksam in den Busch schaute. »Komm schon, Savannah«, sagte Kim leise. »Komm raus.« Christiaan pfiff erneut. Das schöne Tier verließ die *Boma* und ging hinaus in die Welt. Was für ein großartiger Moment für uns alle und für den Naturschutz. Sie war jetzt eine wilde und freie Gepardin. Bald würde sie einen Partner haben – eigentlich zwei, denn Geparden sind ziemlich promiskuitive Wesen – und auch Nachwuchs, so hoffte ich.

An ihrem ersten Tag in Freiheit folgten wir Savannah in einem Beobachtungsfahrzeug, zwar in gewisser Entfernung, aber doch so weit, dass wir alles auf Fotos und Videos festhalten konnten. Anstatt direkt in die Savanne vor der *Boma* zu laufen, entschied sie sich für die Safari Lodge, die ganz in der Nähe lag.

»Oh nein!«, zischte ich und schlug mir mit der flachen Hand an die Stirn.

»Was ist los?«, fragte Kim. »Stimmt etwas nicht?«

»Ich habe nicht daran gedacht, den Lodge-Mitarbeitern zu sagen, dass wir Savannah freilassen. Ich hätte nicht gedacht, dass sie direkt dahin laufen würde.«

Wir befanden uns inzwischen auf dem Weg zur Lodge. Als wir sie erreichten, regte sich etwas hinter einem großen Marula-Baum, der das Holzdeck verschattete. Ein Gesicht mit weit aufgerissenen, ängstlichen Augen erschien. Es war Biyela, der Gärtner, der die gefleckte Großkatze beobachtete, die sich der Suite Royale, der Flitterwochensuite, genähert und sich unmittelbar davor mit zuckendem Schwanz niedergelassen hatte.

Biyela hätte sich keine Sorgen machen müssen, denn Savannah hatte in keinster Weise Interesse an ihm. Ihr Interesse galt ausschließlich den Impalas auf der anderen Seite der Lodge. Dort im Garten, wo sie sich sicher fühlten und unter den bewundernden Blicken der Gäste ungestört und in Ruhe grasten, hielt sich eine kleine Herde Impalas und Nyalas auf.

Bis jetzt.

Savannah lief los, nicht wie gewohnt locker und träge, sondern pirschend, flach am Boden, ihre Augen fest auf die Beute gerichtet. Sie schlug ein hohes Tempo an und raste auf ein ahnungsloses Impala zu. Bewundernd hielten wir unseren Atem an, als wir das schnellste Tier der Welt in seiner ganzen Pracht sahen.

Die Impalas stoben in alle Richtungen auseinander und stießen den lauten Hustenschrei, ihren Alarmruf, aus. Der Ruf warnt die Herde vor Gefahr und lässt das Raubtier wissen, dass es entdeckt wurde und das Überraschungsmoment dahin ist. Diese Impalas hatten noch nie einen Gepard gesehen, aber ihnen wurde schnell klar, dass dieses seltsame neue Wesen eine Gefahr für sie darstellte. Die Paviane stimmten mit ihrem eigenen lauten Bellen in den Alarm der Antilopen ein. Der Lärm war ohrenbetäubend. Als Savannah im Busch verschwand, machte ich mich (besser spät als gar nicht) auf den Weg, um das Personal der Lodge über den Neuankömmling in Kenntnis zu setzen. Komischerweise war die Lodge verwaist.

»Hallo? Wo seid ihr denn?«, rief ich.

Daraufhin tauchte Mabonas Kopf hinter dem Bartresen auf, gefolgt von Cindy.

»Ich wollte euch über die Gepardin informieren, aber ich glaube, ihr habt sie wahrscheinlich schon gesehen …«

»Richtig!«, sagte Cindy. »Genau dort auf dem Rasen war sie. Diese große gefleckte Katze. Wir hatten solche Angst!«

»Wenn sie reingekommen wäre, hätte es nichts genützt, sich hinter dem Tresen zu verstecken«, sagte ich. »Geparden können rennen und springen.«

Hinter dem Tresen ertönte ein Kichern und aufgeregtes Kreischen.

»Geparden greifen keine Menschen an. Du brauchst dir keine Sorgen zu machen«, sagte Christiaan und machte eine Wegwerfbewegung mit seiner Hand. »Sie suchen keinen Ärger, sondern nur Nahrung.«

Widerwillig verließen die Damen ihr vermeintlich sicheres Versteck.

Nur Biyela fühlte sich alles andere als sicher. Während er langsam den Boden der Lodge mit einem Besen kehrte, blickte er vorsichtshalber alle zehn Sekunden über die Schulter, denn schließlich könnte Savannah wieder auftauchen. Den Rest des Tages blieb er in der Lodge und kehrte ununterbrochen. Und als er jedes Staubfitzelchen beseitigt hatte, fing er wieder von vorne an, anstatt in den Garten zu gehen, wo die neue Bestie lauern könnte.

Es gibt etwas, auf das man sich im Busch absolut verlassen kann und das sind die Buschtrommeln oder, wie man sie in Zululand nennt, die »Zulu-Trommeln«. Und so verbreitete sich die Nachricht von Savannahs Freilassung in Windeseile im gesamten Wildreservat. Als Christiaan zum Zeltcamp auf der anderen Seite des Reservats zurückkehrte, warteten die Mitarbeiter bereits gespannt – und aufgeregt – auf Neuigkeiten über diese furchterregende Kreatur, die gekommen war, um unser Land des Friedens und der Ruhe zu stören.

Die Wahrheit aber ist, dass Geparden relativ gutmütig sind. Wie Christiaan dem Lodge-Personal erklärt hatte, scheuen sie Konflikte, erst recht mit Menschen. Es ist kein Fall bekannt, in dem ein Gepard in freier Wildbahn einen Menschen angegriffen hätte, es sei denn, er wäre in die Enge getrieben worden oder verletzt. Es würden die Antilopen und das Kleinwild sein, deren friedliche Existenz durch Savannahs Ankunft gestört sein würde.

Das Leben in der Wildnis ist ein ständiger Kreislauf von Leben und Tod, der eine Achterbahn der Gefühle mit sich bringt. Es gibt so vieles, was wir nicht vorhersehen oder kontrollieren können. Innerhalb einer Woche haben wir eine Matriarchin verloren und eine neue bedrohte Tierart willkommen geheißen.

Nach Frankies Tod war Savannah ein Glücksfall, so wie die Geburt von Baby Sissi nach Lisas Tod. Wir würden noch lange um Frankie trauern, aber Savannah war ein Sonnenstrahl, der durch die dunklen Wolken des Verlustes, die uns umgaben, hindurch schien.

25 DAS LEBEN NACH FRANKIE

Frankies Tod hat die Ordnung der Thula-Thula-Herde durcheinandergewirbelt. Anstatt in einer Herde zusammenzubleiben, die Gesellschaft und Schutz bietet, zogen die Elefanten einzeln in alle Windrichtungen. Sie wirkten verloren, ziellos. Die Einigkeit, die wir von der Elefantenfamilie erwartet hatten, schien komplett zu fehlen. Als wären sie ohne Anführerin nicht in der Lage, als Gruppe zusammenzuhalten.

Elefanten sind sehr soziale Lebewesen mit tiefen Bindungen. Die Weibchen und jüngere Tiere bleiben in der Regel in einer Herde zusammen, während ältere Bullen sich von ihr entfernen und solitär leben oder ein Leben in kleinen, lockeren Verbänden mit anderen Männchen bevorzugen. Die Dynamik der Thula-Thula-Herde war früher insofern ungewöhnlich, als die Männchen dazu neigten, enger mit der Herde verbunden zu bleiben. In den Wochen, in denen Frankie geschwächt war und schließlich starb, löste sich die Gruppe immer mehr auf und verlor ihren Zusammenhalt. Vor allem die Bullen fingen an zu wandern und verteilten sich über das ganze Wildreservat.

Es waren aber nicht nur die Elefanten, die trauerten. Ganz Thula Thula, Menschen wie Tiere gleichermaßen, trauerte um eine große Dame. Alle Mitarbeiter und sogar unsere Freunde und Gäste waren von Frankies Tod erschüttert. Nachdem sie die Nachricht gehört hatte, fertigte Kerry Miller, eine Künstlerin, die uns besucht hatte, ein wunderschönes Ölgemälde von Frankie an, und ein weiteres von Frankie mit Gobisa. Ich war sehr gerührt, als ich diese wunderschönen Bilder aus England erhielt.

Frankies Verlust kam zu früh, wir waren darauf einfach nicht vorbereitet. Zu Ehren Frankies nannten wir den kleinen Damm, den Frankie zu ihrer ewigen Ruhestätte erkoren hatte, »Frankie's Dam«. Es ist bekannt, dass Elefanten wie Menschen um ihre Familienmitglieder trauern, aber die Elefanten ihrer Herde gingen nicht sofort zu ihrer Ruhestätte. Ich fragte mich, ob die Suche nach dem Damm die Ursache dafür war, dass sie sich so seltsam zerstreuten. Ihr seltsames Verhalten warf so viele Fragen auf, darunter auch die wichtigste Frage von allen: Wer würde Frankie als Anführerin beerben?

In der Regel ist eines der älteren Weibchen die Leitkuh. Sie ist schon lange Teil der Gruppe und kennt die Elefanten-Familie, ihre Persönlichkeiten und Beziehungen, die natürlichen Nahrungs- und Wasserquellen, das Verhalten von Raubtieren und vieles mehr. Sie weiß, wo die Marula-Bäume stehen und wann diese Früchte tragen, und wo der Fluss selbst in Trockenperioden Wasser führt. Sie schenkt den Familienmitgliedern bedingungslos ihre Zeit, Fürsorge und Aufmerksamkeit, und stellt das Wohl der Herde über ihr eigenes.

Am 21. Februar 2021, einen Monat nach Frankies Tod, erhielten wir zum ersten Mal seit dem Weihnachtstag, als wir Frankies Fehlen bemerkt hatten, wieder Besuch von der gesamten Elefantenfamilie. Diesmal schienen sie sich in Richtung Süden des Reservats zu bewegen, wohin Frankie sie immer brachte, wenn sich das Wetter verschlechterte. Die Elefanten blieben vor dem Haupthaus stehen. Ich freute mich, sie zusammen zu sehen, war aber auch sehr betrübt über ihr Verhalten.

Dann gingen sie langsam und schwerfällig vor dem Zaun auf und ab, Marula vorne, Gobisa, der seine Füße schleppte – eine Gangart, die ich noch nie gesehen hatte – hinten. Die Halbwüchsigen, die normalerweise voller Lebensfreude sind und uns gern ihre Künste zur Belustigung vorführen, bewegten sich wie in Zeitlupe. Die Elefanten wirkten traurig, deprimiert. In meinem Herzen wusste ich, dass ich Zeuge eines Trauermarsches war. Sie waren gekommen, um ihren Kummer mit uns zu teilen.

Ich weiß, dass es Leute gibt, die jetzt sagen werden, das war Zufall oder ein Hirngespinst, aber es war keins von beidem. Es ist unerklärlich, aber ich habe das intuitive Verhalten von Elefanten schon oft gesehen und erlebt.

Die Elefantenfamilie war gekommen, um den Todestag ihrer Matriarchin Frankie zu begehen. Als Lawrence starb, wussten sie – ja, sie wussten es! –, dass sich etwas zugetragen hatte, und sie besuchten uns. Genauso wie ein Jahr später, als wir die Knochen des großen Bullen Numzana zusammen mit Lawrence' Asche am Damm beisetzten, kamen alle Elefanten, um die Überreste der beiden großen Freunde und Anführer zu besuchen.

Seit dem Tod von Frankie beobachteten wir genau, wie sich die Dynamik in der Gruppe veränderte. Siya hatte die Ranger in meinem Namen gebeten, das Verhalten der Herde zu beobachten und uns darüber zu berichten. Es war faszinierend zu sehen, was passierte. Die Herde begann sich zu teilen in Nanas Familie und Frankies Familie, während ET und ihre Familie zwischen den beiden Gruppen hin und her pendelten. Manchmal schlossen sich die Gruppen für Tage oder Wochen zusammen, dann wieder trennten sich ihre Wege für eine Weile. Alles schien im Fluss zu sein. Eine neue Matriarchin musste her, aber wann? Und wer sollte das werden?

Darüber haben wir viel diskutiert, und die Ranger hatten alle ihre eigenen Ansichten und Vorlieben. In einem normalen Büro würde man sich vielleicht um den Wasserspender versammeln und über Fußball oder den Ausgang der amerikanischen Wahlen diskutieren, aber nicht so in Thula Thula. Hier diskutierten wir über die neue Matriarchin unserer Elefantenherde. Wir wussten, dass dieser Prozess noch etwas andauern würde, aber das tat den Spekulationen keinen Abbruch. Die beiden wahrscheinlichsten Kandidatinnen waren Nandi und Marula.

Andrew führte das Team an, das auf Nandi setzte.

»Sie wird eine gute Anführerin sein«, sagte er voller Überzeugung. »Sie ist ein bisschen älter und erfahrener. Sie hat viel von Nana gelernt, und ich denke, sie hat die nötige Weisheit.«

»Das sagst du. Nandi ist in dich verliebt!«, stichelte Muzi.

»Das stimmt nicht …«

»Doch! Sie hat versucht, zu dir ins Auto zu klettern!«, sagte Khaya. Alle lachten. Es stimmte, die beiden hatten ein besonderes Verhältnis zueinander, und wir hatten alle gesehen, wie Nandi reagierte, als sie Andrew während einer Beobachtungsfahrt traf: Sie kam ganz nah heran und steckte ihren Kopf ins Auto, beschnüffelte und stupste ihn mit ihrem Rüssel.

»Aber was ist mit Nana?«, fragte Muzi. »Seitdem Nandi den Grauen Star hat, ist Nana immer in ihrer Nähe und kümmert sich um sie. Sie hat bereits eine Rolle in der Herde. Ich glaube nicht, dass Nandi es wird.«

»Stimmt, und außerdem, glaubst du wirklich, dass Nandi die Veranlagung hat, die Herde zu führen?«, fragte ich. »Ich fürchte, dass Nandi ein großer Softie ist.«

»Das kann man von Marula nicht behaupten!«, sagte Siya. »Ich habe gesehen, wie sie Boni neulich in den Hintern getreten hat. Die Kleine ging nicht schnell genug über die Straße, woraufhin ihre Mutter ihr einen Schubs gab.«

Marula ist vielleicht nicht die Idealbesetzung, aber sie erwartet – und bekommt – von den jungen Elefanten Disziplin und Respekt. Genau wie Menschen brauchen auch Elefanten eine Kombination aus Durchsetzungsvermögen und Freundlichkeit – Zuckerbrot und Peitsche, sozusagen. Zu viel vom einen oder vom anderen führt zu einer unglücklichen Herde, Familie oder Firma!

Die anderen Ranger tendierten zu Frankies Tochter Marula als wahrscheinliche Matriarchin, und ich muss sagen, dass ich ihnen zustimmte. Obwohl sie kleiner und jünger als Nandi und nicht sehr erfahren war, hatte ich das Gefühl, dass sie den richtigen Charakter für die Führungsrolle hatte. Sie und ihr Bruder Mabula hatten das Temperament ihrer Mutter – lebhaft und resolut, unterhaltsam und lustig. Und ganz unerfahren war Marula auch nicht, denn in den letzten Jahren hatte sie an der Seite ihrer Mutter beobachten und lernen können, was eine Matriarchin tut und macht.

Die Dynamik in der Herde war weiterhin ungewöhnlich veränderlich. Erst nach drei Monaten kristallisierte sich Marula als die neue Matriarchin heraus. Ich werde nie den Tag vergessen, an dem sie am Haupthaus erschien, um sich als neue Anführerin vorzustellen. Gobisa folgte ihr dicht auf den Fersen, als ihr Beschützer und Mentor, und hinter ihm die gesamte Herde – Frankies Familie, ET's Familie und Nanas Familie. Endlich waren sie wieder alle vereint. Marula blieb am Zaun direkt vor dem Haus stehen, so wie es ihre Mutter pflegte zu tun, wenn sie uns besuchte, und ihre Familie graste friedlich um sie herum. Es war ihr erster Besuch seit dem herzzerreißenden Trauermarsch, und ihr Anblick, ruhig und gelassen, erfreute mein Herz. Obwohl sie noch jung und klein war, erinnerte mich Marula an diesem Tag so sehr an Frankie. Sie zeigte die gleiche Stärke und die gleichen Führungsqualitäten.

Ich hoffte, dass sie sich daran erinnern würde, wie ihre Mutter ab und an bei uns vorbeigeschaut hatte, und dasselbe tun würde. Elefanten sind Gewohnheitstiere, und wir wussten, dass Frankie die Elefanten-Familie bei einem Wetterumschwung in den geschützteren Süden des Reservats geführt und uns auf dem Weg dahin immer einen Besuch abgestattet hatte. Ihre Besuche hatten uns stets mit großer Freude erfüllt, und wir hofften, dass Marula diese Tradition fortsetzen würde.

Unter Marulas Führung hat sich die Elefantenfamilie allerdings subtil verändert: Sie macht andere Dinge und geht in andere Teile des Reservats. Es war noch zu früh, daraus etwas abzuleiten, aber Marula schien schon gut in ihrer neuen Rolle angekommen zu sein. Und so begann eine neue Ära des Herdenlebens.

26 PROBLEME MIT GENEHMIGUNGEN

Die Ranger behielten Savannah tagtäglich im Auge. Wie eine Mutter machte ich mir Sorgen um sie, wenn sie allein im Busch unterwegs war. Wenn ich nachts die Hyänen rufen hörte, war mir angst und bange um ihre Sicherheit und ich sprach ein kleines Gebet. Im Vergleich zu anderen Großkatzen sind Geparden klein und leicht. Sie sind nicht streitlustig und laufen lieber davon als zu kämpfen. Und notfalls überlassen sie ihre Beute anderen Tieren.

»Hat jemand Savannah gesehen?«, fragte ich Siya.

»Nein, aber wir überwachen sie über ihr GPS-Halsband. Sie wandert herum.«

»Und wir haben Beweise dafür, dass sie ein Tier getötet hat«, sagte Khaya. »Wir wissen also, dass sie Beute fängt und sich selbst ernährt.«

»Einen einzelnen Geparden zu entdecken, ist fast unmöglich, selbst wenn er ein GPS-Halsband trägt«, sagte Siya. »Sobald die Männchen ankommen, werden sie sich aber bestimmt finden, da bin ich mir sicher.«

»Nur, wann wird das sein?«, fragte ich völlig frustriert.

Seit wir die erforderliche Einfuhrgenehmigung für Savannahs Überführung aus einer anderen Provinz erhalten hatten, warteten wir bis jetzt auf die Genehmigung für die Überführung der beiden Männchen aus dem Freistaat nach Thula Thula in KwaZulu-Natal. Wir steckten in einer unerträglichen bürokratischen Klemme. Wir hatten ein wunderschönes und geschlechtsreifes Gepardenweibchen aus einer hervorragenden Blutlinie, das auf einen Partner wartete, und zwei perfekte Kandidaten in der Provinz Free State, nur ein paar Autostunden von uns entfernt. Und wir hatten das Geld aufgetrieben, um sie nach Thula Thula zu bringen – aber von der Wildtierbehörde kam einfach keine Genehmigung.

Drei Monate vergingen – wir warteten, wir mailten, wir riefen an und warteten wieder, aber es tat sich nichts. Das GPS-Tracker-Halsband, das Savannah trug, funktionierte nicht richtig oder gar nicht, und die Tatsache, dass wir nicht wussten, wo sie war, machte uns alle sehr nervös. Nach drei Monaten großer Funkstille erhielt ich endlich einen Brief von der Wildtierbehörde, in dem sie uns mitteilte, dass Thula Thula gemäß einer durchgeführten GPS-Vermessung zur Berechnung der exakten Größe des Reservats nicht groß genug wäre für Geparden. Offenbar hätten wir die erforderlichen 5000 Hektar nicht erreicht und die Gesamtfläche betrüge nur 3200 Hektar.

Ich war völlig verblüfft. Wie konnte das sein? Lawrence hatte mir gesagt, dass das Wildreservat 4000 Hektar groß war, und wenn man die hügelige Topografie berücksichtigte, sogar 4500 Hektar. Das hatte ich immer geglaubt und in all unserem Marketingmaterial und in Interviews zitiert. Ich hatte es nie infrage gestellt. Und wir dachten, dass die Erweiterung mit dem Lavoni-Land, das wir gerade umzäunten, uns auf 5000 Hektar bringen würde oder zumindest sehr nahe daran.

Als ich Christiaan und Kirsten Youens, unsere Anwältin, die uns bei den Anträgen half, konsultierte, wurde mir klar, dass es nicht einfach ist, die Größe eines Reservats zu berechnen. Es gibt verschiedene Quellen – Besitzurkunden, Luftaufnahmen usw. –, die leicht unterschiedliche Ergebnisse liefern. Bei der vorliegenden Flächenberechnung wurde die Topografie nicht berücksichtigt. Außerdem wurde die Berechnung durch die Tatsache erschwert, dass sich unser Wildreservat aus verschiedenen Parzellen mit unterschiedlichen Eigentümern und Eigentumsurkunden zusammensetzte. Es war erstaunlich und, offen gesagt, niederschmetternd zu erfahren, dass unser Land viel kleiner war, als ich gedacht hatte.

Dennoch hatte Savannah einen großen Lebensraum, und, was noch wichtiger war, einen, in dem es reichlich Futter gab. Nachdem Chantal und Vincent Savannah abgeliefert hatten, gingen sie auf eine Beobachtungsfahrt, nicht um unsere berühmten Elefanten zu sehen, sondern um Ausschau nach Beutetieren für die Geparden zu halten, und kehrten völlig zufrieden zurück. Da wir ausreichend Impalas, Nyalas und andere kleine Antilopen hatten, um Savannah für eine sehr lange Zeit glücklich zu machen, musste ich mir zumindest darüber keine Sorgen machen. Auch für die beiden männlichen Geparden gab es genügend Platz und Beute, aber dennoch wurde uns deren Einfuhrgenehmigung nach wie vor verweigert.

»Was nützt ein einziges Gepardenweibchen für die Erhaltung einer Tierart?«, fragte ich verzweifelt. Ich erinnerte mich an Chantals Worte, dass sie eine Auswilderung erst als erfolgreich ansieht, wenn das Weibchen Nachwuchs bekommt und auch dieser sich in den Reservaten fortpflanzt.

»Savannah sollte sich jetzt fortpflanzen«, sagte Siya zustimmend. »Aber mich beunruhigt, dass sie auf sich allein gestellt ist. Die Hyänen und Leoparden …«

Während wir uns mit unseren Landgrößenfragen und Genehmigungsproblemen beschäftigten, wuchsen die beiden männlichen Geparden zur Geschlechtsreife heran – allerdings auf ziemlich unangenehme Weise. Die Besitzer schickten uns Videos, auf denen zu sehen war, wie die Männchen versuchten, sich mit ihrer Mutter und ihren Schwestern zu paaren. Das war schockierend. Es war klar, dass wir die Wildtierbehörde von der Dringlichkeit ihrer Verlegung überzeugen mussten. Ich schickte das Video an die für die Erteilung von Genehmigungen zuständigen Mitarbeiter mit der Bitte, unseren Antrag schnell zu bearbeiten und die Geparden nach Thula Thula kommen zu lassen, wo sie sicher wären und sich produktiv und gesund fortpflanzen könnten.

Keine Reaktion.

Ich fühlte mich verzweifelt und hilflos. In der Zwischenzeit hatten wir auch eine Transportgenehmigung für Rambo, einen großen Bruder für unseren Thabo und einen Partner für unsere Nashorndamen beantragt, da Thabo seine Pflicht als potenzieller »Erzeuger« nicht erfüllte. Auf diesen Antrag erhielten wir von den Behörden eine Woche später eine E-Mail, in der es hieß, uns würde die Genehmigung verweigert, weil Thabo ein schwieriges Nashorn sei, das mit dem neuen Männchen kämpfen, dann entkommen und eine Gefahr für die örtlichen Gemeinschaften darstellen könnte. Ich war verdutzt über diese Annahmen.

Noch schockierender allerdings war die Mittelung der Behörden, dass Thabo, wenn wir ein weiteres Nashorn wollten, nicht in Thula Thula würde bleiben können und in ein anderes Wildreservat umgesiedelt werden müsste. Wir waren entsetzt über die Vorstellung, Thabo aus Thula Thula zu entfernen, dem einzigen Zuhause, das er je gekannt hat. Im Alter von nur einem Tag war er als traumatisiertes Waisenkind, das den brutalen Tod seiner Mutter durch Wilderer miterlebt hatte, zu uns gekommen und nun sollte er die Adoptivfamilie verlieren, die ihn zwölf Jahre lang geliebt und umsorgt hatte? Und seine Liebe und Gefährtin Ntombi mit dazu?

Sein Revier zu verlassen, wäre für Thabo absolut traumatisch. Um ehrlich zu sein, Thula gehörte ihm. Und Thabo war eine lebende Legende! Er war auf der ganzen Welt für seine Geschichte, seine Liebe zu den Menschen und seine Mätzchen bekannt. Er war ein einzigartiges Nashorn mit einer unglaublichen Lebensgeschichte, und er gehörte hierher, in seine Geburtsgegend. Jede Familie hat ein Problemkind oder einen durchgeknallten Halbwuchsigen, aber ist das ein Grund, um ihn wegzuschicken? Und außerdem: Wer will denn schon ein sogenanntes »Problem«

Nashorn haben? Wir kannten und liebten Thabo, und wussten, wie wir mit ihm umgehen mussten. Uns war auch vollkommen bewusst, dass es zu Konflikten zwischen Thabo und seinem großen Bruder kommen könnte. Wilde Tiere kämpfen, das gehört zum Leben in der Wildnis. Aber Thabo war noch nie aggressiv gegenüber anderen Tieren gewesen. Er hatte sich ja auch der überlegenen Macht der Elefanten gebeugt.

Nashörner sind vom Aussterben bedroht. In unserem Bestreben, Thabo besser zu verstehen und ihm zu helfen, beobachteten wir auch, wie es Nashornwaisen im Erwachsenenalter ergeht. Es überraschte mich, feststellen zu müssen, dass sich verwaiste männliche Nashörner oft nicht erfolgreich fortpflanzen. Niemand weiß genau warum, aber es scheint etwas mit dem frühen Trauma oder dem Mangel an Vorbildern zu tun zu haben, das sie unwillig oder unfähig macht, sich fortzupflanzen. Wie gut wir uns auch um unsere kleinen Nashörner kümmern, es gibt Dinge, die der Mensch ihnen einfach nicht beibringen kann. Und so sind sie, wenn sie in die große weite Welt hinausgehen, in dieser Hinsicht benachteiligt. Die Langzeitfolgen der Wilderei sind einfach schrecklich. Außerdem hatte Thabo die zusätzliche Herausforderung zu meistern, das einzige Nashorn-Männchen in dem Wildreservat zu sein. Wir hofften, dass ein weiteres Männchen in der Nähe, das mit ihm um die Weibchen buhlt, ihn ermuntern würde! Wir hatten nun also zwei geschlechtsreife Nashorn-Weibchen ohne einen einzigen fortpflanzungswilligen oder -fähigen Partner. Es erschien uns vernünftig, so schnell wie möglich ein männliches Nashorn zu besorgen, um die Zeugung von Nachwuchs zu beschleunigen. Es blieb uns nichts anderes übrig, als einen neuen Antrag zu stellen, und das taten wir.

Doch meine Probleme sollten noch größer werden.

Im Juni 2021 erhielt ich einen Brief von der Wildtierbehörde, in dem sie mich beschuldigten, nicht nur die Vorschriften missachtet zu haben, sondern wegen der tatsächlichen Größe des

Wildreservats gelogen (ein Verstoß, der eine Geldstrafe oder sogar eine Gefängnisstrafe nach sich ziehen kann!) und damit gegen das Gesetz verstoßen zu haben. Sie drohten sogar damit, Savannah umzusiedeln. Dies würde bedeuten, dass ihr erneut mit einem Gewehr ein Betäubungsmittel verabreicht werden müsste, was immer ein Risiko für Tiere darstellt, für Geparden insbesondere. Ganz zu schweigen von dem unnötigen Stress für Savannah.

Das konnte doch nicht im Interesse des Tieres sein!

Ich war über diese jüngste Entwicklung zutiefst bestürzt. Nach einer äußerst schwierigen Zeit, in dem uns Corona-Beschränkungen 16 Monate lang zu einem Überlebenskampf gezwungen und wir unsere geliebte Frankie verloren hatten, war der absolute Tiefpunkt erreicht. Die Probleme häuften sich. Manchmal konnte ich nächtelang kaum schlafen, weil ich mir Sorgen um Savannahs Sicherheit, um die männlichen Geparden, um unser Land und wegen meiner rechtlichen und genehmigungsrechtlichen Probleme machte.

An dem Abend rief ich Clément in Durban an.

»Ich weiß nicht, wie lange ich das noch durchhalten kann«, sagte ich ihm und kämpfte mit den Tränen. »Ich will nur das Beste für die Tiere und ihren Schutz. Deshalb tue ich, was ich tue, jede Stunde eines Tages.«

»Ich weiß, Chérie«, sagte er. »Dieser Brief, er ist schrecklich …«

»Ich verstehe ja, dass es Regeln und Vorschriften geben muss. Ich habe Fehler gemacht, vielleicht liegt mir der ganze Verwaltungskram nicht so, aber man hätte mich doch anrufen und mit mir reden können anstatt mir das zu schicken.«

Ich fing hysterisch an zu weinen. Ich hatte das Gefühl, dass ich vor lauter Stress anfing durchzudrehen. Meine Hunde, die gemütlich neben mir auf der Couch lagen und sich zu meinen Füßen ausbreiteten, rückten näher an mich heran. Sie wussten immer, wann ich Trost brauchte. Meine süße kleine Gypsy kroch auf meinen Schoß und leckte mir die Tränen ab.

»Versuch zu schlafen«, sagte Clément, der sein Bestes tat, um mich aus der Entfernung zu beruhigen. »Morgen ist ein neuer Tag.«

Vielleicht, aber im Moment schien es so, als wäre jeder Tag gleich schwierig. Clément hat die Fähigkeit, die richtigen Worte zu finden, um mich zu beruhigen, aber diesmal war ich zu erschüttert und überwältigt, sodass er mich nicht zu trösten vermochte. Ich war zermürbt von den ewigen Niederlagen und Sorgen. Ich wollte einfach nur weglaufen, weg von den Briefen, weg von den Anwälten und weg von den Tiefschlägen. Einfach nur allein sein, um wieder zu Kräften zu kommen und meine Gedanken zu sortieren. Ich war an einem Tiefpunkt angelangt. Ich glaube, so niedergeschlagen war ich nicht mehr seit Lawrence' Tod gewesen.

Und dann geschah ein Wunder.

27 GRÖSSER, BESSER, HELLER

Als ich morgens nach dem Abend, an dem ich zutiefst verzweifelt gewesen war, aufwachte, ging es mir wieder etwas besser. »Kein Selbstmitleid mehr«, sagte ich streng zu meinem Spiegelbild im Badezimmer. »Ich lasse das jetzt hinter mir und mache weiter.«

Ich nahm das Handy in die Hand, schickte Christiaan und Lynda eine Nachricht und bat um ein Treffen. Und zwar sofort. Noch heute Morgen. Als sie hereinkamen, ahnten sie nicht, was sie erwartete.

»Gut!«, sagte ich dezidiert und stemmte die Hände in die Hüften. »Wir blicken nach vorn. Hier und jetzt werden wir Lösungen für unsere Probleme finden.« Sie sahen hoch erfreut aus, dass sie nun wieder die positive, problemlösende Françoise erlebten.

»Beginnen wir mit dieser Landgeschichte«, fuhr ich fort und tippte auf die Karte von Thula Thula an meiner Wand, auf der die Straßen, Zäune, Flüsse und Grenzen sowie der neu eingezäunte Abschnitt von Lavoni-Land mit grünem Filzstift eingezeichnet waren.

Obwohl ich die Karte schon tausendmal gesehen hatte, hatte ich etwas Neues entdeckt – ein Wildreservat jenseits der Straße des Lavoni-Landes, gut etabliert, ordentlich eingezäunt. Ich wusste, dass es kürzlich verkauft worden war. »Ich habe da eine Idee«, sagte ich.

Ich rief Michael Crichton, den neuen Besitzer von Zulweni, dem Wildreservat auf dieser anderen Straßenseite, an. Er klang sehr freundlich, freute sich, von mir zu hören, und war gern bereit, mich zu treffen.

»Ich bin die Woche über in Durban«, sagte er, »aber am Wochenende komme ich zurück nach Zululand. Wir könnten uns nächste Woche treffen.«

Er konnte nicht ahnen, wie ungeduldig ich sein kann, wenn ich von einer guten Idee ergriffen bin! Ich war schon ganz aufgeregt, und für mich gab es keinen besseren Zeitpunkt als hier und jetzt.

»Ich werde morgen nach Durban kommen«, sagte ich zu seiner Überraschung. »Wann passt es dir?«

Schon am nächsten Tag saß ich mit Michael in einem Café. Er war ein erfolgreicher Geschäftsmann, der beschlossen hatte, ein Wildreservat zu kaufen und sein Leben dem Naturschutz zu widmen, ähnlich wie Lawrence und ich das Leben in der Großstadt gegen ein Leben im Zululand-Busch eingetauscht hatten. Im Laufe unseres Gesprächs wurde deutlich, dass wir eine gemeinsame Leidenschaft für den Schutz der Wildtiere und eine verwegene Vision für ihre Zukunft und die des Tourismus in Zululand hatten. Als ich ihn nach seinen Plänen für sein Wildreservat fragte, erzählte er mir mit Leidenschaft von seinem 1200 Hektar großen, wunderschönen Buschland und von der Ferienanlage, die er dort errichten wollte. Ich mochte ihn sofort. Er sprach leise, wählte seine Worte mit Bedacht und hatte eine ruhige, freundliche Art.

Ich kam schnell zum Punkt. »Michael, was hältst du davon, wenn wir unsere beiden Grundstücke zusammenlegen würden?«, fragte ich. »Thula Thula ist bekannt und angesehen, und wir haben Nashörner und Elefanten, die du nicht hast. Die Zusammenarbeit und diese Tiere wären für dich und jeden, der ein Haus in Zulweni besitzt, von Vorteil. Wir brauchen Zugang zu mehr Land zum Wohle unserer Elefanten und anderer Tiere und um unsere Genehmigungsprobleme zu lösen. Was sagst du dazu?«

»Der Gedanke gefällt mir«, erwiderte er. »Ich denke, es wäre gut für uns beide und für die Wildtiere.«

Wir kamen auf der Stelle ins Geschäft. Es war einfach perfekt, eine Win-win-Situation für beide. Mit unseren 3200 Hektar und Michaels 1200 Hektar hatten wir 4400 Hektar. Die 5000 Hektar, die so unerreichbar erschienen, waren plötzlich zum Greifen nahe.

»Es war mir eine Freude, mit dir Geschäfte zu machen«, sagte er, lächelte und schüttelte mir die Hand.

»Ganz meinerseits«, sagte ich. »Ich bin überglücklich!«

»Sobald ich wieder in Zululand bin, arbeiten wir die Einzelheiten des Projekts aus«, sagte er.

Aufgeregt und mit dem Gefühl, dass wieder etwas möglich war, ging ich mit einem breiten Grinsen im Gesicht zum Auto zurück. Noch vor 24 Stunden war ich völlig verzweifelt gewesen, und jetzt fühlte ich mich so hoffnungsfroh wie seit Wochen, vielleicht Monaten nicht mehr.

Michael hielt sein Wort, und so war das Geschäft innerhalb von drei Wochen unter Dach und Fach.

Es waren noch einige Details zu klären, wie etwa das Problem, wie die Tiere trotz der Straße, die zwischen den beiden Grundstücken verlief, hin- und herwandern könnten. Es ist wichtig, dass die Tiere umherwandern, sich vermischen und vermehren können, um den Genpool zu diversifizieren und eine gesündere, stärkere Tierwelt zu schaffen. In einem kleinen, eingezäunten Wildreservat sind die Bestände klein und stabil, sodass die Gefahr von Inzucht besteht, was insbesondere bei den größeren Antilopen, Büffeln und Gnus zum Problem werden kann. Zum Glück verfügte die erst kürzlich gebaute Hauptstraße über eine drei Meter breite Unterführung, die sich Michael zusammen mit Vusi und Christiaan ansah.

»Sie ist groß genug für die Elefanten«, berichtete Vusi, »aber nicht für die Giraffen.«

Das war eine gute Nachricht. Bis auf die Giraffen, die zu groß waren und für die es leider keine romantischen Besuche bei den

Nachbarn geben würde, konnten alle anderen Tiere durch die Straßenunterführung hindurchgehen und sich neue Partner suchen! Ich war noch ganz beseelt von diesem unglaublichen Glücksfall, als bald danach ein weiterer folgte.

Nur drei Tage nach dem Treffen mit Michael rief Larry an und sagte: »Françoise, ich möchte dich gerne mit den Stammesführern der Ubizo-Gemeinschaft zusammenbringen. Sie sind die neuen Eigentümer des Dube Ridge-Landes südlich von Thula Thula. Im Rahmen einer Landrückgabe haben sie 1100 Hektar erhalten und würden sich gerne Thula Thula anschließen.«

Zwei Tage später traf ich mich mit Thomas Cebekhulu, dem Vorsitzenden, und anderen Vertretern der Ubizo Communal Property Association, alle äußerst bezaubernde Menschen. Genau wie bei Michael verstanden wir uns auf Anhieb und erkannten, dass eine Beziehung entstehen könnte, von der beide Seiten profitierten. Die Ubizo-Gemeinschaft wollte unbedingt ein traditionelles Zulu-Dorf auf dem Dube Ridge errichten, das dann Touristen dort besuchen könnten. Sie könnten sich dort über die Kultur und die Traditionen der Zulu informieren und den Einheimischen dabei zuhören, wenn sie von der faszinierenden Geschichte des Zulu-Volkes und des großen Königs Shaka erzählten. Dabei würde ihnen die Verbindung zu Thula Thula zugutekommen, deren Gäste womöglich ihr Touristendorf besuchen würden, was wiederum Beschäftigungsmöglichkeiten für ihr Volk zur Folge haben würde.

Da wir von Thula Thula unbedingt mehr Land haben wollten, war die Einigung in weniger als einer halben Stunde besiegelt.

Wir hatten es geschafft! Zusammen mit unseren neuen Partnern hatten wir neben unseren 3200 Hektar Zulwenis 1200 Hektar und Dube Ridge mit 1100 Hektar, also insgesamt 5500 Hektar!

Wir hatten die erforderlichen 5000 Hektar erreicht, wir lagen sogar darüber. Dies war ein wahrhaft historischer Augenblick.

Durch den Zusammenschluss dieser Gebiete war die »Greater Zululand Wildlife Conservancy« geboren. Ich wusste, dass dies nur der Anfang von etwas Großem für uns alle war.

Die einzige Sorge, die ich noch hatte, war, dass das neue Land am Dube Ridge noch eingezäunt werden musste, und das würde Geld kosten. Aber dieses Problem mussten wir nicht sofort lösen. Ich war erst einmal auf Wolke Sieben!

Nach der Entmutigung, dem quälenden Warten auf die Genehmigungen und der schockierenden Nachricht über die wahre Größe des Thula-Thula-Landes gab es wieder ein wenig Licht am Ende des Tunnels. Und ich war mir sicher, dass es noch größer und heller werden würde. Ich habe immer an meine gute Freundin Karma geglaubt, und wieder einmal hat sie sich für mich eingesetzt. In meiner dunkelsten Stunde, als ich soweit war aufzugeben, fielen zwei unglaubliche, lebensverändernde Gelegenheiten vom Himmel, von denen alle profitierten.

Wie Phönix aus der Asche waren wir auferstanden und hatten das Unmögliche geschafft. Mit unseren wunderbaren neuen Partnern würden wir größer, besser und stärker sein als je zuvor. Und das war erst der Anfang. Es gab noch die anderen 2000 Hektar Gemeindeland, deren Genehmigung zwar grundsätzlich beschlossene Sache war, aber wegen der Pandemie noch nicht abgeschlossen werden konnte. Damit würden wir auf 7500 Hektar kommen – fast doppelt so viel wie vor dem Zusammenschluss mit diesen tollen Partnern. Die Greater Zululand Wildlife Conservancy würde das größte Wildschutzgebiet in der Region sein und dasjenige, das am nächsten zu Durban lag.

Ich spürte, wie Lawrence an diesem Tag von oben auf mich herunter lächelte. Sein Traum ging endlich in Erfüllung.

Und dann lief mir das Glück noch einmal nach!

Einige Wochen nach all der Aufregung um die Erweiterungspläne traf das Ehepaar James und Laurel aus Kapstadt bei uns ein, um ihren Urlaub im Zeltcamp zu verbringen. Laurel hatte

Ein Elefant in meiner Küche und Lawrence' Buch *Der Elefantenflüsterer* gelesen und war nach Thula Thula gekommen, um unser Zululand-Paradies für sich zu entdecken und unsere berühmte Elefantenherde kennenzulernen. Beide verliebten sich in unsere Elefanten und erzählten mit großer Begeisterung und vielen Emotionen von den erstaunlichen Erlebnissen, die sie dank unseren wunderbaren Rangern in Thula Thula hatten. Als wir uns eines Abends unterhielten, erfuhr ich, dass sie nicht nur Tierfreunde waren, sondern sich finanziell an der Verfilmung von Lawrence' Buch beteiligten. Sie zeigten so viel Interesse an allem, was mit dem Wildreservat zu tun hatte, dass Christiaan ihnen ausführlich von dem aufregenden Erweiterungsprojekt erzählte und auch von unserem nächsten Schritt, der Umzäunung des neuen Landes, das der lokalen Gemeinschaft gehörte. Danach begann auch James mit der Lektüre von *Ein Elefant in meiner Küche*.

Eine Woche nach ihrem Aufenthalt bei uns erhielt ich eine E-Mail von James, in der er bat, mehr über die Erweiterung und das Gemeindeland zu erfahren. Ich erklärte ihm, wie wichtig es sei, den Lebensraum für unsere Elefantenherde zu vergrößern, und erwähnte auch das Zaunprojekt, das für diesen neuen Schritt entscheidend war. Ich erzählte ihm von den Plänen der lokalen Gemeinschaft, sich an der Tourismuswirtschaft zu beteiligen, und von den Arbeitsplätzen, die sie sich davon erhofften. Bald erhielt ich eine weitere E-Mail.

Liebe Françoise, ich habe gerade Ihr Buch fertig gelesen. Nachdem wir so viel über die großartige Arbeit erfahren haben, die Sie alle im Bereich des Naturschutzes leisten, würden wir uns gern an Ihrem Naturschutzfonds beteiligen. Bitte schicken Sie uns doch die Kontodaten.

Ich habe mich herzlich bei ihm bedankt und kam seiner Bitte sofort nach. Jede Spende wird von uns mit großer Dankbarkeit entgegengenommen und für einen guten Zweck verwendet –

der Bedarf ist unendlich groß und während der Pandemie noch größer geworden. Als die Spende dann auf dem Konto einging, war ich perplex, da sie, das muss man sagen, sehr, sehr großzügig war. Dieses Geld verschaffte uns eine Atempause und so konnten wir unsere ständigen Geldsorgen einfach beiseiteschieben. Das bedeutete, dass wir, sobald der ganze Papierkram erledigt war, sofort mit der Erweiterung beginnen konnten. Der Traum war wahr geworden.

Nach monatelangem Stress und totaler Entmutigung war ich an einem solchen Tiefpunkt in meinem Leben angekommen, dass ich aufgeben und weglaufen wollte – und jetzt das! Innerhalb von zwei Monaten hatten wir uns weitere 2300 Hektar gesichert und waren auf 5500 Hektar angewachsen. Wir hatten unsere Größe fast verdoppelt. Und es würde mehr Land dazukommen! Außerdem hatten wir jetzt auch das Geld, um das neue Gebiet einzuzäunen. Und das Beste war: Thula Thula war jetzt endlich regelkonform! Wir waren groß genug, um Elefanten zu halten und unsere neuen Geparden zu bekommen. Alle meine Probleme waren gelöst, und zusammen mit unseren Partnern und neuen Freunden waren wir richtig groß geworden.

Ist das nicht eines der Wunder des Lebens? Gerade wenn man in seinen dunkelsten Stunden mit den größten Widrigkeiten konfrontiert ist, geschieht einfach völlig unerwartet und wie aus dem Nichts etwas Wunderbares. Ich denke oft, dass man gerade dann, wenn man mit dem Rücken zur Wand steht, wenn alle Möglichkeiten erschöpft sind, am stärksten und kreativsten ist.

Die Enttäuschung, die sich wie ein Schleier über uns alle gelegt hatte, löste sich wie der morgendliche Nebel über dem Mkhulu-Stausee auf. Wir machten uns wieder an die Arbeit und erstellten den Plan für die bevorstehende Erweiterung von Thula Thula. Meine Sorgen waren vorbei. Zumindest dachte ich das.

Doch es braute sich wieder etwas zusammen.

28 NOTIZEN ÜBER EIN LAND IN FLAMMEN

Am Donnerstag, dem 8. Juli 2021, erfuhren wir von Unruhen in unserer Provinz KwaZulu-Natal. Auslöser war die Inhaftierung von Jacob Zuma, dem Ex-Präsidenten Südafrikas, der wegen Missachtung des Gerichts zu einer 15-monatigen Haftstrafe verurteilt worden war. Zumas Wohnsitz befand sich im Herzen von Zululand, nicht weit von Thula Thula entfernt. Als Zulu-Ältester war er trotz seines angeschlagenen Rufs und der gegen ihn erhobenen Korruptionsvorwürfe (die er selbst jedoch bestreitet) nach wie vor in gewissen Kreisen in KwaZulu-Natal beliebt. Seine Anhänger errichteten aus Protest Straßensperren auf den Hauptverkehrsachsen zwischen Durban und den Industriezentren Johannesburg und Kapstadt.

Unruhen sind immer besorgniserregend, aber in der Regel legen sie sich recht schnell wieder. Außerdem leben wir hier im Busch in einer ruhigen Gegend, fernab von der Stadt. Um ehrlich zu sein, habe ich die Sache anfangs nicht allzu ernst genommen, doch bald wurde mir klar, dass es sich nicht um einen Ausbruch von Empörung handelte, der sich in ein oder zwei Tagen wieder legen würde. Am nächsten Tag erhielten wir die Nachricht, dass sich die Gewalt und die Plünderungen in KwaZulu-Natal und in der Provinz Gauteng bis nach Johannesburg, der größten Stadt und dem wirtschaftlichen Zentrum Südafrikas, ausgebreitet hatten.

Die Arbeit im Büro kam zum Erliegen, als wir entsetzt die Fernsehbilder des sich ausbreitenden Chaos verfolgten. Wir trauten unseren Augen kaum. Riesige Menschenmassen stürmten Einkaufszentren, zerschlugen Fenster und nahmen Lebensmittel, Elektronikartikel, Kleidung und Alkoholika mit. Sie drängten, schubsten, schrien und nahmen triumphierend alles mit, sogar Kühlschränke! Andere attackierten in ihrer Zerstörungswut Lagerhäuser und Fabriken in Industriegebieten und zündeten sie an. Das Ausmaß der Verwüstung in unserer schönen Provinz war schockierend. Mit Entsetzen sahen wir dem Treiben zu – die Flammen, die Wut, die Gewalt. Es war wie in einem Katastrophenfilm – chaotisch, apokalyptisch und beängstigend.

Und dann zeigte Aphi auf den Bildschirm und rief: »Das ist doch Empangeni! Diese Tankstelle, schau!«

»Sie hat recht. Das ist die Tankstelle an der Hauptstraße«, sagte Portia.

Es stimmte. Wir sahen Aufnahmen von unserer Stadt in Flammen. Es kam uns völlig unwirklich vor. Die Mitarbeiter waren aufgelöst. Empangeni war die Stadt, in der sie einkauften, in der ihre Freunde und Verwandten lebten und arbeiteten oder ihre Kinder zur Schule gingen. Und nun wurden dort die Geschäfte geplündert, Tankstellen in Brand gesetzt, Autos mit Steinen beworfen und angezündet. Ich fühlte mich hilflos, als ich diese Anarchie und Zerstörung sah, mit der die Plünderer ihr Unwesen trieben – und weit und breit keine Polizei oder Armee in Sicht.

Meine unmittelbare Sorge galt einer Gruppe von Gästen – darunter auch Kinder –, die am Montag abreisen und die zwei Stunden zum Flughafen von Durban zurücklegen musste, um von dort nach Hause zu fliegen. Am frühen Montagmorgen rief Larry, unser Sicherheitschef, an und teilte uns mit, dass die Mautstation in der Nähe des Flughafens niedergebrannt worden war und Menschenmassen den Eingang zum Flughafen verbarrikadiert hatten. Unsere Gäste konnten heute nicht abfliegen. Wir verlegten ihren Flug auf den nächsten Tag, in der Hoffnung, dass sich die Lage beruhigt haben würde und sie sicher abreisen könnten.

Am Dienstagmorgen schickten wir die Gäste sehr früh in einem Konvoi los. Wir standen in ständigem Kontakt mit Larry, der in einem Hubschrauber über dem Gebiet kreiste und uns über die Sperrungen informierte. Es war sehr anstrengend und stressig, aber zum Glück konnten unsere Gäste das Land heil verlassen.

Ich machte mir eine Tasse Tee, um meine Nerven zu beruhigen. Ich war erleichtert über die sichere Abfahrt unserer Gäste, aber noch bevor ich den Tee ausgetrunken hatte, erhielt ich erneut einen Anruf von Larry.

»Françoise, wir haben von Informanten gehört, dass Thula Thula im Visier der Randalierer und Plünderer ist.«

»Was meinst du damit? Wer will denn auf einer Wildtierfarm randalieren und plündern? Wir haben hier nichts, was sie wollen.«

»Das weiß ich nicht, aber es ist eine ernsthafte Bedrohung, Françoise. Die Informanten sind zuverlässig und sie sagen, dass die Randalierer planen, in unser Dorf zu kommen …«

»In unser Dorf? Die Randalierer kommen nach Buchanana?«

»Ja. Meine Informanten sagen, sie wollen die China Mall plündern und niederbrennen.«

Unser kleines lokales Einkaufszentrum, welches das ganze Dorf mit Lebensmitteln und anderen Dingen des täglichen Bedarfs versorgte, wurde von Chinesen betrieben. Der einzige andere Laden im Dorf war ein Obst- und Gemüsestand, der einem Dorfbewohner gehörte. Die chinesischen Ladenbesitzer hatten mit einem kleinen Laden angefangen und verfügten nun über ein kleines Imperium von drei kleinen Läden, das wir »China Mall« nannten. Ich fand es immer schon etwas seltsam, chinesische Männer und Frauen in einem winzigen Dorf in Zululand zu sehen, die fließend Zulu sprachen.

»Oh, nein«, sagte ich und dachte an die armen Besitzer, die dieses kleine Unternehmen weit weg von ihrer Heimat aufgebaut hatten.

»Und meine Quellen sagen …« Larry zögerte einen Moment und fuhr dann fort. »Sie sagen, dass sie dann nach Thula Thula kommen und die Lodge und das Haupthaus niederbrennen werden.«

»Wann?«

»Heute Nachmittag.«

»Heute Nachmittag?«, wiederholte ich ungläubig. Mein Herz raste. Wie konnte das sein? »Was ist mit der Polizei? Und der Armee?«

»Die haben alle Hände voll zu tun. Sie werden uns nicht helfen können. Aber keine Panik. Ich kümmere mich um Männer und Fahrzeuge. Wir werden kommen und Thula Thula verteidigen.«

Thula Thula verteidigen? In welchem Film war ich denn gerade gelandet? Würde als Nächstes Bruce Willis um die Ecke kommen?

Ich geriet völlig in Panik, als ich auflegte. Wenn die Polizei uns nicht helfen konnte, mussten wir uns auf uns selbst und unsere Gemeinschaft verlassen. Christiaan und Vusi trafen sich mit Leuten eines anderen, nahe gelegenen Wildreservats, um über gemeinsame Schutzmaßnahmen zu sprechen.

Man muss die »Das-schaffen-wir-schon-Mentalität« der südafrikanischen Farmer einfach bewundern. Die Farmervereinigung war sofort tätig geworden und begann, mit einer Planierraupe eine neue Nebenstraße anzulegen, damit wir die Hauptstraße erreichen könnten, falls unsere Zufahrten blockiert werden würden und wir evakuiert werden müssten.

»Wir haben auch zwei Hubschrauber, falls die Straßen unpassierbar sind«, sagte einer der Farmer. »Wir bringen Sie notfalls auf dem Luftweg raus.«

Ich war dankbar, dass sie so gut organisiert waren, aber in meinem Kopf spukten die Fragen herum: Mit dem Hubschrauber evakuieren? Wo bringe ich dann meine 28 Elefanten unter?

Meine neun Hunde? Meine vier Nashörner? Ganz zu schweigen von meinen 50 Mitarbeitern? Ich wusste, dass eine Evakuierung für mich nicht infrage kam. Ich könnte niemals gehen und sie zurücklassen. Ich würde hierbleiben, was auch immer geschehen würde.

Larry organisierte gut ausgebildete, schwer bewaffnete Männer, und angesichts der Situation, in der wir uns befanden, konnten wir auch sonst jede Hilfe gebrauchen. Ich fragte unsere Mitarbeiter, wer schießen konnte. Christiaan und die meisten der örtlichen Farmer gehörten der Generation an, die in Südafrika ihren Wehrdienst abgeleistet hatte und mit Schusswaffen umgehen konnte. Bei unseren Nachbarn erkundigten wir uns danach, wer uns vielleicht mit zusätzlichen Waffen aushelfen könnte. Wieder kam mir das Ganze so surreal vor: Sollte ich jetzt Männer auftreiben, um unser kleines Stück Paradies im Busch zu verteidigen? Mit Waffen?

Es wäre übertrieben zu behaupten, ich könnte schießen, aber ich hatte in den 1990er-Jahren Schießunterricht genommen. In jenen Jahren vor den demokratischen Wahlen von 1994 ging die Angst um und es gab viele Unruhen. Besonders das Zululand war von Konflikten betroffen gewesen. Lawrence kaufte mir eine kleine Schusswaffe, damit ich mich notfalls selbst schützen konnte. Und um sie nutzen zu dürfen, musste ich einen Waffenschein machen, und dafür bedurfte es eben des Schießunterrichts. Die armen Ausbilder, ich hoffe, sie haben sich davon erholt, dieser verrückten Französin das Schießen beizubringen! Wie jeder Südfranzose spreche ich mit meinen Händen und gestikuliere wild. Das ist keine so gute Idee, wenn man eine Waffe in der Hand hat. Alle gingen in Deckung, wenn ich anfing zu sprechen, weil sie wussten, dass ich mit der Waffe herumfuchteln würde, sobald ich etwas Wichtiges zu erzählen hatte. Ein anderes Mal setzte man mir eine Panzerfaust auf die Schulter, und ich drehte mich um, um den Ausbilder zu fragen, wo ich denn da abdrücken sollte. Dabei bemerkte ich nicht, dass ich direkt auf ihn zielte, und fragte mich nur, warum alle in Deckung gegangen waren.

Dennoch gelang es mir, meinen Waffenschein ohne Missgeschick zu bekommen. Ich bin mir sicher, dass die Ausbilder erleichtert aufgeatmet haben! Zum Glück musste ich die Waffe bis dahin nie benutzen. Zum Glück, denn wäre ich jemals in die Situation gekommen, hätte ich erst tief in meiner Tasche kramen müssen, um sie zu finden, und dann hätte ich versucht, mich daran zu erinnern, wie man sie entsichert, und dann wäre es wahrscheinlich schon zu spät gewesen. Ein paar Jahre lang lief ich immer bewaffnet herum und war gefährlich, bis die Regierung ein Gesetz zur Eindämmung der Waffengewalt verabschiedete und alle Bürger Südafrikas ihre Waffen abgeben mussten.

Heute wünschte ich mir, ich hätte die kleine Pistole noch.

Ich berief eine Versammlung unserer Mitarbeiter ein und erzählte ihnen, was wir über den geplanten Anschlag am Nachmittag gehört hatten. Natürlich waren sie entsetzt darüber, dass uns jemand bedroht und ihre Arbeitsplätze und Existenzen gefährdet.

»Bitte ruft eure Freunde und Angehörigen im Dorf an«, bat ich sie. »Erzählt ihnen von diesen Drohungen gegen Thula Thula. Holt euch ihre Unterstützung.«

Sie zückten ihre Handys und sagten allen, die sie kannten, dass man keine Gewalt oder Zerstörung unterstützen solle. Und dass sie den Unruhestiftern sagen sollten, dass sie uns in Ruhe lassen sollen.

An diesem Nachmittag geschah nichts. Wir werden nie erfahren, ob unsere Freunde im Dorf die Unruhestifter überzeugt hatten oder ob sich herumgesprochen hatte, dass Larrys gut ausgebildetes Sicherheitsteam uns beschützen würde, und die potenziellen Angreifer kalte Füße bekommen hatten. Dennoch machte ich in dieser Nacht vor lauter Panik und Stress kein Auge zu. Ich konnte die Trommeln im Dorf hören, hatte aber keine Ahnung, was sie bedeuteten oder was vor sich ging. Ich schlief keine einzige Sekunde.

Zum Glück blieben wir in Thula Thula verschont, aber es war schockierend mitanzusehen, wie groß die Verwüstungen anderswo waren. Ganze Einkaufszentren, Geschäfte, Fabriken, Schulen und Lagerhäuser waren geplündert worden. Teile von Durban sahen aus wie nach einem Bombeneinschlag – überall ausgebrannte Gebäude, kaputte Fenster und Glasscherben. Es kam zu massiven Plünderungen, sowohl durch arme Menschen auf der Suche nach Lebensmitteln, als auch durch schamlose Opportunisten, die sich nahmen, was sie kriegen konnten, und eine Spur der Verwüstung hinterließen. Ein Video machte die Runde, in dem ein Mann einen riesigen Flachbildfernseher auf den Rücksitz seines Autos wuchtete (vergeblich, wie sich herausstellte).

»So hätte ich ausgesehen, wenn ich Mabula in den Evakuierungshubschrauber hätte wuchten wollen«, sagte ich zu Lynda und zeigte ihr das Video auf meinem Rechner. Selbst in schlimmen Zeiten darf man den Humor nicht verlieren.

Später stellte sich heraus, dass es sich tatsächlich um einen Aufstand gehandelt hatte. Ein paar Aufwiegler hatten die Menschenmengen angeführt und angestiftet, und das alles mit der Absicht, unsere Provinz und unser Land in die Knie zu zwingen.

Nun, das ist ihnen nicht gelungen.

29 DER GROSSE GEIST VON UBUNTU

Die Reaktion der einfachen Südafrikaner auf die furchtbaren Plünderungen und Gewalttaten war bemerkenswert. Gemeinschaften taten sich sofort zusammen, um ihre eigenen Viertel zu verteidigen. Clément war in unserer Wohnung in Umdloti, nördlich von Durban, wo die ganze Gemeinde mithalf, den Zugang zum Dorf mit Barrikaden zu blockieren. In diesen Tagen im Winter leistete Clément aufopferungsvoll für die Gemeinde jede Nacht zwei Stunden Bürgerwehrdienst. Er hatte in der Armee an der angolanischen Grenze gedient und sagte, dass ihn das Patrouillieren an seine Jugend erinnerte. Clément hatte sein Gewehr, aber andere waren mit dem bewaffnet, was sie finden konnten, von Schrotflinten über Macheten bis hin zu Kricketschlägern.

Da die Straßen blockiert und die Geschäfte geschlossen waren, wurden bald Lebensmittel und Sprit knapp. Clément backte Brot für seine neuen Freunde von der Bürgerwehr und brachte ihnen auch heißen Kaffee mit einem Schuss Amarula. Dieser köstlich süß-cremige lokale Likör wird aus den Früchten des afrikanischen Marula-Baums hergestellt, die auch bei Elefanten heiß begehrt sind.

»Für mehr Mut, Françoise«, sagte er. »Nur ein Schuss. Wir sind wie die Legionäre, die sich vor einer Schlacht Mut antranken mit einem Schluck Cognac.«

Mabona und ich rationierten unsere Essensvorräte, damit sie noch eine Weile reichen würden und jeder etwas bekäme. »Weißt du was? Wir essen sowieso zu viel«, sagte ich. Wir klopften uns alle ein wenig schuldbewusst auf die Bäuche. Es war genug für alle da und so teilten wir, was wir hatten, sodass niemand hungern musste.

Die Gemeinden und Gemeinschaften entlang der Küste schlossen sich zusammen, um ihre Einkaufszentren, Häuser und Grundstücke zu verteidigen. In Empangeni bildete sich eine Menschenkette vor der Five Ways Mall, dem größten Einkaufszentrum der Stadt, um sie vor Plünderern zu schützen. Ohne diese tapfere Gemeinschaft wäre sie verloren gewesen.

Erst später wurde uns bewusst, welch unglaubliche Arbeit die einfachen Menschen damals geleistet haben. Die Nachrichten zeigten nur Gewalt und Zerstörung und verbreiteten so noch mehr Angst und Schrecken. Ich wünschte, die Medien hätten auch gezeigt, wie diese kleinen Inseln vor Plünderern geschützt wurden. Ich hätte mir gewünscht, dass man die stillen Helden zeigt, die Einzelpersonen und Gemeinschaften, die mutig zusammenstanden, um Gebäude, Eigentum und Leben zu schützen.

Wie zum Beispiel den Manager eines großen Supermarktes in einem Einkaufszentrum, der den Boden vor dem Geschäft mit Speiseöl tränkte, sodass die Plünderer ausrutschten und hinfielen. Mit seiner klugen Aktion verhinderte er die Plünderung des Ladens, und das Video davon sorgte für einen amüsanten Moment in einer schrecklichen Zeit.

Eine ganze Woche dauerten die Plünderungen und Zerstörungen an, dann begannen die Aufräumarbeiten – eine Herkulesaufgabe. Die Straßen waren mit Glasscherben, Verpackungsmaterial, Schmutz und Schutt übersät. Erbeutete Waren hatte man einfach fallen und liegen gelassen, und auf den Straßen fingen Lebensmittel an zu verrotten. Aber auch hier packten die Gemeinden zusammen an und säuberten ihre Straßen und Einkaufszentren gemeinsam. Die Menschen zogen mit Besen und Rechen los, und als ihre eigenen Straßen und Vororte gereinigt waren, machten sie sich auf den Weg, um in anderen Vierteln zu helfen. Man war entschlossen, zu reparieren und wieder aufzubauen, was beschädigt und zerstört worden war.

Aus Kapstadt und Johannesburg trafen Lastwagen mit Lebensmittelspenden und anderen Dingen des täglichen Lebensbedarfs ein für Menschen, die alles verloren hatten oder ihre Familien nicht ernähren konnten. Ich war noch nie so stolz auf die Südafrikaner gewesen wie in den Tagen nach den Unruhen. Ihr Mut und der Geist von Ubuntu waren überall zu spüren – die Menschen halfen sich gegenseitig, standen zusammen, zeigten Mut und bewahrten sich ihre positive Einstellung.

Da ich mit Elefanten lebe, neige ich dazu, sie mit Menschen zu vergleichen. Elefanten wird nachgesagt, dass sie destruktiv sind. Tatsächlich werden sie manchmal als »Abrisskünstler« bezeichnet, weil sie Dinge zerstören. Ein besserer Name für sie wäre vielleicht »Landschaftsgestalter« oder »Umweltingenieure«. Denn seit Millionen von Jahren gestalten sie die Welt, in der sie leben. Ökologen bezeichnen Elefanten als »Schlüsselarten«, was bedeutet, dass sie für ein Ökosystem von entscheidender Bedeutung sind. Ohne diese Schlüsselarten würden ganze Ökosysteme dramatischen Veränderungen ausgesetzt sein oder sogar ganz verschwinden.

Anders als die Zerstörung durch Menschen dient die Zerstörung durch Elefanten einem Zweck: Sie schafft Leben. Wenn im Busch ein Baum umgestoßen wird, entsteht eine Lücke im Baumkronendach. So können kleinere, jüngere Bäume wachsen und es entsteht ein Busch mit Bäumen in verschiedenen Höhen, die auch für Kudus, Nyalas und Buschböcke erreichbar sind. Wenn Elefanten wandern, zertrampeln sie dichtes Buschwerk oder Wälder und schaffen somit Wege und Platz für andere Tiere. Wie überdimensionierte Gärtner lichten sie dürre Bäume aus, indem sie abgestorbenes Holz wegknabbern, und regen sie so an, dicker und robuster zu werden. Die Art und Weise, wie sich Elefanten ernähren, trägt auch dazu bei, dass die Umwelt nicht von einer einzelnen Pflanzenart dominiert wird.

In Dürrejahren graben die Elefanten mit ihren Stoßzähnen nach Wasser und schaffen so Wasserlöcher, die auch andere Tiere mit frischem Wasser versorgen. Elefanten fressen sehr viel, und was reingeht, muss auch wieder rauskommen, nicht wahr? Da ihr Darm recht ineffizient ist, enthält ihr Kot eine Menge halbverdauter Blätter, Gräser, Rinde und Früchte. Einige Pflanzenarten haben sich sogar so entwickelt, dass ihre Samen erst keimen können, wenn sie den Verdauungstrakt eines Elefanten durchlaufen haben. So trägt der Kot von Elefanten dazu bei, dass Pflanzensamen über große Entfernungen verteilt werden und der Boden Nährstoffe erhält.

Elefanten beeinflussen das gesamte Ökosystem – Pflanzen, Boden und Wasser –, und damit auch alle anderen Tiere, von den großen Raubtieren, die auf dem von Elefanten gerodeten Land grasende Pflanzenfresser jagen, bis hin zu den fleißigen Mistkäfern, die im Elefantenkot leben.

Sie können sich also vorstellen, warum mich die Aussage, dass Elefanten zerstörerisch wären, ärgert. Mit ihren großen Füßen und ihrem großen Appetit richten sie weitaus weniger Schaden an als wir Menschen mit Klimawandel, Bergbau und der Zerstörung des wilden Buschlandes und der damit zusammenhängenden empfindlichen Ökosysteme.

Elefanten können Schäden an Land und Eigentum zufügen, wenn sie sich auf engem Raum aufhalten oder nahe mit Menschen zusammenleben, aber mutwillige Zerstörungswut liegt ihnen fern. Außerdem macht es einen großen Unterschied, ob ein Elefant den Busch zertrampelt oder der Mensch schlimmste Zerstörungen anrichtet: Während der Unruhen beispielsweise setzten Demonstranten eine Chemiefabrik in Durban in Brand. Dies führte zu einer Umweltkatastrophe, da mit dem Löschwasser giftige Chemikalien in den nahe gelegenen Fluss und anschließend ins Meer gelangten. Kurz darauf waren die Strände nördlich von Durban mit toten Fischen und toten Flusskrebsen übersät – ein entsetzlicher Anblick. Kilometerlange Strände waren wochenlang gesperrt. Über die möglichen Langzeitfolgen können wir nur spekulieren.

Aber ich bleibe positiv. Mutter Natur lehrt uns immer wieder, dass Schäden nicht von Dauer sind und dass die Natur sich von einem Brand, einem Hagelsturm oder starkem Rückschnitt erholt und anschließend oft noch kräftiger und schöner ist.

In unseren schlimmsten Zeiten haben wir die positive Einstellung und den unglaublichen Teamgeist unserer Regenbogennation erlebt. Südafrikaner aus allen Gesellschaftsschichten standen und hielten zusammen, um das Land wiederaufzubauen. Die Art und Weise, wie sie das taten, erinnerte mich an unsere Elefanten, die einträchtig zusammenleben und arbeiten und sich gegenseitig unterstützen und trösten. Ich glaube, dass wir aus dieser Erfahrung lernen und gestärkt daraus hervorgehen können.

Eintracht ist Macht, nicht nur in der Welt der Elefanten, sondern auch in unserer.

Oder, wie wir in Zulu sagen: *Ubuntu.*

Ich bin, weil du bist.

30 DAS STILLE AUSSTERBEN

Während sich die Welt mit der Pandemie beschäftigte, die sich nun schon im zweiten Jahr befand, schritt das Aussterben der Elefanten weiter fort. Auf ihrer sogenannten Roten Liste gefährdeter Arten stufte die Weltnaturschutzunion (IUCN) den Afrikanischen Savannenelefanten als stark gefährdet ein und den Afrikanischen Waldelefanten als vom Aussterben bedroht. Da die beiden Arten bis dato gemeinsam bewertet und als gefährdet eingestuft worden waren, bedeutete diese neue Einstufung, dass die Gefahr, dass beide in freier Wildbahn in absehbarer Zeit für ausgestorben erklärt werden, als sehr hoch einzuschätzen war.

Der Verlust des Lebensraums und die Wilderei haben die reale Möglichkeit wachsen lassen, dass schon wir – oder zumindest unsere Kinder – in einer Welt leben werden, in der es keine Elefanten mehr geben wird. Diese Nachricht hat mich schockiert und gleichzeitig dazu veranlasst, mich noch mehr für den Erhalt unserer Elefantenherde und die Erweiterung des Reservats einzusetzen.

Wir können nicht über gefährdete Tiere sprechen, ohne die Nashörner zu erwähnen, die heute vom Aussterben bedroht sind und sich am Rande der Ausrottung befinden. In ihrem jüngsten Zustandsbericht schätzt die International Rhino Foundation den heutigen Nashornbestand Afrikas auf etwa 18.000 Tiere – ein Rückgang um 12 Prozent im letzten Jahrzehnt. Sogar um mehr als zwei Drittel schrumpfte die Population des südafrikanischen Breitmaulnashorns in den letzten acht Jahren. Zwar ging auch die Wilderei im Jahr 2020 infolge der Corona-Pandemie und der damit einhergehenden Grenzschließungen zurück, aber inzwischen nimmt sie wieder zu.

Während die miserable Lage der Elefanten und Nashörner allgemein bekannt ist, erhalten einige andere afrikanische Tiere, die ebenfalls vom Aussterben bedroht sind, nur wenig Aufmerksamkeit. Ein Tier, das in der öffentlichen Wahrnehmung kaum Erwähnung findet, ist unser größtes Säugetier, die Giraffe. Ihr Bestand ging in den letzten drei Jahrzehnten um 40 Prozent zurück und besteht heute nur noch aus 68.000 Tieren. Naturschützer sprechen von einem »stillen Aussterben«, weil man sich ihrer Situation so wenig bewusst ist.

Mit ihren langen, eleganten Hälsen und dem schrägen Rücken zählen Giraffen zu den schönsten und anmutigsten Tieren überhaupt. Aus der Nähe kann man ihre komplizierte Fellzeichnung bewundern – jedes Fleckenmuster ist einzigartig, wie der menschliche Fingerabdruck. (Das Gleiche gilt übrigens auch für das Streifenmuster der Zebras. Und falls Sie sich fragen, ob Zebras schwarz mit weißen Streifen oder weiß mit schwarzen Streifen sind: Ersteres ist richtig. Denn die Haut unter ihrem Fell ist schwarz.) Zurück zu den Giraffen: Ich kann gut verstehen, warum die Griechen diese seltsam aussehenden Tiere für eine Kreuzung aus Kamel und Leopard hielten (was ihren wissenschaftlichen Namen, *giraffa camelopardalis*, erklärt. Im Deutschen ist Kamelleopard der veraltete Name der Giraffe.). Abgesehen von ihrem langen Hals und ihrer enormen Körpergröße haben Giraffen noch mehr außergewöhnliche Merkmale: So haben sie eine dunkelviolette Zunge und sie schlafen in Schüben von ein oder zwei Minuten im Stehen. Sie legen sich nur selten hin, da sie als Beutetiere leicht verwundbar wären. Schließlich ist es nicht leicht aufzustehen, wenn man mit Stelzen ausgestattet ist!

Diese ungewöhnlichen und eleganten Tiere werden wegen ihres Fleisches, ihres Fells, ihrer Knochen und Haare und wegen ihres Schweifs gejagt. Ich kann mir nicht vorstellen, warum man das schöne gefleckte Fell einer Giraffe als Dekoration an der Wand oder auf dem Fußboden braucht, aber solche Menschen scheint es zu geben. Körperteile von Giraffen werden auch für *Muti*, die traditionelle Heilkunst, verwendet, und ihr Knochenmark soll HIV heilen. Des Weiteren ist der schwarze Schweif einer Giraffe als Statussymbol begehrt, und die langen, drahtigen schwarzen Haare werden zur Herstellung von Armbändern und anderen Gegenständen verwendet. Erst 2019 wurde der Handel mit Körperteilen von Giraffen im Rahmen des Übereinkommens des internationalen Handels mit gefährdeten Arten freilebender Tiere und Pflanzen (CITES) ausdrücklich reguliert.

Bei unseren Gästen sind die Giraffen von Thula Thula, 80 an der Zahl, sehr beliebt, wie ihre bewundernden »Ooohs« und »Aaahs« für diese statuenhaften Schönheiten zeigen. Die Silhouette einer Giraffengruppe vor dem Hintergrund des afrikanischen Sonnenuntergangs ist ein herrlicher Anblick. Für Fotografen sind Giraffen fast so unwiderstehlich wie unsere Elefanten oder Nashörner.

Unter den Giraffen finden sich nicht ganz so viele Persönlichkeiten wie unter unseren Elefanten, aber dennoch gibt es ein paar, die herausragen. Die Ranger tauften eine junge Giraffe auf den Namen Khabila, nach dem Mann, der für die Instandhaltung der Lodge verantwortlich ist. Erst später erfuhr ich, warum: Das Tier hat lange, dünne X-Beine, wie sein Namensvetter! Als der Mensch Khabila herausfand, warum man eine Giraffe nach ihm benannt hatte, hörte der arme Kerl auf, kurze Hosen zu tragen, und erledigte seine Arbeit fortan nur noch in langen Hosen, auch an den heißesten Sommertagen.

Wir hatten zwei uralte Giraffen, die zweifellos schon vor Jahren das Zeitliche gesegnet hätten, wenn es in Thula Thula Löwen gegeben hätte. Shaka ist so alt und tatterig, dass er nicht einmal mehr geradeaus gehen kann, und sein Fell ist mit jedem Jahr dunkler geworden, sodass seine Flecken heute die Farbe von Zartbitterschokolade haben. Der andere, Uneven – so genannt wegen seiner Hörner, von denen eines länger war als das andere – war fast genauso klapprig, aber er wurde, anders als Shaka, von Jahr zu Jahr blasser, und seine Flecken färbten sich so hell wie Honig.

»Sieh sie dir an, die beiden *Madalas* (alte Männer), wie sie dahinhumpeln«, sagte Muzi eines Tages, als die Giraffenherde auf dem Weg zum kleinen Gwala-Gwala-Stausee die Savanne vor meinem Haus durchquerte. »Ist dir aufgefallen, dass sie nie zusammen sind? Sie stehen immer auf entgegengesetzten Seiten der Gruppe. Sie waren noch nie Freunde, die beiden Alten. Ich glaube, sie sind Widersacher.«

Ich hatte es nicht bemerkt, bis mich Muzi darauf hinwies, aber wenn es stimmte, dass die beiden alten Männer eine Art Wettbewerb um die Nummer eins der alten Giraffen austrugen, ging Shaka schließlich als Sieger hervor.

Als ich bald darauf von meinem Haus zum Zeltcamp fuhr, sah ich etwas Ungewöhnliches: Alle Giraffen standen dicht gedrängt beieinander und starrten zum Boden. So etwas hatte ich noch nie gesehen. Obwohl Giraffen in Gruppen leben, haben sie keine sehr starken sozialen Bindungen (abgesehen von Müttern und Babys) und schwärmen sehr stark aus. Was sahen sie dort? Das lange Gras, das nach dem Sommerregen üppig gewachsen war, nahm mir leider die Sicht.

Als ich darüber sinnierte, was dieses seltsame Verhalten zu bedeuten hatte, traf Muzi ein, um Gäste für eine Beobachtungsfahrt abzuholen. Er hielt mit seinem Fahrzeug neben meinem an.

»Sieh dir die Giraffen an«, sagte ich, nachdem ich die Gäste begrüßt hatte.

»Warum stehen sie alle so zusammengepfercht mit gesenktem Blick? Ist das Verhalten nicht seltsam?«

»Uneven ist gestorben«, erwiderte Muzi. »Ich habe seine Leiche heute Morgen dort gesehen. Sie haben sich um sie versammelt, um dem *Mdala* die letzte Ehre zu erweisen.«

So etwas hatte ich noch nie beobachtet und noch nie wurde mir Ähnliches berichtet. Elefanten sind dafür bekannt, dass sie den Ort, an dem ein Mitglied ihrer Herde gestorben ist, markieren. Sie besuchen die Überreste toter Familienmitglieder, streicheln ihre Knochen und schaukeln sogar hin und her, was ein Trauerritual zu sein scheint. Wir haben gesehen, dass Frankies Knochen von den anderen Elefanten herumgeschoben wurden. Es kommt sogar vor, dass sich ein trauernder Elefant vorübergehend von der Gruppe absetzt und mit Schlafstörungen und Problemen bei der Nahrungsaufnahme zu kämpfen hat – wie bei trauernden Menschen. Aber Giraffen? Muzi sagte, es sei zwar ein seltener Anblick, dass Giraffen auf diese Weise um ihre Toten trauern, aber nicht ungewöhnlich.

Als Unevens Leichnam nach einer gewissen Zeit verwest war, beobachteten die Ranger ein weiteres interessantes Phänomen: Die Giraffen schienen die Knochen zu fressen. Das war wirklich seltsam, denn Giraffen sind Pflanzenfresser!

»Dieses Verhalten wird manchmal auch »Osteophagie« genannt, was so viel bedeutet wie ›Knochenfressen‹«, sagte Christiaan. Sie fressen sie nicht wirklich, sondern lecken daran und kauen darauf herum. Die Giraffen haben so große Skelette und lange Knochen, dass sie viel Kalzium und Phosphor brauchen.«

Nun, an diesem Tag habe ich wieder etwas gelernt. Eines ist sicher, im Busch gibt es immer etwas Neues zu entdecken. Sogar nach 20 Jahren!

Giraffenweibchen sind 15 Monate lang trächtig und bekommen immer nur ein Kalb, was heißt, dass sie nicht sehr produktive Nachkommenerzeuger sind. Obwohl neugeborene Giraffen bereits innerhalb von einer Stunde stehen können, sind sie in den ersten Lebensmonaten eine leichte Beute für Raubtiere. In freier Wildbahn überlebt nur die Hälfte aller Neugeborenen. Hier in Thula Thula vermehren sich die Giraffen aber gut. Da sie keine natürlichen Feinde haben und im Wildreservat nicht bejagt werden, wächst ihre Zahl stetig. Wie Nilpferd Jo und Nashorndame Sissi wurde auch Giraffe June – Sie haben es erraten – im Juni geboren, ein weiteres Lockdown-Geschenk. Ein süßes kleines Ding war sie, eine perfekte Kopie ihrer Mutter, wie sie auf wackeligen Beinen neben ihrer Mutter herlief und mit ihren langen Wimpern klimperte.

Wir hatten in Thula Thula einen leichten Überschuss an jungen männlichen Giraffen. Da auf mehrere Weibchen idealerweise nur ein erwachsenes Männchen kommt, haben wir beschlossen, einige der männlichen Giraffen umzusiedeln, um das Gleichgewicht in der Herde wiederherzustellen und den Bestand zu kontrollieren. Da in anderen Reservaten Bedarf an männlichen Giraffen bestand, um die Genvielfalt ihrer Populationen zu vergrößern, beschlossen wir, einige unserer Bullen abzugeben.

Das Einfangen und Umsiedeln von Giraffen ist wahrlich kein leichtes Unterfangen. Deshalb betrauten wir ein professionelles Wildtierfangunternehmen mit dieser Aufgabe, wobei es von unserem eigenen Team unterstützt wurde. Der allererste Schritt bei einer solchen Aktion besteht darin, die Tiere ausfindig zu machen! Vusi und einige Mitarbeiter der Fangfirma stiegen in zwei Pick-ups und machten sich auf die Suche nach jungen männlichen Giraffen. Dabei bevorzugten sie kleinere Tiere, da diese leichter waren und es somit billiger wäre, sie zu fangen und umzusiedeln. Giraffen fanden die Ranger schon, aber die jungen Männchen schienen wie vom Erdboden verschluckt zu sein.

Da Tiere eine sehr ausgeprägte, mysteriöse Intuition haben, kommt es oft vor, dass ein Tier, nach dem man zielstrebig sucht, einem ebenso zielstrebig aus dem Weg zu gehen scheint. Als wir den Genehmigungsantrag für Savannah, das Gepardenweibchen stellten, bat man uns, Fotos von den Buschbock- und Antilopenherden als Beleg dafür zu schicken, dass es genügend Beutetiere für die Großkatze gebe.

»Das wird ein Kinderspiel«, sagte Kim, als sie sich mit ihrer Kamera auf den Weg machte. »Ich bin in etwa einer Stunde zurück.«

In der Umgebung von Thula Thula gibt es viele Impalas und Nyalas; man muss nicht lange suchen, um sie zu finden. Außer an diesem Tag. Stundenlang fuhr Kim durch das Wildreservat und entdeckte hier ein einzelnes Nyala und dort ein paar Impalas. Auf jeden Fall nicht so viele, dass es nach einer Herde aussah.

»Ich sage euch, die haben sich vor mir versteckt«, sagte sie mürrisch, als sie Stunden später nach ihrer erfolglosen Mission in der Hitze zurückkehrte.

Das Gleiche geschah an dem Tag, an dem wir die Giraffen einfangen wollten. Die Ranger entdeckten jede Menge Weibchen und große alte Bullen, aber kein einziges junges Männchen! Schließlich fanden sie eine Herde mit Männchen und Weibchen und machten sich an die Arbeit. Der Hubschrauber rückte an und mit seinem Gewehr betäubte der Tierarzt sechs Giraffen aus der Luft. Sie wurden nur leicht sediert, damit sie weitgehend auf den Beinen blieben.

»Wegen ihrer Größe und ihres langen Halses kann es zu Problemen mit dem Blutdruck kommen, wenn sie längere Zeit auf dem Boden liegen«, erklärte einer der Fänger. »Sie können einen Herzinfarkt bekommen. Außerdem kann man sie fast nicht bewegen, wenn sie vollständig betäubt sind. Auf diese Weise können sie noch laufen.«

Alles wurde so geplant und ausgeführt, dass die Tiere so wenig Stress und Risiken wie möglich ausgesetzt waren und auch die Gefahren für das Fangteam so gering wie möglich gehalten werden konnten.

Bereits binnen weniger Minuten wurden die sedierten Giraffen langsamer. Sobald ein Tier einigermaßen widerstandslos wirkte, eilte das Fangteam mit Seilen herbei – den wichtigsten

Werkzeugen für das Einfangen von Giraffen. Sank eine Giraffe auf die Knie, eilten sofort sechs oder sieben Männer herbei, um ihm ein Halfter und eine Augenbinde anzulegen. Sobald die Giraffe wieder aufstand, legten die anderen Männer die Seile um sie, befestigten sie am Halfter und an ihrem Hinterteil – wie Tänzer um einen Maibaum.

Mit verbundenen Augen und gespannten Seilen wehrt sich eine Giraffe nicht mehr so heftig und kann zum Anhänger geführt werden. Aber das ist auch bei kleineren Giraffen nicht einfach, und man braucht ein großes Team von Rangern und Helfern, um die Seile anzubringen. Dabei muss man sich jedoch von dem kräftigen Hals und den langen Beinen fernhalten, um zu vermeiden, dass man einen – möglicherweise tödlichen – Tritt verpasst bekommt.

Während die Männer mit den Giraffen rangen, riefen wir ihnen hilfreiche Ratschläge zu:

»Vorsicht, Füße!«

»Pass auf, Vusi!«

»Hier lang! Links, links …«

Sogar in sediertem Zustand waren die Giraffen nicht wirklich handsam – einer von den Burschen spreizte und streckte seine Vorderbeine und stützte sich ab, um keinen weiteren Schritt mehr machen zu müssen! Dennoch gelang es, die sechs Giraffen eine nach der anderen mit dem Lasso einzufangen und auf die Anhänger zu verladen.

Die anderen Giraffen der Herde standen etwas abseits und bestaunten das Spektakel. Giraffen sind als die »Hippies des Busches« bekannt. Sie wirken ziemlich lässig, bewegen sich langsam und sind nicht unbedingt die wachsten oder aufmerksamsten Tiere. Ich dachte, dass sie sich schnell aus dem Staub machen würden, als ihre Artgenossen gefesselt und abtransportiert wurden, aber sie standen nur herum und sahen mit einem gewissen Maß an Zerstreutheit zu.

»Hey, Jungs, Gerry steht ein wenig wackelig auf den Beinen. Was meint ihr?«

»Was macht denn der Mensch mit dem Seil?«

»Oh, ihr kennt doch die Menschen. Mysteriöse Viecher.«

»Hey, Jacob steigt in das riesige Auto ein.«

»Ich bin noch nie in einem gewesen. Du?«

»Nö.«

»Tschüss, Jacob, wir sehen uns, Gerry.«

Anschließend wurden die gefangenen Giraffen zur Landebahn gebracht – oder zum internationalen Flughafen Thula Thula, wie wir ihn zu nennen pflegen – und in große Lastwagen verfrachtet, die sie in ihr neues Zuhause bringen würden. Es war ein seltsamer Anblick, als die Giraffen, deren Hälse und Köpfe aus den hohen Containern herausragten, das Wildreservat verließen. Ich musste lächeln, als ich an all die Autofahrer dachte, die sie auf der Autobahn überholen und erstaunt rufen würden: »Seht mal, Kinder! Giraffen auf Wanderschaft!«

Der Fang war ein großer Erfolg. Es ist immer etwas traurig, wenn uns ein Tier verlässt, aber wir waren froh, dass wir unseren Überschuss an männlichen Giraffen weitergeben und unseren Teil zur Vergrößerung des Giraffenbestandes und deren genetischer Vielfalt beitragen konnten.

»Auf Wiedersehen, Jungs! Geht hinaus und vermehrt euch!«, riefen wir, als wir ihnen hinterher winkten.

31 MENSCHEN VERSUS TIERE

Die Liste der gefährdeten Tiere in Südafrika ist besorgniserregend lang. Es gilt, auch die seltenen und wertvollen Schuppentiere, jene schuppenbedeckten prähistorischen Kreaturen mit ihren langen Nasen und Schwänzen, vor dem Aussterben zu bewahren. Ihr raffinierter Trick, sich zu einer gepanzerten Kugel zusammenzurollen, reicht nicht aus, um sie vor herzlosen Menschen zu schützen. Denn sie werden nach wie vor gewildert wegen ihrer Schuppen, denen, wie Hörnern und Stoßzähnen, magische Eigenschaften zugeschrieben werden. Auch die Oryxantilope wurde fast bis zur Ausrottung gewildert. Und der Afrikanische Wildhund mit seinem bunt gefleckten Fell, der heute zu den am stärksten gefährdeten Säugetieren überhaupt zählt, wurde sehr zahlreich getötet, weil er als Bedrohung für das Vieh angesehen wurde. Seevögel, Kapgeier, Schlangen, Frösche und sogar das kleine Kap-Seepferdchen (*Hippocampus capensis*) sind in ihrer Existenz bedroht, ebenso wie viele andere Tiere in Südafrika und anderswo auf der Welt.

Da die Weltbevölkerung immer weiter wächst und der Lebensraum der Tiere zusehends schrumpft und zerteilt wird, geraten Tiere und Menschen immer öfter aneinander. Natürlich möchte niemand, dass ein riesiger Elefant seine Weizenfelder zertrampelt, von seinem Zuckerrohr nascht oder über die Autobahn läuft. Deswegen müssen wir Wege finden, um die Bedürfnisse von Mensch und Tier unter einen Hut zu bringen und die Tiere und ihre Lebensräume besser zu schützen.

Im Jahr 2020 sahen sich die Behörden in China mit einer noch nie dagewesenen und rätselhaften Situation konfrontiert. Dort hatte eine Herde von 15 vom Aussterben bedrohten Elefanten ein Naturreservat in Yunnan verlassen, um über ein Jahr lang quer durch das Land zu wandern. Niemand weiß, warum und wohin sie sich auf den Weg gemacht hatten. Waren sie auf der Suche nach Nahrung? Hatten sie sich verirrt? Hatte die Matriarchin sich verlaufen? Es blieb ein Rätsel, aber Fakt ist, dass sie auf Wanderschaft waren und dabei beinahe 500 Kilometer zurücklegten.

Unterwegs vertilgten sie Ernten im Wert von Millionen von Dollar, beschädigten Läden und Häuser, schlürften Tonnen von Wasser – und verzauberten eine ganze Nation. Ich war sehr beeindruckt davon, wie die Chinesen auf diese wandernden Giganten reagierten. Die Behörden überwachten die Elefanten rund um die Uhr und setzten Fährtenleser zu Fuß und Drohnen ein, die außergewöhnliche Fotos von diesen wunderschönen Tieren lieferten. Die Bilder erregten die Aufmerksamkeit der chinesischen Öffentlichkeit und verbreiteten sich wie ein Lauffeuer über die Sozialen Medien.

Die Behörden versuchten, die Elefanten umzulenken und von Wohngebieten fernzuhalten, indem sie sie mit Futter versorgten und bestimmte Straßen mit Lastwagen blockierten. Wo dies nicht möglich war, wurden die Menschen vorübergehend evakuiert und umgesiedelt, um Konflikte zwischen Mensch und Elefanten zu vermeiden. So rätselhaft ihr Aufbruch gewesen war, so rätselhaft war ihre Rückkehr zu ihrem Wildreservat, wo sie im Dezember 2021 wieder eintrafen. China zählt zu den wenigen Ländern weltweit, in dem der Elefantenbestand dank umfangreicher Schutzmaßnahmen und eines harten Vorgehens gegen die Wilderei wächst.

Der Mensch hat Gebiete besiedelt, in denen Tiere leben, und die Tiere tun alles, um zu überleben. Paviane geben ihr Revier nicht so leicht auf. Wenn man in manchen Gegenden in der Provinz Westkap eine Tür offen lässt, kann es passieren, dass sich ein Pavian hereinschleicht, um sich an der Obstschale zu bedienen, und auf dem Weg nach draußen noch schnell das Haus verwüstet! Dies ist der Grund dafür, dass Paviane heute allgemein den Ruf haben, eine »Problem«-Art zu sein.

In Thula Thula gibt es zwei Pavian-Trupps mit insgesamt etwa 40 Tieren. Da sie zum Glück weder an den Menschen gewöhnt sind noch gelernt haben, uns mit Nahrung zu assoziieren, stellen sie bei uns keineswegs ein Problem dar. Allerdings muss ich zugeben, dass auch ich meine Vorbehalte gegenüber Pavianen habe. Mein Rudel frecher Hunde bellt sie gerne an und mischt sie auf. Ich mache mir immer Sorgen, dass ein Pavian eines Tages genug von ihrem Gekläffe hat und sie zu einem Kampf herausfordert! Paviane sind groß und stark, haben kräftige Kiefer und wären meinen verwöhnten Prinzen und Prinzessinnen weit überlegen.

Einmal, als ich an einem warmen Sommernachmittag die Hunde von meinem Schoß schob und die Glastür zum Garten öffnete, um etwas frische Luft hereinzulassen, stand mir auf der Türschwelle, als ich die Tür aufmachte, ein riesiger Pavian mit ausgestreckter Hand gegenüber, als wollte er selbst die Tür öffnen. Wir waren etwa gleich groß, dieser Pavian und ich, und standen da – Auge in Auge. Wir bekamen beide den Schreck unseres Lebens. Während ich mit einem Schrei zurück in das Zimmer sprang, bellte der Pavian und fletschte seine riesigen, scharfen Zähne! Unser gemeinsames Geschrei weckte die Hunde, die gerade ihr obligatorisches Mittagsschläfchen hielten. Sie erwachten aus dem Tiefschlaf und begannen, gerade als ich die Tür vor meinem Überraschungsgast zuzog, wie wild zu bellen. Der Pavian drehte sich um und rannte über den Rasen davon, zweifellos traumatisiert von seiner Begegnung mit einer hysterischen Französin und einem Rudel wild kläffender Hunde.

Ich fragte mich, was wohl passiert wäre, wenn er stattdessen mein Haus betreten hätte. Ich war mir sicher, dass sich meine Hunde auf das riesige Tier gestürzt hätten – sie scheinen sich ihrer eigenen bescheidenen Größe überhaupt nicht bewusst zu sein. Einige der kleinen Hunde sind sogar dafür bekannt, dass sie auch ein Kräftemessen mit Elefanten nicht scheuen. Dieser riesige Pavian hätte meine ganze vierbeinige Familie in Stücke reißen können. Zum Glück ist es nicht dazu gekommen.

Trotz meiner Begegnung mit dem furchterregenden Pavian verstehe ich, dass Paviane einfach nur Paviane sind! Wer einen Trupp Paviane beobachtet, wird feststellen, dass sie uns eigentlich sehr ähnlich sind. Sehr menschlich, vor allem in ihrer Interaktion als Familie. Wenn eine Pavianmutter das Gesicht ihres Babys streichelt und ihm liebevoll in die Augen schaut, weiß man, dass sie die gleichen Gefühle empfindet wie wir. Paviane können auch sehr unterhaltsam sein. Eines Tages zog ein Trupp am späten Nachmittag durch das Zeltcamp. Dort hat Nummer sechs, das große Familienzelt, eine Glastür, vor der die Paviane oft stehen bleiben, um ihr Spiegelbild zu betrachten. Einige erschrecken beim Anblick dessen, was sie für einen anderen Pavian halten, und rennen davon, während andere anfangen, Grimassen zu schneiden und mit den Armen zu fuchteln, und ganz überrascht schauen, wenn das Gegenüber genau das Gleiche macht.

Meerkatzen haben das gleiche Problem wie Paviane – wir Menschen haben ihren ehemaligen Lebensraum besetzt, Bäume gefällt, Häuser errichtet und wollen keine Affen in unserer Nähe haben. Kürzlich habe ich den Konflikt zwischen Affen und Menschen hautnah erlebt. Ich habe eine Wohnung an der Dolphin Coast in der Küstenstadt Umdloti, unweit von Durban. Das ehemals beschauliche Küstendorf hat sich zu einem beliebten Urlaubsziel entwickelt, rundherum entstehen immer neue Wohngebiete. Wo es vor zwanzig Jahren Zuckerrohrfelder und natürlichen Tropenwald gab, soweit das Auge reichte, findet man heute frische Erde und Bulldozer.

In Umdloti kann man die niedlichen kleinen Südlichen Grünmeerkatzen bestaunen. Ich beobachte die Kleinen gern, wie sie mit ihren Müttern spielen oder sich an deren Bauch festklammern, wenn sie mitgenommen werden. Der Anblick einer Affenmama mit ihrem Baby ist einfach herzerweichend. Schon seit Jahrhunderten leben die Affen in dieser Gegend, also lange bevor wir Menschen uns dort niedergelassen haben. Die Ansiedlung des Menschen hat zum Verlust ihres Lebensraums geführt und demzufolge tun sie jetzt das, was ihr Überleben sichert: Sie stehlen Nahrung und überfallen wie kleine Diebesbanden sogar Häuser und Wohnungen.

Als Clément die Wohnung an einem Wochenende im Sommer 2021 verließ, um sich auf den Weg nach Thula zu machen, vergaß er, das Küchenfenster zu schließen. Die Affen bemerkten das sofort und stiegen in die Wohnung, um sich zu bedienen. Da unsere Nachbarn keinen Schlüssel von der Wohnung hatten, mussten sie hilflos mitansehen, wie sich die Affen drinnen bestens amüsierten. Diese sahen die Menschen am Fenster zwar, dachten aber nicht daran, die Wohnung zu verlassen. Es kamen sogar weitere Affen hinzu, die auch mitfeiern wollten.

Clément eilte sofort zurück, als wir von dieser schrecklichen Situation erfuhren. Als er die Wohnung betrat, bot sich ihm ein Bild des Grauens! Die Affen hatten sich eine lustige Eierschlacht geliefert, alles gefressen, was sie in die Finger bekamen, und das, was ihnen nicht schmeckte, weggeworfen. Sagen wir es mal so: Sie haben sich nicht wie anständige Gäste benommen – und aufgeräumt haben sie auch nicht. Armer Clément. Jetzt stand ein Großreinemachen an! Den Affen kann man keine Vorwürfe machen, denn genau das passiert, wenn wir Menschen uns das Territorium der Tiere aneignen.

In Thula Thula haben wir auch Grünmeerkatzen. Sie sehen wirklich sehr niedlich aus, wenn sie in ihren Familienverbänden auf den Rasenflächen der Lodge herumtollen. Allerdings sind sie auch sehr schelmisch. Da sie gelernt haben, dass die kleinen Papiertütchen auf den Teetabletts Zucker enthalten, kommt es immer wieder vor, dass ein freches Exemplar die Gelegenheit wahrnimmt, um sich ein Tütchen zu schnappen und den Zucker zu fressen. Auch am frischen Obstsalat bedienen sie sich gerne, wenn sie glauben, damit durchzukommen.

Zucker zu stibitzen ist das eine, aber bei teurer Elektronik hört der Spaß einfach auf. Alexandre, ein französischer Gast mit rudimentären Englischkenntnissen, stürzte eines Tages aus seinem Zelt im Zeltcamp und stotterte und brabbelte etwas auf Französisch. Christiaan erkannte, dass er sehr erregt war, aber er verstand nicht, was eigentlich los war. Als dem Gast die Sprache versagte, zeigte er auf eine Fieber-Akazie, in dem eine kleine graue Grünmeerkatze saß, die das schöne neue iPhone des Franzosen begutachtete. Der Gast hatte es verlockenderweise auf der Veranda liegen lassen, und der Affe hatte es aus Neugierde aufgehoben – vielleicht fragte er sich, was die Menschen die ganze Zeit mit diesen glänzenden Dingern machten. Als die Grünmeerkatze ein wenig daran herumgefummelt hatte und feststellte, dass es nicht essbar war, ließ sie das Telefon schnell fallen und der Gast erhielt es – zum Glück unbeschadet – zurück. Als ich später das Zeltcamp besuchte, zeigte er mir die Bissschäden, welche die Meerkatze an dem Gerät hinterlassen hatte – ein kleines Andenken, das ihn immer wieder an die Zeit im Busch erinnern wird.

Die in Thula Thula und Umgebung als »Monkey Lady« bekannte Tracy Rowles und ihr Team von Umsizi Umkomaas Vervet Rescue retten verletzte und verwaiste Grünmeerkatzen oder solche, die sie in dicht bebauten Umgebungen finden, und päppeln sie auf, um sie anschließend wieder in die freie Wildbahn zu entlassen. Mich hat die Arbeit dieser Organisation so beeindruckt, dass ich anbot, einem Grünmeerkatzentrupp im nördlichen Teil des Reservats ein Zuhause zu geben.

Wie sich herausstellte, hatte Tracy vor einiger Zeit eine Genehmigung beantragt, ihre Einrichtung in eine Auffangstation umzuwandeln und wartete auf den Bescheid – eine Situation, die mir sehr bekannt vorkam! Die Einrichtung hatte ohne gesetzliche Genehmigung gearbeitet, und so wurde Tracy aufgefordert, die Affen binnen einer Frist von 21 Tagen zu entfernen. Da sie sich weigerte, wurde sie angeklagt und zu einer Geldstrafe verurteilt. Es kam dann sogar zu einer Razzia, bei der die Tiere eingefangen, beschlagnahmt und dann getötet wurden: 59 Affen hatten die Behörden entfernt und eingeschläfert. Ich traute meinen Ohren nicht, als ich diese schreckliche Nachricht hörte. Als es mir endlich gelang, die arme Tracy zu erreichen, war sie völlig verzweifelt. Sie erzählte mir, dass sie aus Angst vor einer weiteren Razzia nachts nicht schlafen konnte, weil sie befürchtete, dass auch die verbliebenen Grünmeerkatzen – Tiere, die sie gerettet und mit so viel Hingabe und Liebe aufgepäppelt hatte – mitgenommen und getötet werden würden.

Der Vorfall schaffte es in die Zeitungen, und sogar die investigative Fernsehsendung »Carte Blanche« wurde auf ihn aufmerksam. Die Behörden verteidigten ihr Vorgehen, indem sie auf die Vorschriften verwiesen und behaupteten, die Tiere seien illegal gehalten worden. Dennoch war der Aufschrei groß und die Öffentlichkeit reagierte entsetzt und fassungslos auf diese offenkundig grausame und unnötige Reaktion. Tracy beschloss, ihre Auffangstation an einen neuen Standort fernab von der Stadt und den Wohngebieten zu verlegen, an dem sie und ihre Grünmeerkatzen in Ruhe und sicher leben können. Die schreckliche Ironie war, dass die getöteten Affen ausgerechnet jene waren, die hier in Thula Thula hätten leben sollen. Wären sie doch nur ein paar Wochen früher zu uns gekommen …

32 IM BUSCH WIRD ES NIEMALS LANGWEILIG

»Boni, schnell. Hol Milch!«

Die Haushälterin kam mit der Flasche in der Hand angerannt. Nein, es handelte sich nicht um einen Notfall bei einem gemütlichen Teetrinken, sondern um ein Schlangendrama. Mein Hund Gin hatte eine Begegnung mit einer *mfezi*, einer Mosambik-Speikobra. Wenn die Schlange in die Enge getrieben wird, bäumt sie sich auf, breitet ihren Hals zu einer Haube aus und spuckt ihr Gift mit solcher Wucht, dass es zwei bis drei Meter weit fliegen kann. Landet das Gift auf der Haut oder auf dem Fell, ist es harmlos, aber gelangt es in die Augen, dann kann es schmerzhaft brennen und sogar zur Erblindung führen. Wenn die Ranger auf eine *mfezi* stoßen, setzen sie immer als Erstes ihre Sonnenbrille auf, um ihre Augen zu schützen. Einmal mussten sie sich einen großen Burschen vorknöpfen, der sich in mein Büro geschlichen hatte. Mit den vier Männern mit dunklen Sonnenbrillen in einem Raum fühlte ich mich wie in dem Film *Men in Black*.

Wenn es um Schlangen geht, sind meine Hunde nicht besonders lernfähig. Der Versuchung, sich mit ihnen anzulegen, können sie einfach nicht widerstehen. Bis auf Gypsy, die ein vernünftiges Schoßhündchen ist, hatte jeder von ihnen schon mal ein Auge voller Kobragift. Heute war Gin an der Reihe. Zum Glück neutralisiert Milch das Gift. Ich schnappte mir die Flasche aus Bonis Hand und schüttete die Milch in Gins Augen, während Lynda den zappelnden Hund festhielt, als die Flüssigkeit über sein Gesicht lief.

»Das hast du jetzt davon, mein Dummerchen«, sagte ich. »Ich hoffe, du hast deine Lektion gelernt.«

Daraufhin schüttelte er sich kräftig, wobei er mich, Lynda und Boni mit Milch vollspritzte, und rannte ins Haus, um ein erholsames Nickerchen zu halten. Er wachte später mit geschwollenen Augen und einem komischen Geruch nach saurer Milch auf, hatte aber keine bleibenden Schäden davongetragen.

Für Hunde ist das Leben im Busch paradiesisch, aber es birgt auch viele Gefahren. So fiel Peggy, der Bullterrier, einem Krokodil zum Opfer. Und wenn ich nachts die Hyänen rufen höre, bringe ich meinen inneren Hyänenflüsterer dazu, eine kleine Bitte an sie zu murmeln, sich von meinen Hunden fernzuhalten. Aber die größte Gefahr für sie sind die Schlangen. Tonic, der Bruder von Gin, war ein ungezogener kleiner Jack-Russell-Terrier, sehr frech und sehr energisch, mit einem Herzen so groß, wie seine Beine kurz waren. Einmal sah ich, wie er auf einen Baum kletterte, um zu den Affen zu gelangen! Seine Abenteuerlust wurde ihm jedoch zum Verhängnis, denn er traf seine Meisterin, als er am Fluss eine Python angriff. Die Python ging als Siegerin hervor.

Als Kim Zara bekam, beschloss sie, dass der Hund ein Schlangentraining brauchte und wandte sich an Jack, den schlangenverrückten Leiter der Freiwilligen-Akademie.

»Jack, kannst du mir eine nicht giftige Schlange ins Büro bringen?«

Das ist die Art von Anfrage, für die Jack lebt! Er kam sofort mit einer der grün gefleckten Buschschlangen vorbei, die hier sehr verbreitet sind und ungewollt viel Ärger verursachen. Buschschlangen sind zwar nicht giftig, aber Menschen, die sich nicht mit Schlangen auskennen, verwechseln sie schnell mit grünen Mambas – die sehr giftig sind – und flippen aus!

Kim und Jack führten Zara an die Schlange heran, ließen sie sie untersuchen und beschnuppern, aber Kim verbot ihr, sie zu berühren oder sich auf sie zu stürzen. Sie hoffte, dass sich Zara diese Unterrichtung merken und sich nicht mit einer Schlange anlegen würde, wenn sie in der freien Natur einer begegnete.

»Schlangen lassen euch in Ruhe, wenn ihr sie in Ruhe lasst«, sagte Jack immer. »Wann habt ihr zuletzt von jemandem gehört, der von einer Schlange getötet wurde? Als männlicher Mensch bin ich die gefährlichste Kreatur, der du jemals begegnen wirst. Und trotzdem unterhältst du dich hier mit mir.«

Wahrscheinlich hatte er recht, zumindest statistisch gesehen, aber er sollte mal versuchen, das dem Küchenpersonal beizubringen, wenn es anruft und panikartig schreit: »Woza! Komm! Hilfe! Da ist eine spuckende Kobra hinter dem Kühlschrank!« Immer wieder betonen die Ranger, dass Schlangen nicht mit Hunden oder Menschen kämpfen wollen – es ist nur so, dass wir ab und an übereinander stolpern. Um diese potenziell lebensgefährliche Situation zu vermeiden, trugen die Zulu-Frauen früher Armbänder mit Kokons, die mit kleinen Steinen gefüllt waren. So ertönte bei jedem Schritt ein Rasseln, mit dem die Schlangen gewarnt wurden und sich aus dem Staub machen konnten.

Immer wenn der Winter naht, öffne ich meine Kleiderschränke mit einer gewissen Ängstlichkeit, denn Schränke sind der perfekte Ort für Schlangen auf der Suche nach einem warmen, geschützten Plätzchen zum Überwintern. Ich habe schon vieles ausprobiert, um sie davon abzuhalten, und den Schrank mit verschiedenen Spezialmischungen aus Lavendel, Zitronenöl, Essig und was weiß ich noch alles besprüht, aber nichts half. Als mir jemand sagte, dass Schlangen den Geruch von Naphthalin nicht mögen, dachte ich mir, es könnte nicht schaden, ein paar Mottenkugeln in der Wohnung zu verteilen, damit wenigstens unsere Trikots vor Motten und vielleicht auch vor Schlangen sicher waren. Ich legte mir einen großen Vorrat davon an und bat die Haushälterinnen in der Lodge und im Zeltcamp, sie überall zu verteilen, in Ecken, unter Möbeln und in Schränken. Ich muss sagen, es schien zu funktionieren. Wir überstanden den

Winter ohne schlüpfrige Besucher. Das war auch besser für die Schlangen, denn sie gehören in den Busch, nicht in die Häuser von Menschen, wo sie Gefahr laufen, getötet oder verletzt zu werden.

Ich dachte immer, dass Schlangen im Winter nicht nachts im Garten herumliegen. Falsch gedacht, wie ich an einem warmen Winterabend erfahren musste, als mich das ungewöhnlich eindringliche Bellen der Hunde im Garten irritierte. Ich öffnete die Tür, um sie zu beruhigen, und sah irgendeinen großen Klumpen auf dem Boden, um den sich die Hunde versammelt hatten. Ich holte meine Taschenlampe, setzte meine Brille auf und sah zu meinem Entsetzen, dass die große dunkle Masse, die nur wenige Meter von mir entfernt war, eine riesige aufgerollte Puffotter war. Puffottern zählen zu den gefährlichsten Schlangen überhaupt. Und das hier war ein großes Exemplar! Ich glaube, dass sie taub sind, was ein Glück für die Puffotter und auch für die Hunde war, denn sie bellten wie verrückt. Hätte die Puffotter zugebissen, wäre das das Ende für den gebissenen Hund gewesen.

Ich schrie die Hunde hysterisch an, damit sie ins Haus kamen, und bat einen Ranger zu kommen, um die Schlange zu identifizieren. An diesem Abend war Khaya unser Held. Er bestätigte, dass es sich um eine Puffotter handelte, und hob das arme, verängstigte Wesen mit der Schlangenzange behutsam hoch und brachte es vom Haus weg. Die Schlange war zweifellos froh, meine kläffenden kleinen Bälger loszuhaben und weiterhin friedlich in der Wildnis leben zu können. Und wir waren froh, dass sie weg war.

Wir versuchen, allen unseren Hunden beizubringen, keine Tiere anzubellen oder zu jagen, aber sie drehen durch, wenn ein Nyala im Garten aufkreuzt – vielleicht jagen sie die kleine Antilope ja aus Spaß; bei den Elefanten scheinen sie jedoch deren Macht instinktiv zu kennen. Wenn sich Elefanten dem Haus nähern, reicht ein »Shhhhh« und die Hunde sind ruhig. Sie sehen dann einfach nur zu, wie diese majestätischen Riesen schweigend an ihnen vorbeiziehen, folgen ihnen nur mit den Augen, lautlos und ohne jegliche Regung.

Als Lyndas Pudel frisch aus Pretoria angekommen waren, hatten sie noch keine Ahnung von unserem Elefanten-Knigge. Und so rannten sie hysterisch bellend zum Zaun, als sie die riesigen Tiere zum ersten Mal sahen, fest entschlossen, uns alle vor den Riesen zu beschützen. Die ganze Elefantenherde wurde durch die kläffenden, knurrenden Hunde aufgewühlt. Als ET vorstürmte und einen wütenden, ohrenbetäubenden Trompetenton ausstieß, dachte ich wirklich, dies wäre der Tag, an dem sie den Zaun plattmachen würden, um die Hunde zum Schweigen zu bringen. Ein wütender Elefant, vor allem einer mit ein paar Anhängern im Rücken, würde den Zaun problemlos umstoßen.

Lynda gelang es noch rechtzeitig, ihre Hunde ins Haus zu treiben, woraufhin sich die Elefanten wieder beruhigten. Mein Herz raste vor Stress und der Rettung in letzter Sekunde. Die Pudel haben diese Begegnung nie ganz überwunden. Seitdem sperren wir die nervösen Großstadthunde sicher ein, wenn die Elefanten zu Besuch kommen. Eines kann ich mit Sicherheit über das Leben im Busch sagen: Langweilig wird es nie.

33 WESHALB (ODER WIE) ÜBERQUERTEN DIE ELEFANTEN DIE STRASSE?

Im August 2021 kamen Mitarbeiter der Wildtierbehörde, um unsere Zäune zu inspizieren und sich die Straßenunterführung anzusehen, die Thula Thula mit unserem neuen Partner Zulweni verbindet. Wenn alles gut gehen würde, könnten wir die beiden Reservate zusammenlegen und hätten dann fast die erforderlichen 5000 Hektar. Und unsere Tiere könnten sich treffen und begrüßen, sich vermischen und – hoffentlich – paaren.

Die Inspektion verlief positiv. Das einzige Problem war die Straße zwischen den beiden Reservaten. Denn die große Frage war, ob die Elefanten die Unterführung wirklich benutzen würden. Da wir noch nie versucht hatten, einen Elefanten in eine Unterführung zu locken, konnte keiner von uns genau sagen, wie sie reagieren würden. Würden sie einfach durchspazieren, ganz cool? Oder müssten wir sie mit leckerer Luzerne und Pferdepellets locken? Oder würden sie sich schlichtweg weigern, in die Unterführung hineinzugehen? Oder würden sie mit der Zeit selbst darauf kommen? Ich wusste es nicht.

Was ich aber wusste – und das habe ich auch den Behördenvertretern gesagt –, dass Elefanten die intelligentesten und einfallsreichsten Tiere sind, und wenn sie auf die andere Straßenseite wollen und dafür durch die Unterführung gehen müssen, dann werden sie das auch tun. Ich habe selbst erlebt, was für entschlossene Geschöpfe sie sind: In weniger als 24 Stunden, nachdem unsere ursprüngliche Herde in Thula angekommen war, druckte die Ausbrecherin Nana den Elektrozaun mit einem Baum nieder und verschwand.

Ich habe ein Video gesehen, das zeigt, wie ein Elefant im Addo Elephant Park unter einem Zaun hindurchkrabbelt. Er kroch! Wer hätte gedacht, dass das überhaupt möglich ist? In einem ähnlich bemerkenswerten Video, das im indischen Nagarhole-Nationalpark aufgenommen wurde, sah ich, wie ein Elefant über eine stabile Holzbarrikade klettert, die Elefanten von menschlichen Bereichen fernhalten soll. Er hievte seine beachtliche Masse mit einer Geschicklichkeit und Entschlossenheit über die Barrikade, wie ich es kaum für möglich gehalten hätte. Leider war der Grund für seine Flucht wahrscheinlich der Verlust von Lebensraum und Nahrungsknappheit im Wald, denn er suchte in den umliegenden Kaffeeplantagen nach Nahrung. In dieser Hinsicht haben die Elefanten in Indien teilweise das gleiche Problem wie unsere Wildtiere: den Verlust von Land und ihren alten Wanderrouten.

Was auch immer der Grund sein mag, eine solche Flucht ist ein Beweis dafür, wie klug und strategisch diese besonderen Wesen vorgehen können. Das Verhalten, das wir von diesen großen Tieren erwarten können, ist: Wenn sie wollen, können sie es. Ich hatte keinen Zweifel daran, dass sie die Unterführung benutzen könnten, wenn sie das denn wollten.

Im Busch treffen wir ständig Entscheidungen, ohne auf Präzedenzfälle oder wissenschaftliche Erkenntnisse zurückgreifen zu können. Deshalb verlasse ich mich in diesen Fragen sehr stark auf die Menschen, die ich kenne und denen ich vertraue: unsere Ranger, unsere Naturschutzbeauftragten, die Tierärzte. Sie arbeiten jeden Tag mit den Tieren und in dieser Region, und das schon seit Jahrzehnten. Auch wenn sie nicht alles wissen, haben sie einen guten Instinkt. Auf jeden Fall wissen sie mehr als ich.

Von der Unterführung waren die Behördenvertreter nicht überzeugt, und so baten sie uns, einen Plan auszuarbeiten, wie die Elefanten stattdessen die Straße überqueren könnten.

»Klar, wenn sie die Straße nicht unterqueren können, müssen sie sie eben überqueren«, sagte Michael. »Wir werden einen Plan ausarbeiten.«

Zusammen mit Vusi und Christiaan setzte er sich ans Zeichenbrett, um die Idee einer Überführung auszuarbeiten. Da Michael einen guten Draht zum Straßenbauamt hatte, für das er früher gearbeitet hatte, war der Plan innerhalb von einer Woche fertiggestellt: eine Überführung inklusive Schwellen, um die Autos auf der Straße abzubremsen, und mit einem Viehgitter, um die Elefanten von der Straße fernzuhalten, sowie mit einer neuen Zaunführung mit verstärktem Zaun rund um die Überführung. Dafür bekamen wir grünes Licht vom Straßenbauamt. Voilà! Die neue Karte wurde gezeichnet und an die Behörden geschickt.

Wir waren wie der Elefant, der in Addo unter dem Zaun hindurchkroch: Nach jedem Einwand oder jeder Ablehnung fanden wir einen Weg untendurch oder herum. Unsere Entschlossenheit, die Elefantenfamilie zusammenzuhalten, würde niemals wanken. Rückschläge spornten uns nur dazu an, kreativer zu werden und noch härter und klüger zu arbeiten.

Manchmal fühlte sich mein Leben an wie ein einziges langes Warten auf Genehmigungen und Bewilligungen. Aber mit dem neuen Land hatten wir Wunder vollbracht, und die Dinge schienen sich in eine positive Richtung zu entwickeln. Nach dem Zusammenschluss mit Zulweni war ich zuversichtlich, dass wir bei der nächsten Sitzung des Genehmigungsausschusses die entsprechenden Genehmigungen erhalten würden für Thabos großen Bruder, für die beiden männlichen Geparden und für die Wiedereröffnung unserer Auffangstation, die seit zwei Jahren leer und ungenutzt war. Daumen halten!

Doch meine Zuversicht löste sich in Luft auf, als der Berater, den wir mit der Ausarbeitung unseres Elefantenmanagementplans beauftragt hatten, uns präzise erklärte, wie das Verhältnis zwischen Land und Elefanten funktioniert. Während er auf seinem Taschenrechner herumtippte, bestätigte er, was die Behörden gesagt hatten: Wir hatten mehr Elefanten, als die Größe unseres Reservats zuließ. Selbst mit 5000 Hektar war das Gebiet noch zu klein. Der Taschenrechner hatte bestimmt recht, aber ich war nach wie vor der Meinung, dass eine Entscheidung darüber nicht möglich war, ohne das Land und die glückliche Elefantenfamilie zu sehen, die dort seit 22 Jahren lebte. Als der Bericht des Beraters mit seinen Empfehlungen kurze Zeit später bei uns eintraf, traute ich meinen Augen kaum. Er legte uns zwei Optionen dar: Um die Auflagen der Behörden zu erfüllen, müssten wir entweder einige Elefanten umsiedeln oder gezielt abschießen. Das waren unsere Wahlmöglichkeiten.

Michael, Christiaan und Lynda waren bei mir in meinem Büro, als der Bericht eintraf, und sahen, wie schockiert ich war.

»Merde, mais c'est pas possible, das ist ja nicht zu fassen!«

»Was ist los? Du bist ja leichenblass!«, sagte Lynda. Ich drehte meinen Laptop zu ihr hin und sah, wie sich ihr Gesicht verzog, als sie den Text auf dem Bildschirm las.

»Einige von ihnen umsiedeln? Abschießen …? Aber was … Wohin … Wir können doch nicht …«

»Sie sind eine Familie«, sagte ich. »Stell dir vor, ich würde dir sagen, dass wir eines deiner Kinder zu irgendwelchen Fremden nach Kapstadt schicken würden.«

»Stimmt, das wäre unvorstellbar«, antwortete sie.

»Wen sollte ich ihrer Meinung nach denn wegschicken? Den kleinen Lolo, Nanas Letztgeborenen, der nach Lawrence benannt wurde? Er ist so ein ruhiger, sanfter Bursche. Vielleicht möchten sie, dass ich ihn loswerde. Oder vielleicht einen größeren Elefanten wie Mandla? Er ist jetzt der größte, aber er hat mich zum ersten Mal unter dem wachsamen Auge seiner Mutter Nana besucht, als er noch ein Baby war. Soll er vielleicht woanders leben?«

Michael schluckte schwer und tat so, als würde er gern antworten, aber ich war auf 180 und keineswegs willens, mich beruhigen zu lassen.

»Oder Mabona! Sie ist so ein reizendes, verspieltes Mädchen, ich bin sicher, dass jemand sie gerne haben möchte. Und Tom hätte sicher nichts dagegen, ihre Schwester loszuwerden, nur damit wir die magische Anzahl von Elefanten erreichen, die irgendein Bürokrat für richtig hält. Aber dann soll jemand anderes Mabona, der Lodge-Managerin, sagen, dass ihre Namensvetterin geht, denn ich werde es sicherlich nicht tun.«

Meine Wut schlug in Verzweiflung um und mir schossen die Tränen in die Augen. Einige unserer Elefanten kannte ich schon seit 22 Jahren, einige schon seit ihrer Geburt. Jeder einzelne Elefant in der Familie hat seine persönliche Geschichte, und wir alle in Thula Thula kennen ihre Eltern, ihren Charakter, ihre lustigen kleinen Eigenheiten und Gewohnheiten. Wir können jeden Elefanten anhand seiner Größe, eines Risses am Ohr, einer Narbe oder eines markanten Winkels des Stoßzahns erkennen. Die Ranger können ihre Stimmungen an jedem beliebigen Tag einschätzen. Wir kennen und lieben jeden Einzelnen von ihnen. Und sie kennen und lieben sich gegenseitig.

»Wir werden niemanden wegschicken. Das machen wir nicht«, sagte Christiaan entsetzt. »Wir müssen einen Weg finden …«

»Hast du den Bericht gelesen? Wenn es uns nicht gelingt, sie umzusiedeln, müssen wir …« Ich konnte meinen Satz kaum beenden. »Sie werden sie erlegen. Erlegen. Das ist nur ein anderes Wort für Mord.«

Die Tränen liefen mir übers Gesicht, als ich an unsere geliebten Elefanten dachte, die von Männern in Hubschraubern gejagt und abgeschossen werden würden. Unsere glückliche Herde würde auseinandergerissen werden. Mütter, die ihre Söhne und Töchter verlieren. Lebenslange Freunde und Gefährten weg.

Ich weiß, dass Elefanten um ihre toten Angehörigen trauern und dass sie ein langes Gedächtnis haben. Gypsy, die immer sehr empfindlich auf meine Gefühle reagiert, erschien zu meinen Füßen. Ich hob sie auf und drückte ihren kleinen warmen Körper an mich.

»Wie kann das gut sein für den Naturschutz?«, fragte Michael. »Wie kann das gut sein für die Tiere? Das macht doch keinen Sinn.« Ich kannte Michael immer als sehr ruhig und gelassen, aber diese Entwicklung schien auch seine Gelassenheit erschüttert zu haben.

»Das macht überhaupt keinen Sinn«, stimmte Christiaan ihm zu. »Man kann Elefanten nicht einfach umsiedeln. Es geht nicht nur um die Anzahl, sondern um das Gemeinwohl der Herde. Das Problem ist, dass eine Elefantenherde eine komplexe soziale Struktur hat. Ein Eingriff in diese Struktur hat ernsthafte Konsequenzen. Diese Lektion hat man aus den katastrophalen Experimenten im Krüger-Nationalpark in den 1980er-Jahren gelernt.«

»Was ist da passiert?«, fragte ich. Da ich in den 1980er-Jahren noch in Paris gelebt hatte, war es kein Wunder, dass ich die Situation der Elefanten im Krüger-Nationalpark nicht mitverfolgt hatte.

»Die Vegetation und die Wasserressourcen wurden damals von den Elefanten stark beansprucht. Naturschützer hatten ausgerechnet, dass es zu viele von ihnen gab, und so beschloss man, 17.000 von ihnen zu töten.«

Vor lauter Fassungslosigkeit stieß Lynda einen Schrei aus.

»Siebzehntausend?«, rief ich und zuckte schockiert. »Quelle horreur! Das war ein Massaker!«

Christiaan nickte ernst. »Ja, und dabei haben sie die sozialen Folgen des Abschusses völlig unterschätzt. Denn sie haben vor allem die älteren Elefanten getötet, also jene Elefanten, die vielleicht 60 oder 70 Jahre lang gelernt und gelehrt haben und unverzichtbar in der Herde waren. Und außerdem haben Elefanten

Beziehungen. Jeder Elefant ist Teil einer Familie, und man weiß nie, welchen Einfluss der einzelne Elefant hat. Vielleicht gibt es drei oder vier junge Elefanten, die von diesem einen abhängig sind. Auf jeden Fall war das Ergebnis, dass sie die soziale Struktur zerstörten und viele Jungtiere ohne erfahrene Vorbilder zurückließen, die sie hätten anleiten und im Zaum halten können. Das Ganze wiederholte sich bei der Ansiedlung von Elefanten im Pilanesberg-Nationalpark. Man wählte nur junge Elefanten aus, da sie leichter zu transportieren waren und man zwei von ihnen statt einen großen Elefanten in den Lastwagen packen konnte, und das sparte Geld. Aber diese Elefanten wurden gefährlich! Sie warfen Autos um und töteten ein Nashorn. Ohne einen älteren männlichen Bezugselefanten wussten sie nicht, wie sie sich verhalten sollten.«

Als ich an unsere eigene Elefantenfamilie und ihre tiefen und komplexen Bindungen dachte, konnte ich mir vorstellen, wie verheerend dieses tragische Experiment für die Elefanten im Krügerpark gewesen sein musste. Und wie dringend die jungen Elefanten im Pilanesberg-Nationalpark die starke Hand und die Erfahrung der Älteren gebraucht hätten. Ich hatte miterlebt, wie unsere eigene Herde nach dem Tod von Frankie zerfallen war. Ohne ihre Anführerin, die Entscheidungen für die ganze Familie traf, irrten die Elefanten vor lauter Unentschlossenheit und Verwirrung umher.

»Und wisst ihr was? Man war zwar die Elefanten los geworden, aber das Problem der Überweidung und der Zerstörung des Lebensraums nicht«, fuhr Christiaan fort und schüttelte den Kopf.

»Wirklich?«, sagte Lynda erstaunt. Und ich muss sagen, das war ich auch.

»Was letztendlich die Lösung brachte, war die Beseitigung einiger von Menschen angelegter Dämme und Wasserstellen. Als die Tiere dann zu den natürlichen Wasserlöchern und Flüssen wandern mussten, um Wasser zu finden, wanderten sie durch ein größeres Gebiet, und so waren die Auswirkungen an einem bestimmten Ort und seine Vegetation deutlich geringer. So wurde schlussendlich das Problem der Überweidung und der Zerstörung des Busches gelöst.«

Einen Moment lang saßen wir schweigend da und dachten über die Situation nach. Dann stand Lynda auf und ging zum Wasserkocher – natürlich gefolgt von ihren beiden Pudeln. Ich dachte darüber nach, wie komplex die Natur ist und dass man bei dem Versuch, ein einzelnes Problem zu lösen, neue Probleme schaffen kann. Selbst die sogenannten Experten haben nicht immer recht.

Christiaan seufzte. »Wenn sie nur den Busch, die Topografie von Thula Thula berücksichtigen würden, dann würden sie sehen, dass das Wildreservat diese Anzahl von Elefanten und sogar noch mehr verkraften kann«, sagte er zum hundertsten Mal. Es war zum Verzweifeln. Es war, als würden wir gegen eine Wand reden und hoffen, dass irgendjemand unsere Logik versteht.

»Wenn sie unsere Elefanten mal sehen würden, wüssten sie, dass das die glücklichste Herde Südafrikas ist«, sagte ich. Das war für mich der Kern der Sache. Wenn unsere Elefanten unglücklich wären, miteinander kämpften, Menschen angriffen, den Busch zerstörten oder versuchten zu entkommen, könnte ich das ja noch verstehen und versuchen, eine Lösung für das Problem zu finden. Aber es gab gar keins.

Seit über zwei Jahrzehnten lebte ich mit dieser Herde. Lawrence und ich und unser Team in Thula Thula haben jeden Tag für diese Elefanten gekämpft. Ich behaupte nicht, alle Antworten zu kennen, aber eines wusste ich: Wir mussten unsere Herde zusammenhalten. Es durfte keine Umsiedlung und keinen Abschuss geben. Wir brauchten mehr Land. Und wir mussten mit der Empfängnisverhütung fortfahren, zumindest vorerst.

34 ALARMSTUFE SCHWARZ

Mein Handy plingte unentwegt, da ich ständig Nachrichten erhielt. Manchmal war ich nahe dran, mein Smartphone für ein paar Tage auszuschalten, nur um einfach ein wenig Ruhe und Frieden zu haben. Aber ich konnte nicht. Wir hatten WhatsApp-Gruppen für die Ranger, darunter eine zur Überwachung der Nashörner und Elefanten, damit wir jederzeit wissen, wo sie sich befinden, ganz zu schweigen von der täglichen Kommunikation. Die besorgniserregendsten Plings und Klingeltöne standen im Zusammenhang mit der Sicherheit im Wildreservat und unseren Anti-Wilderer-Aktivitäten.

Wir haben vier Alarmcodes, die bei Bedarf mitgeteilt werden und die jeder kennt und befolgt – von der am wenigsten besorgniserregenden Stufe Gelb, die bedeutet, dass unbewaffnete Wilderer die Zaunlinie durchbrochen haben, bis zur Stufe Schwarz, die besagt, dass ein Schusswechsel im Gange ist. In diesem Fall müssen alle Personen, die sich irgendwo im Wildreservat befinden, in die Lodges zurückkehren und dürfen sie erst wieder verlassen, wenn die Situation geklärt ist. Zum Glück ereignet sich Alarmstufe Schwarz nur selten.

Larry, unser Sicherheitschef, der auch für die Anti-Wilderer-Maßnahmen zuständig ist, erhält regelmäßig Hinweise auf drohende Wilderei, die mal mehr, mal weniger besorgniserregend sind. Informationen sind der Schlüssel bei unserem Kampf gegen die Menschen, die unsere Wildtiere töten wollen. Allerdings haben wir es fast immer mit unvollständigen Informationen und einer hohen Fehlerquote zu tun. Die Wilderer sind sehr unterschiedlich, die Palette reicht von Einheimischen, die wildern, um einfach etwas zu essen zu haben, bis hin zu schwer bewaffneten

Profis, die es auf unsere Nashörner abgesehen haben. Wir wissen nie im Voraus, mit wem wir es zu tun haben, und im schlimmsten Fall geht eine Begegnung mit den Wilderern tödlich aus. Leider hatte die Pandemie die Situation noch weiter verschlimmert.

Eines Tages, als ich mir eine kleine Auszeit genommen hatte und nachmittags mit einer Tasse Kaffee durch meinen Garten spazierte, sah ich, dass die Südafrikanische Baumfuchsie in voller Blüte stand. Sie gehört zu den ersten Bäumen, die im Frühjahr blühen, und nach einem langen Winter ist der Anblick ihrer tiefroten Blüten immer eine große Freude. Die Blüten enthalten so viel Nektar, dass er wie Regen von dem Baum heruntertropft. Ich blieb stehen, um mich an der großen Ansammlung begeisterter Vögel, Bienen und anderer Tiere zu erfreuen, die sich an der süßen Flüssigkeit labten, als mein Handy in der Jackentasche vibrierte.

Ich blickte nach unten und sah den Namen des Absenders.

Larry Erasmus.

So sehr ich unseren Sicherheitschef auch schätzte, so sehr beunruhigte mich jede Nachricht von ihm. Denn zu oft bedeutete sie Ärger. So auch diesmal.

Eine Gruppe von 30 Jägern mit 30 oder mehr Hunden hält sich an der Grenze von Dube Ridge auf und versucht, in Thula einzudringen. APU ist vor Ort und behält die Situation im Blick.

Dreißig! Das war eine kleine Armee. Noch bevor ich antworten konnte, kam schon die nächste Nachricht.

K9 ist in Alarmbereitschaft.

Die Hundestaffel – K9 genannt – wurde also eingesetzt. Und dann: *ZAP-Wing in Bereitschaft.*

Also Unterstützung aus der Luft. Jetzt wurde es richtig ernst.

Kurz nacheinander schickte er drei Fotos, die jeweils einen Zaunabschnitt zeigten, wo der gehärtete Draht durchgeschnitten und weggeklappt war.

Eine riesige Gruppe. Bewaffnet und mit Hunden. Sieht nach einem koordinierten Versuch aus. Wir haben die Polizei um Hilfe gebeten, und ich schicke zwei weitere Fahrzeuge los.

Wie sich herausstellte, handelte es sich um eine Gruppe von Wilderern, die darauf aus waren, Fleisch von Wildtieren für den Eigenbedarf oder den Verkauf zu erbeuten. Diese Wilderer werden immer dreister und ihre Methoden immer raffinierter. So hatten sie vor Kurzem damit begonnen, von außerhalb des Reservats zu wildern, indem sie eine Antilope von jenseits des Zaun erlegten und anschließend unter dem Zaun hindurchzogen. Sie wissen, dass unsere Anti-Wilderer-Einheit nur auf sie schießen darf, wenn sie sich auf Thula-Land befinden. Das ist einer der Gründe, warum wir mit der Polizei zusammenarbeiten, Informationen austauschen und sie um Unterstützung bitten, damit die Schuldigen festgenommen und angeklagt werden. Dieses Mal reichte die Anwesenheit von Polizei und Larrys Sicherheitsteam aus, um die Wilderer abzuschrecken. Es wurde niemand verletzt, weder Mensch noch Tier.

Beim nächsten Mal ging es weniger glimpflich aus.

Larry: *Verdeckte Ermittler haben mich angerufen. Eine Gruppe von Wilderern aus Mpumalanga traf vor 3 Tagen in KZN [KwaZulu-Natal] ein. Versuchter Wilderei-Vorfall im Pongola-Gebiet. Anscheinend haben sie es auf Thula abgesehen.*

Françoise: *Muss ich mir Sorgen machen? Was sind das für Leute?*

Larry: *Es sieht so aus, als hätten wir es mit einer anderen Art von Wilderern zu tun. Möglicherweise ein groß angelegter Angriff, um an Nashörner zu kommen. Es könnte in eine extrem gefährliche Situation ausarten.*

Françoise: *Wie zuverlässig, denkst du, sind diese Informationen?*

Larry: *Ich stehe schon seit Jahren mit diesem Mann in Kontakt. Es ist das erste Mal, dass er mir eine ernsthafte Warnung gibt. Der Nachrichtendienst der Polizei hat sich eingeschaltet. Möglicherweise wird eine komplette Hundestaffel nach TT verlegt. Ich halte dich auf dem Laufenden.*

Von seinen Nachrichten bekam ich Herzrasen. Die Warnung klang sehr ernst. Larry nahm das auch an. Wenn die Informationen stimmten, mussten wir uns auf eine bewaffnete Auseinandersetzung einstellen.

Larry fuhr im wahrsten Sinne des Wortes schwere Geschütze auf, wie ich am nächsten Tag von meinem Haus aus beobachtete, als er mit einem Konvoi von Fahrzeugen voller schwer bewaffneter APU-Männer eintraf. Sie trugen Tarnkleidung und kugelsichere Westen und Gewehre über den Schultern. Die Hunde zerrten an ihren Leinen und waren begierig darauf, Wilderer aufzuspüren. Der Einsatz der Anti-Wilderer-Einheit sah aus wie ein Truppenaufmarsch vor einem Gefecht und so fühlte es sich auch an. Es war ein ganz außergewöhnlicher Anblick, auch wenn ich mir von ganzem Herzen wünschte, dass es nicht zu einer Schlacht kommen würde.

Die Fahrzeuge schwärmten aus und bezogen nach Larrys Anweisungen Stellungen an strategischen Punkten im Wildreservat. Dort patrouillierten die Wächter dann zu Fuß, in der Hoffnung, die Wilderer aus dem Hinterhalt zu erwischen, bevor sie zu den Nashörnern gelangten. Das gesamte Wildreservat war nun von den Fahrzeugen und Männern der Anti-Wilderer-Einheit eingekreist. Ich fühlte mich etwas sicherer, aber ich konnte trotzdem nicht schlafen. Angespannt lauschte ich, ob Schüsse fielen oder weitere Nachrichten auf meinem Mobiltelefon eingingen. Aber alles, was ich hörte, war das leise Schnarchen der Hunde auf dem Boden und auf meinem Bett und die üblichen nächtlichen Geräusche des Busches.

Am nächsten Morgen rief mich Larry an, um zu berichten, dass zwei Wilderer erschossen und weitere verhaftet worden waren. Der Gedanke, dass in unserem schönen Wildreservat Menschen sterben, ist schrecklich, aber Fakt ist, dass wir uns diesen

Krieg nicht ausgesucht haben. Wir wünschen uns nichts sehnlicher als ein friedliches Leben im Busch, aber man zwingt uns, unsere wertvollen Nashörner zu verteidigen, und das taten wir.

Unsere Nashörner waren noch am Leben, aber der Krieg war noch lange nicht vorbei. Wir hatten diese Schlacht vielleicht gewonnen, aber wir wussten, dass es nicht die letzte gewesen war. Doch aus eigener Erfahrung wussten wir inzwischen auch, dass wir nach einer Ergreifung oder Erschießung von Wilderern im Wildreservat ein paar Monate Ruhe haben würden und keine ernsthaften Angriffe auf unsere Wildtiere zu erwarten waren. Die Nashörner würden noch ein wenig länger sicher sein.

Unsere beste Schutzmaßnahme für die Nashörner ist natürlich die Entfernung der Hörner. Sissis kleines Horn war jedoch schon auf Fotos zu sehen. Es mag unvorstellbar klingen, aber Wilderer folgen mit gefälschten Social-Media-Accounts Buschliebhabern und Reservaten, um an Fotos von Nashörnern und deren Standorte zu gelangen und sie anschließend aufzuspüren. Ich wusste, dass sie nicht zögern würden, unser Nashornbaby für ein oder zwei Zentimeter nutzloses Horn zu töten – die kleine Sissi war jetzt so alt wie unsere kleinen Nashörner, die 2017 in unserem Waisenhaus getötet worden waren. Diese Menschen sind skrupellos. Deshalb musste Sissis Horn weg. Auch bei ihrer Mutter Mona war die Enthornung überfällig. Bei ihr hatten wir etwas länger als üblich gewartet, weil sie ein Baby hatte. Denn eine Enthornungs-Operation ist immer mit einem gewissen Risiko verbunden, und wenn Mona etwas zustoßen würde, hätten wir ein verwaistes kleines Nashorn, um das wir uns kümmern müssten.

Der Tierarzt beschloss, die Nashörner nacheinander zu betäuben und nicht gleichzeitig; er fing mit Mona an. Er befürchtete, dass eines der Tiere bei gleichzeitiger Enthornung davontaumeln, in einen Graben fallen oder auf andere Weise in Schwierigkeiten geraten könnte, während das andere gerade behandelt wurde.

Vusi und die Freiwilligen entdeckten die Nashörner ganz leicht. Nachdem Mona betäubt und enthornt war, wäre Sissi als Nächstes dran gewesen, aber die wollte davon nichts wissen. Sie rannte davon, so schnell ihre kleinen Beine sie trugen, fest entschlossen, dem großen, lauten Vogel zu entkommen. Sie rannte und rannte, bis ich befürchtete, sie würde einen Herzinfarkt bekommen. Als der Pilot sie schließlich doch in Schussweite hatte, beschoss der Tierarzt sie mit einem Pfeil, der aber aus irgendeinem Grund keine Wirkung hatte. Ein zweiter Betäubungsversuch war nötig. Diesmal verlief alles nach Plan, und so konnte Sissis kleines Horn entfernt werden.

Während des Eingriffs waren alle in Alarmbereitschaft und hielten Ausschau nach Mona, falls sie zurückkäme, um ihr Baby zu beschützen, wie sie es bei Lisa getan hatte – mit fast tödlichen Folgen. Diesmal war Mona nirgends zu sehen. Nachdem Sissi wieder aufgewacht war, irrte sie wackelig von der Narkose umher auf der Suche nach ihrer Mutter. Gerade als wir anfingen, uns Sorgen zu machen, fanden sie einander. Sie beschnüffelten sich und waren sichtlich glücklich, wieder vereint zu sein.

Für die Gäste aus Frankreich und Amerika, die uns begleitet hatten, war die Enthornung eine beeindruckende emotionale und auch lehrreiche Erfahrung. Sie waren erstaunt über den Aufwand, zu dem neben dem Hubschrauber, den Rangern und ihren Fahrzeugen am Boden, dem Tierarzt und seinem Team auch eine kleine Privatarmee mit Maschinengewehren im Anschlag gehörte, um die Tiere und die Hörner vor Wilderern zu schützen. Sie wurden sich bewusst, wie viel Mühe (und Kosten) wir aufwenden, um unsere Wildtiere zu schützen, und werden diese Erkenntnis hoffentlich im Sinne des Naturschutzes verbreiten.

Der Kampf gegen die Wilderei geht unbeirrt weiter. Wir dürfen unsere Wachsamkeit niemals aufgeben oder auch nur in unseren Anstrengungen nachlassen. Es ist ein anstrengendes Leben, aber wir haben keine andere Wahl. Das Leben der Tiere steht auf dem Spiel.

35 EIN VERRÜCKTER TRAUM GEHT IN ERFÜLLUNG

Das Zeltcamp ist ein friedlicher Ort, einfach und naturnah. Der perfekte Ort, um ruhig im Schatten zu sitzen und darauf zu warten, dass die Nashornvögel auftauchen, oder sich auf dem bequemen Bett in der Luxusunterkunft auszustrecken und zu überlegen, ob man ein Buch lesen oder einfach nur dem Zirpen der Zikaden in den Bäumen lauschen will. Doch an diesem Tag im September 2021 herrschte im Camp reges Treiben. Während das Küchenpersonal ein Festmahl vorbereitete, staubten die Hausangestellten ab und brachten alles auf Hochglanz. Siya und Muzi halfen beim Aufstellen der Campingstühle. Es lag ein Hauch von Aufregung in der Luft, denn wir erwarteten bedeutende Besucher: Vertreter der Ubizo Communal Property Association und ihren Vorsitzenden Thomas Cebekhulu.

»Es ist soweit«, sagte ich zu Christiaan, der seinen Teil beitrug, indem er ein paar abgestorbene Blüten aus den Aloen und Sukkulenten herausschnitt, die er aus Stecklingen gezogen hatte. »Heute unterzeichnen wir die Vereinbarung über Dube Ridge.«

Über Funk meldete der Torwächter, dass unsere Gäste eingetroffen waren und die Ranger sie zum Camp bringen würden. Mit Kirsten, unserer Anwältin, und Michael, unserem Partner vom benachbarten Zulweni-Wildreservat, hatte ich den Vormittag in einer dreistündigen Videokonferenz mit der Wildtierbehörde verbracht. Nach Monaten voller Missverständnisse und Fehlkommunikation hatten wir ein virtuelles Treffen vereinbart und offen und direkt miteinander gesprochen. So gelang es uns, mehrere offene Fragen zu unseren Genehmigungen zu klären, einige Probleme zu lösen und enorme Fortschritte zu erzielen.

Die Damen, die im Zeltcamp arbeiteten, legten ihre Gerätschaften und Staubtücher weg, zogen sich schnell um und erschienen wieder in prächtigen traditionellen Kleidern oder in schwarzen Röcken mit weißen Borten. Jede dieser hübschen Damen hatte ihren Kopf, ihren Hals und die Arme mit schwarzen und weißen Perlen geschmückt und ein breites Lächeln aufgesetzt. Ich hatte alle Ranger gebeten, bei diesem besonderen Anlass anwesend zu sein. Für Muzi, der der Cebekhulu-Gemeinschaft angehörte, war der Tag besonders wichtig. Unsere Partner waren voller Begeisterung, als sie erfuhren, dass einer von ihnen schon so lange zu Thula Thula gehörte, hier ausgebildet worden war und heute hier als ein sachkundiger und hochgeschätzter Ranger galt.

Als sich die Fahrzeuge mit den Besuchern näherten, versammelten sich alle Thula-Mitarbeiter zur Begrüßung am Eingang. Thomas Cebekhulu und seine Gemeindevorsteher, sehr elegant und dem Ereignis angemessen gekleidet, kamen in Begleitung von Clive Kelly, ihrem Anwalt, einem charmanten Mann, den ich schon seit Jahren kenne. Seine Familie ist seit über einem Jahrhundert in Zululand ansässig, er spricht fließend Zulu und verfügt über ein beeindruckendes Wissen über die Zulu-Kultur.

Ich hieß sie herzlich willkommen. Die Atmosphäre war von Aufregung und Freude geprägt. Es gab so viel zu feiern mit unseren neuen Partnern und Freunden. Aber zuerst das Geschäftliche! Die Anwälte überreichten uns die gedruckten Dokumente, die Thomas als Vorsitzender im Namen der Ubizo-Gemeinschaft und ich im Namen von Thula Thula unterzeichneten.

»Heute ist ein großer und wichtiger Tag für uns alle«, verkündete Thomas.

Und das war er ganz gewiss. Wir hatten nun eine unterzeichnete Vereinbarung und konnten bald mit der Errichtung des Zauns beginnen. Unser Plan sah vor, die Zäune zwischen dem frisch eingezäunten Lavoni Land und Zulweni am 26. No vember zu entfernen – der erste Teil unserer Erweiterung. Der nächste Schritt würde in der vollständigen Umzäunung des Ubizo-Gemeinschaftslandes bestehen, sobald die Behörden uns die Genehmigung erteilt hatten. Somit könnten wir bis Mitte 2022 eine Größe von 5500 Hektar erreicht haben. Endlich! Damit wäre die magische Zahl von 5000 Hektar überschritten und wir würden die erforderlichen Genehmigungen erhalten.

Ich muss zugeben, dass mir ein paar Freudentränen in die Augen stiegen, als mir die Bedeutung dieser Vereinbarung, auch für die Erhaltung und das Glück unserer Elefantenfamilie, erneut bewusst wurde. Thomas drückte seine eigene Freude darüber aus, indem er sagte, wie wichtig es sei, dass diese prächtigen Tiere bald zum ersten Mal seit Jahrhunderten wieder durch das Cebekhulu-Land streifen würden. Da ich mir als Französin nicht vorstellen konnte, ohne ein Glas Champagner zu feiern, hatten wir einen exzellenten südafrikanischen Schampus auf Eis gelegt. Nachdem Vusi die Korken hatte knallen lassen, stießen wir alle auf unseren gemeinsamen Erfolg an. Und stürzten uns anschließend auf das Festmahl.

In ihrer traditionellen Kleidung sangen die Zulu-Hausangestellten wunderschön und führten einen feierlichen Tanz auf, an dem sich auch Thomas und die anderen Gemeindevorsteher beteiligten. Ich schaute mit großer Zufriedenheit und Dankbarkeit auf die versammelten Menschen. Unsere neuen Partner, Thomas und seine Ubizo-Gemeinschaft, waren wunderbare Menschen, die ihr Engagement für ihre Gemeinschaft und für den Naturschutz ernst nahmen. Zwischen uns herrschte großes Vertrauen und gegenseitiger Respekt, und wir hatten eine gemeinsame Vision, so wie es auch bei Michael der Fall war. Das Team von Thula Thula – die Ranger, das Büropersonal, die Mitarbeiter der Unterkünfte – waren für mich wie eine Familie. Alle waren sehr entspannt, sehr glücklich. Ich wusste, dass wir gemeinsam Großes erreichen würden. Es war wirklich ein wunderbarer Tag.

Ein Tag, der mich an Wunder glauben ließ. Vor ein paar Monaten war ich noch ganz unten, und die Zukunft sah damals düster aus. Und nun, sieh uns einer an! Durch den immensen Druck waren wir gezwungen gewesen, unsere Komfortzone aufzugeben, neue Ideen zu entwickeln und neue Partnerschaften zu gründen. Mit großer Entschlossenheit hatten wir das scheinbar Unmögliche geschafft. Die Greater Zululand Wildlife Conservancy war nicht länger ein verrückter Traum von Lawrence. Sie war wahr geworden. In einer Welt, in der die natürlichen Lebensräume immer weiter schrumpfen, hatten wir den geschützten Lebensraum für unsere wertvollen Tiere vergrößert. Jetzt müssten wir nur noch den neuen Abschnitt einzäunen und die Zäune zwischen uns und Dube Ridge entfernen. Um es mit den Worten des großen Nelson Mandela zu sagen: »Es scheint immer unmöglich, bis es vollbracht ist.«

36 HÖHEN UND TIEFEN

Liebe Françoise,

mein ganzes Leben lang habe ich davon geträumt, ein Wildreservat in Afrika zu besitzen, aber seit ich Ihr Buch gelesen habe, habe ich meine Meinung geändert. Ich würde viel lieber als Gast kommen …

Nach dem Lesen dieses seltsamen Eröffnungssatzes eines Briefes an mich war ich erst etwas verdutzt, aber dann habe ich lauthals losgelacht! Von allen Briefen, die ich nach dem Erscheinen meines Buches *Ein Elefant in meiner Küche* erhielt, ist mir dieser von einer Amerikanerin in Erinnerung geblieben. Er brachte meine Lage perfekt auf den Punkt: ein Traumleben mit Elefanten, dem Busch und afrikanischen Sonnenuntergängen einerseits und wahnsinniger Stress, tragische Verluste und Enttäuschungen andererseits. Ich musste unwillkürlich an diesen Brief aus Amerika denken, als ich im November 2021 einige der größten Höhepunkte und größten Herausforderungen meiner zwei Jahrzehnte im Busch erlebte.

Der November ist immer ein wunderbarer Monat in Thula Thula. Es ist Frühsommer, der Busch ist grün und saftig, die ersten Tierbabys erblicken das Licht der Welt, und wir freuen uns alle darauf, Gäste für die Weihnachtszeit zu empfangen. Nach dem schrecklichen Corona-Jahr sah der November 2021 erstaunlich gut aus: Die Lodge und das Zeltcamp waren ausgebucht, und die Freiwilligen-Akademie wurde von einer wunderbaren Schar junger Leute bevölkert, die es kaum abwarten konnten, die Ärmel hochzukrempeln und sich für den Naturschutz zu engagieren. Der Monat begann mit einer Flut von guten Nachrichten.

Kirsten rief an und war vor Aufregung und Freude außer sich: »Françoise, wir haben sie! Wir haben die Genehmigung.«

Nach sechs Monaten des Wartens hatten wir endlich die Bewilligung erhalten, Rambo, Thabos »großen Bruder«, nach Thula Thula zu holen. Wir würden ein neues männliches Nashorn bekommen, das Thabo als Vorbild dienen und – so hofften wir – Vater einiger Nashornbabys werden würde! Auch für die Wiedereröffnung der Auffangstation, die zwei Jahre lang leer gestanden hatte, gab die Wildtierbehörde grünes Licht. Das war ein großer Durchbruch, und ich freute mich, dass wir wieder Tiere aufpäppeln und auswildern konnten.

Doch der absolute Höhepunkt war der Moment, als die Zäune zwischen Thula Thula, dem Zulweni-Wildreservat und dem Lavoni-Land entfernt worden waren und ein riesiges Wildreservat entstand. An diesem Tag wuchs Thula Thula um 2200 Hektar. Wir luden unsere neuen Partner, Gäste, Freunde, Freiwillige, die Medien und die Mitarbeiter der Wildtierbehörde ein, um dieses Ereignis mit uns zu feiern. Wir sahen zu, wie die Ranger den Draht durchschnitten und den starren Zaun wegrollten, sodass nur die Holzpfähle übrig blieben, die sich deutlich vom Horizont abhoben. Auch sie würden demnächst verschwinden. Einige nahmen wir sofort heraus, die restlichen würden wir in den nächsten Tagen entfernen.

Inmitten all der Aufregung, der Fotoaufnahmen und des Trubels hielt ich einen Moment inne, um die Tragweite dieses Moments zu begreifen. Heute war die Erweiterung, auf die wir viele, mit zahlreichen Enttäuschungen und Rückschlägen gespickten Jahre hingearbeitet hatten, endlich Wirklichkeit geworden. Ich dachte zurück an all das, was nötig gewesen war, um an diesen Punkt zu gelangen. Wie oft ich niedergeschlagen war und es doch irgendwie geschafft hatte, wieder aufzustehen und weiterzukämpfen. Ich dachte daran, wie stolz und glücklich Lawrence gewesen wäre, dass wir der Erfüllung seines Traums von der Schaffung eines riesigen Reservats zur Erhaltung des wunderschönen Zululand-Busches und seiner Tiere so einen gewaltigen Schritt nähergekommen waren.

Vor allem aber bedeutete dieser Tag, dass wir unseren Elefanten bald ein Leben in Sicherheit bieten konnten. Wir hatten den Ökologen Tony Roberts als Berater eingestellt, der sich im Auftrag der Greater Zululand Wildlife Conservancy um alle unsere Managementpläne kümmern sollte. Er war zuversichtlich, dass unsere Elefanten nicht abgeschossen oder umgesiedelt werden würden, was mich enorm erleichterte. Mir war eine große Last von den Schultern genommen worden.

»Komm, Françoise, noch ein Foto von dir und Michael«, rief Kim und riss mich aus meinen Gedanken. Ich willigte ein und schenkte ihr ein breites, herzliches Lächeln. Dann ging es zurück zum Zeltcamp, um zu feiern. Ich dankte allen, die diesen Tag möglich gemacht hatten, insbesondere unseren Partnern und dem Thula-Thula-Team. Ich bedankte mich auch bei der Wildtierbehörde, die mir mit ihrem Druck den entscheidenden Anstoß gab, diesen Schritt zu gehen. Es war tatsächlich so, dass sie uns dazu gebracht hatte, härter und kreativer zu arbeiten, um das Land zu bekommen, das wir benötigten.

Steve Jobs hat einmal gesagt, dass großartige Dinge nie von einer Person, sondern immer von einem Team von Menschen vollbracht werden, und ich glaube, das stimmt. Als ich mich im Zeltcamp umschaute und all diese glücklichen Menschen sah, die aßen, sich unterhielten und einander kennenlernten, war ich für jeden Einzelnen von ihnen dankbar. Sogar für diejenigen, die mir das Leben manchmal schwer gemacht hatten! Und so kehrte ich mit einem großen Erfolgserlebnis und einem warmen Glücksgefühl nach Hause zurück. Zum ersten Mal seit vielen Jahren konnte ich wieder zuversichtlich in die Zukunft blicken. Die Hunde kamen auf mich zugelaufen, und sprangen und bellten vor Freude, als wäre ich wochenlang weg gewesen.

»Hallo Gypsy, ja, komm her, Tina. Down, Zara, komm rein …«, sagte ich und ging mit dem Rudel im Schlepptau ins Haus. Ich machte mir eine Tasse Kaffee und setzte mich hin, um nachzusehen, ob ich während meiner Abwesenheit E-Mails erhalten hatte – und traute meinen Augen nicht.

Auf allen Nachrichtenseiten wurde über die »neue südafrikanische Variante« von Covid-19 berichtet. Als Erste weltweit hatten unsere Wissenschaftler das Genom einer neuen Variante isoliert, die so neu war, dass sie noch nicht einmal einen Namen hatte. Ich verspürte einen Anflug von Panik. Und als die Schlagzeile »Flüge nach Europa gestrichen« aufpoppte, war auf einmal alle positive Energie dieses Tages verflogen. Mich überkam ein schreckliches Déjà-vu-Gefühl. Das hatten wir alles schon einmal, die Geschichte wiederholte sich.

Ich rannte über den Rasen zur Rezeption. Geschockt blickte Swazi von ihrem Bildschirm zu mir hoch.

»Françoise, die Gäste stornieren ihre Buchungen!«, sagte sie.

In ihrem Posteingang trudelte eine Flut von E-Mails ein, in denen Buchungen für die Festtage storniert wurden.

»Mon Dieu. Das ist eine Katastrophe!«, schoss es aus mir heraus.

Mit aschfahler Miene erschien ein nettes Ehepaar aus den USA an der Rezeption: »Wir haben gerade die Nachrichten gesehen. Wir müssen von hier verschwinden und zusehen, dass wir einen Flug bekommen. Können Sie uns helfen?«

Die Ereignisse überschlugen sich, und kurze Zeit später waren alle Rezeptions- und Büromitarbeiter im Einsatz, um für die Gäste und Freiwilligen Flüge zu organisieren, damit sie Thula Thula so schnell wie möglich verlassen konnten. Es war anstrengend, stressig und chaotisch – eine fast identische Situation wie vor 18 Monaten am Anfang des ersten Lockdowns.

Als der Tag zu Ende gegangen war, war ich erschöpft und voller Angst und Unruhe. Ich hatte so viele Probleme überstanden und endlich war es wieder aufwärtsgegangen. Es war so ein wundervoller Tag gewesen! Und jetzt das.

Ich wusste ehrlich gesagt nicht, ob ich das alles noch einmal durchstehen könnte – die Stornierungen, den Lockdown, die leeren Zimmer, die monatelangen Sorgen, wie ich die Rechnungen bezahlen sollte. In dieser Nacht wälzte ich mich hin und her und ging die möglichen Auswirkungen dieses neuen Dämpfers durch. Wie lange würden die Grenzschließungen andauern? Was würde Südafrika tun? Würde es einen neuen Lockdown geben? Wenn der Kopf so voll ist, ist an Schlaf nicht zu denken. Lucy sprang auf das Bett und kuschelte sich an mich. Ich lockerte die »Kein-Hund-im-Bett«-Regel und tat so, als hätte ich nichts bemerkt. Ich genoss es, in dieser schrecklichen Zeit ihren warmen Körper zu spüren.

Nach gefühlt einer halben Stunde Schlaf stand ich am nächsten Morgen auf und machte mich wieder an die Arbeit. Ich half Gästen und Freiwilligen bei den Umbuchungen, beruhigte die Mitarbeiter und versuchte, zu meiner alltäglichen Arbeit zurückzukehren. Doch mein Telefon klingelte unentwegt – Fragen, Anfragen, Stornierungen, Sorgen von Freunden, es gelang mir kaum, ihnen allen gerecht zu werden. Am Nachmittag öffnete ich eine Nachricht von Michael mit einem Bild eines Nyalas. Es war ein ganz gewöhnliches Bild einer ganz gewöhnlichen Antilope, aber trotzdem war es alles andere als gewöhnlich.

»*Der erste Besucher benutzt den Tunnel*«, hieß es in der Bildunterschrift.

Ich war überglücklich! Die Tiere begannen, die Unterführung zwischen Thula Thula und Zulweni zu benutzen. Ich war mir sicher, dass auch die Elefanten den Weg dorthin finden würden und dass ihre Neugier sie dazu verleiten würde, die neuen Teile des Reservats zu erkunden.

Als auch die Ranger das Foto sahen, fragte Khaya: »Von welcher Seite kam er und in welche Richtung ging er?«

Als er hörte, dass der Nyala aus Zulweni kam und nach Thula gewandert war, wirkte er erleichtert. Ich vermute, dass es ihm nicht gefallen hätte, wenn »unsere« Wildtiere ihr Zuhause verlassen hätten.

»Wir sind jetzt ein großes Wildreservat«, erinnerte ich ihn. »Es gibt kein ›sie‹ und ›wir‹ mehr. Wir kümmern uns um das Wohl aller.«

Darin stimmten alle zwar im Prinzip zu, aber ich fragte mich dennoch, wie sie sich fühlen würden, wenn ihre geliebten Elefanten irgendwann auf der anderen Seite der Straße herumspazieren! Dieses leicht verschwommene Foto einer gewöhnlichen Antilope war für mich das buchstäbliche Licht am Ende des Tunnels. Es hob meine Stimmung wieder etwas an – von einem sehr niedrigen Punkt zu einem, sagen wir, etwas höheren Punkt!

Am nächsten Tag verkündete Südafrikas Präsident Ramaphosa, dass es trotz der sich schnell ausbreitenden neuen Variante, die später »Omikron« genannt wurde, keinen harten Lockdown mehr geben würde. Ich glaube, das hätte das Land auch nicht verkraftet. Das war eine gute Nachricht, und somit durften zumindest einheimische Gäste weiterhin zu uns kommen.

37 THABO UND NTOMBI WERDEN UNTERSUCHT

Vor einigen Monaten hatte unser Tierarzt Dr. Trever Viljoen uns vorgeschlagen, die Fruchtbarkeit von unseren Nashörnern Ntombi und Thabo untersuchen zu lassen. Warum pflanzten sie sich nicht fort? Lag vielleicht ein organisches Problem vor? Oder ließen sich die mangelnden Fortschritte bei der Paarung darauf zurückführen, dass sie als Waisen von Menschen aufgezogen wurden? Vielleicht konnten wir etwas tun, um den beiden zu helfen?

Trever sprach mit Dr. Morné de la Rey, einem international anerkannten Spezialisten für künstliche Befruchtung bei Tieren, einschließlich In-vitro-Fertilisation (»Befruchtung im Reagenzglas«). Auch ist er Mitbegründer der gemeinnützigen Organisation Rhino Repro, die mithilfe modernster Befruchtungsmethoden versucht, die nördlichen Breitmaulnashörner vor dem Aussterben zu bewahren. Als ich hörte, dass er bereits über 220 Nashörner untersucht und operiert hatte, dachte ich, dass es eine gute Idee wäre, mich mit ihm zu unterhalten.

Am 8. Dezember kam Morné dann nach Thula Thula, um Ntombi und Thabo zu untersuchen und hoffentlich etwas Licht in ihr geheimnisvolles – und erfolgloses – Sexualleben zu bringen. Wenn nötig, würde er sie operieren, um das Problem zu beheben. Tierarzt Hendrik Hansen und unser Tierarzt Trever assistierten bei den Eingriffen und der Anästhesie. Auch unsere Ranger waren zugegen, um zu helfen und Zeuge dieses hochmodernen tierärztlichen Eingriffs zu sein. Und wie immer hielt Kim alles auf Film und Foto fest. Es war ein ziemlich großes Unterfangen.

Nach der Betäubung der Tiere, die zum Glück ohne Zwischenfälle verlief, konnte es losgehen. Morné hatte eine ganze Reihe von medizinischen Gerätschaften wie etwa Schläuche und Sonden, Infusionen und Nadeln und einen gepolsterten Koffer mit Ampullen und Flaschen dabei. Nachdem er und seine Assistentin Carla alles bereitgelegt hatten, wirkte das Ganze wie ein behelfsmäßiger Operationssaal im Busch.

Als Erstes kam Ntombi dran. Morné untersuchte ihre Geschlechtsorgane mit einem Ultraschallgerät, das er und sein Team speziell für die Untersuchung von Nashörnern entwickelt hatten. Dabei wurde festgestellt, dass ihr rechter Eierstock inaktiv war, aber der linke zwei Follikel produziert hatte, die schon etwas älter aussahen. Das bedeutete, dass sie nicht unfruchtbar war.

Für das Ovum-pick-up-Verfahren (OPU-Verfahren) führte er eine Nadel ein und saugte die zwei Eier aus dem linken Eierstock ab. Während Morné mit Ntombi beschäftigt war, wurde Thabo enthornt. Da Ntombis Operation etwas länger dauerte als erwartet, gab Trever Thabo zwei leichte Extradosen von dem Narkosemittel, damit er weiterhin schlief, bis Morné und Hendrik ihn untersuchen würden. Niemand wollte, dass Thabo aufwacht!

Dann war Thabo an der Reihe. Nach einigen vergeblichen Versuchen gelang es Morné schließlich, die für die Elektroejakulation benötigte Sonde in Thabos After einzuführen, um seine Fortpflanzungsorgane zu stimulieren. Als er noch mit der Untersuchung beschäftigt war, hörte ich ihn murmeln: »Hmm, der wacht gleich auf!« Und genau das tat Thabo auch! Thabo hatte die Nase voll und wollte sich empfehlen. Morné und Carla stellten sofort ihre Arbeit ein, als Thabo anfing, sich zu bewegen und sich langsam hochrappelte. Ranger und Tierarzthelfer wurden abgeworfen oder stoben davon. Andrew, der sich quer über Thabos Hals gelegt hatte, klammerte sich an ihn fest, als würde er ihn reiten. Sheldon, ein junger Ranger, der an der Freiwilligen-Akademie arbeitete, hielt sich ebenfalls fest.

Thabo stolperte mit verbundenen Augen und mit an ihm hängenden Infusionen und Nadeln herum und schüttelte die beiden Männer ab, die zum Glück unverletzt im Busch landeten. Unterdessen rannten alle, die Thabo kannten, so schnell ihre Beine sie tragen konnten, davon. Die meisten suchten Zuflucht in den Fahrzeugen, aber einer von Vusis Leuten, wie ich meinte, floh zum Haus. Seine Füße berührten den Boden kaum und seine Schuhe waren im Durcheinander verloren gegangen. Während wir uns verhielten, als ob in unserer Mitte gerade eine Granate explodiert wäre, blieben Morné und Hendrik ganz ruhig. Eher schien sie unser überstürzter Aufbruch zu verwirren. Sie wussten eben nicht, dass Thabo kein normales Nashorn war, und kannten sein Temperament nicht!

Ungeachtet dessen war es Morné gelungen, jene Proben und Informationen zu bekommen, die er brauchte. Nachdem es den Rangern doch noch gelungen war, Thabo die Augenbinde und den medizinischen Krimskrams abzunehmen, schlenderte dieser etwas benommen davon und fragte sich wahrscheinlich, was um alles in der Welt gerade passiert war. Nach fünf Stunden Einsatz zogen wir uns in die Lodge zurück, wo Morné uns seine Befunde mitteilen wollte.

»Ich muss leider sagen, dass Thabos Befund nicht gut ist. Die Tests haben gezeigt, dass er keine Spermien produziert. Es ist also wahrscheinlich, dass er nicht zeugungsfähig ist oder zumindest eine Fruchtbarkeitsstörung hat«, sagte Morné. Er erklärte weiter, dass Nashörner, die ein Trauma erlebt haben oder von Menschen aufgezogen wurden, sich oft nicht fortpflanzten. »Warum das so ist, ist nicht ganz klar. Möglicherweise hat es etwas mit der Rangordnung unter den Nashörnern zu tun. Es scheint, dass junge Männchen zur Förderung ihrer hormonellen Entwicklung die Anwesenheit und die Konkurrenz anderer, dominanter Männchen brauchen, die außerdem als Vorbilder dienen. Thabo wuchs ohne einen großen Bullen auf, der ihm gezeigt hat, wie man eine Kuh deckt.«

Es stimmte, Thabo verhielt sich in der Nähe der Weibchen scheu und unterwürfig. Er schien nicht zu wissen, was er mit ihnen anfangen sollte. Ich war traurig darüber, dass Thabo wahrscheinlich weder psychisch noch physisch in der Lage war, sich fortzupflanzen. Dabei war er so ein schönes Nashorn und ein so besonderer Kerl. Und es war schade, dass in Thula Thula dann keine kleinen Baby-Thabos herumlaufen würden.

Die Nachrichten über Ntombi waren besser. Es war klar, dass Ntombi nicht den hormonellen Zyklus von ansteigendem und abfallendem Progesteron- und Östrogenspiegeln durchlief, der zur Paarungsbereitschaft und Schwangerschaft führen würde. Aber durch die Entfernung der beiden ruhenden, nicht lebensfähigen Eizellen, erklärte Morné, würde ihr Körper in den normalen Zyklus versetzt werden und hoffentlich neue Eizellen produzieren.

Die Fortpflanzung von Nashörnern ist komplexer, als man sich vorstellen kann, und eine Reihe von physischen, sozialen und emotionalen Faktoren kann zu dem Problem beitragen. Eine Dürre oder Nahrungsknappheit können eine Rolle spielen, obwohl das hier nicht der Fall war, denn unsere Nashörner haben genug zu fressen. Es schien, dass Ntombis Probleme von der sozialen Struktur und den Beziehungen herrührten. Die Anwesenheit eines dominanten älteren Weibchens wie Mona könnte einem jüngeren, weniger erfahrenen Weibchen beim Zyklus helfen, aber die beiden Nashörner waren nie zusammen. Die Anwesenheit von Thabo, der als unterwürfiges Männchen eher in einer »brüderlichen« Beziehung zu ihr stand, würde sie nicht in Paarungsbereitschaft versetzen, aber die eines sexuell aktiven, dominanten Männchens wohl schon.

Ntombi war erst 13 Jahre alt und hatte noch viele »produktive« Jahre vor sich. Es war eine gute Nachricht, dass es wahrscheinlich war, dass sich Ntombis Zyklus normalisieren würde. Und da Rambo, Thabos großer Bruder und ein dominantes Nashorn-Männchen, eine Woche nach diesem Eingriff eintraf, konnte das Timing nicht besser sein!

Mona wurde nicht untersucht, da sie sich bereits zweimal erfolgreich fortgepflanzt hatte und es keinen Grund gab anzunehmen, dass sie es nicht wieder tun würde. Rambo war ein wildes Nashorn, das sich bereits erfolgreich gepaart und eine Reihe von Kälbern gezeugt hatte. Wir hatten große Hoffnungen, dass sowohl Ntombi als auch Mona mit dem neuen Männchen Nachwuchs bekommen würden.

Ich war so dankbar, dass wir auf diesen hochmodernen, bahnbrechenden tierärztlichen Eingriff und auf Mornés außergewöhnliches Wissen zurückgreifen konnten. Wie Morné sagte, war alles Neuland und man würde von Mal zu Mal dazulernen.

Nur eine Woche nach dem Eingriff erwarteten wir mit großer Spannung diese ganz besondere Lieferung: Rambo würde kommen! Von einem Fahrzeug aus beobachtete ich mit einer Mischung aus Aufregung und Nervosität, wie ein Kran eine riesige verstärkte Kiste aus Stahl von der Ladefläche eines Lastwagens hob. Ich musste mir eingestehen, dass unsere Bemühungen, die Nashornpopulation zu vergrößern und Thabo zu helfen, zu einem ausgeglichenen Männchen heranzuwachsen, bislang leider nicht von Erfolg gekrönt gewesen waren. Vor zwei Jahren hatten wir Himmel und Erde in Bewegung gesetzt und ihm eine Freundin besorgt, aber leider zeigte er keinerlei Interesse an ihr. Außerdem hörte er nicht auf, sich schlecht zu benehmen. Würde der lang erwartete große Bruder die Lösung bringen?

Die Zahnräder ruckelten und die schweren Ketten rasselten, als der Kran die Kiste auf dem Boden absetzte. Aus dem Inneren der Kiste drangen dumpfe Geräusche – solche von einem zweieinhalb Tonnen schweren Nashorn auf engem Raum. Zwei Mitarbeiter der Wildtierfangfirma kletterten auf die riesige Kiste und öffneten die Tür.

»Er kommt heraus«, sagte Kim aufgeregt.

Rambo stieg rückwärts aus der Kiste, sodass zuerst sein graues Hinterteil zum Vorschein kam. Sein Hintern war riesig, seine Oberschenkel dick und stark.

»Bist du sicher, dass sie uns keinen Elefanten geschickt haben?«, scherzte ich. Es folgten sein Körper, seine breiten Schultern und sein breiter Hals und schließlich sein riesiger, schwankender Kopf. Der runde Stumpf seines frisch entfernten Horns hob sich blass von seiner grauen Haut ab.

»Er ist ein großer Bursche«, sagte ich voller Bewunderung. Und er war tatsächlich ein prächtiger Anblick, ein starkes, 17-jähriges Nashorn in bestem Alter.

Als Rambo vollständig draußen war, drehte er sich um und begutachtete sein neues Zuhause. Ich glaube, er bewunderte das nach einem nassen Sommer saftige Grasland und die grünen Ebenen dahinter, mit Bächen und Tümpeln, die in der Sonne glitzerten. Das war jetzt sein Revier.

»Willkommen zu Hause, Rambo«, sagte ich, als er die Nase in den Wind streckte. »Konnte er Thabo riechen?«, fragte ich mich. »Oder Mona?«

Für seine Umsiedlung von Phinda nach Thula Thula hatte Rambo keine Beruhigungsmittel erhalten, aber er schien absolut ruhig zu sein. Ich stieß einen Seufzer der Erleichterung aus. Das Einfangen und Wieder-Freilassen eines Nashorns ist, wie wir wussten, ein riskantes Unterfangen, bei dem alles Mögliche passieren konnte, von Fahrzeugpannen bis hin zu Verletzungen. Ich hatte Angst, dass Rambo, wenn er verängstigt oder verwirrt war, aggressiv werden und die Fahrzeuge angreifen würde, von denen aus wir ihn beobachteten, bewunderten und fotografierten. Wenn man mit einem Nashorn wie Thabo zusammenlebt, lernt man, Vorsicht walten zu lassen – deshalb positionierten wir unsere Fahrzeuge immer so, dass wir im Falle eines Angriffs wegfahren konnten –, aber Rambo schien sich wohlzufühlen. Er wirkte zuversichtlich. Er war keineswegs beunruhigt, er konnte damit umgehen. Er senkte den Kopf und graste ein oder zwei Minuten lang. Dann suchte er sich ein schönes Plätzchen und legte sich hin, um sich auszuruhen.

Wir hatten beschlossen, Rambo zum Akklimatisieren nicht in die *Boma* zu bringen. Er war ein erwachsenes Nashorn, der die Gepflogenheiten des Busches kannte. Die Ranger waren der Meinung, dass er in der Lage sein würde, gut auf sich selbst aufzupassen und sich schnell an seine neue Umgebung anzupassen. Und tatsächlich schien Rambo mit seiner neuen Umgebung zufrieden zu sein. Nach einem erholsamen Nickerchen trottete er in den Busch. Im Gegensatz zu Mona, die mit ihrem Baby Lisa im Busch verschwunden war und sich sogar versteckte, sobald sie Fahrzeuge kommen hörte, war Rambo ziemlich leicht auffindbar. Ein paar Tage nach seiner Ankunft entdeckten Muzi, Clément, Christiaan und ich ihn, als er ein erfrischendes Bad im kleinen Mpisi-Stausee an der Straße nach Lavoni-Land nahm. Wir waren dort, um nachzusehen, wie es der Elefantenherde in ihrer neuen Heimat erging. Ich war etwas beunruhigt, aber Rambo verhielt sich ruhig und selbstbewusst, so, als ob er zu Hause wäre. Er ignorierte uns und genoss sein Schlammbad in vollen Zügen.

»Das ist ein wildes Nashorn, ein normales Nashorn«, sagte Christiaan zufrieden. »Völlig anders als ein Nashorn, das mit Menschen aufgewachsen ist.«

Der Gedanke an Thabo und daran, wie sein Leben durch den Verlust seiner Mutter und seiner Verwandten geprägt worden war, machte mich traurig. Wie sehr wir auch versucht hatten, sie zu ersetzen, wie viel Liebe und Fürsorge wir ihm auch gegeben hatten, niemals hatten wir ihm die Fähigkeiten und die Erziehung geben können, wie eine echte Nashornfamilie es konnte. Ich hoffte, dass die Anwesenheit von Rambo etwas in Thabo verändern würde, ihm helfen würde, die gleiche Stärke und das gleiche Selbstvertrauen wie sein neuer großer Bruder zu entwickeln. Die Zeit würde es zeigen.

38 RAMBO TRIFFT THABO

Rambo lebte sich ein, als wäre es das Normalste auf der Welt. Die Ranger beobachteten ihn dabei, wie er auf den Gwala-Gwala-Ebenen, nicht weit vom Haupthaus entfernt, sein Revier absteckte. Er setzte seinen Kot ab und versprühte seinen Urin, um allen zu zeigen, dass dies jetzt sein Hoheitsgebiet wäre.

Unwillkürlich fragte ich mich, was Thabo vom Geruch dieses neuen Männchens hielt. Thabo war das einziges Männchen und ohne jemanden, der ihm widersprach, sein Revier war ganz Thula Thula. Wie würde er es wohl aufnehmen, einen Konkurrenten zu haben? Würde er bereit sein zu teilen? Oder würde er sein Territorium verteidigen?

Die Ranger behielten Rambo genau im Auge. Sie warteten gespannt darauf, wie die beiden großen Kerle aufeinander und wie Rambo auf die Weibchen reagieren würde. Mir war bange vor dem Moment, an dem sich Rambo und Thabo endlich gegenüberstehen würden. Aber ich erinnerte mich auch daran, dass Nashörner von Natur aus nicht aggressiv, sondern meistens ruhige und friedliche Pflanzenfresser sind. Rambo war die Anwesenheit anderer Nashörner, sowohl männlicher als auch weiblicher, gewohnt. Es gab keinen Grund zu der Annahme, dass er es mit Thabo aufnehmen wollte. Da Thabo allerdings in seinen 13 Lebensjahren noch nie ein männliches Nashorn gesehen hatte, war seine Reaktion dagegen eher unvorhersehbar.

Am frühen Morgen des Heiligabends war es dann so weit. Ich erhielt eine Nachricht von Victor:

Rambo und Thabo sind jetzt zusammen.

Wow!!! Erzähl, was ist los? Wo seid ihr?

Zwischen Numzanis »bone area« und dem Picknickplatz der Lodge. In Richtung Nanas Stausee.

Ich holte mein Fernglas und lief zum Hügel am Pool, von dem aus man einen weiten Blick über die Ebene hat. Das Wetter war so trübselig und kalt, dass sich sogar die Schlangen versteckten. Es begann zu nieseln, aber ich wollte keine Zeit damit verschwenden zurückzugehen, um mir einen Regenmantel zu holen. Obwohl die Sicht nicht gut war, entdeckte ich Victors Fahrzeug. Die Nashörner waren teilweise vom Busch verdeckt.

Was machen die da?

Sie starrten sich nur an. Was würden sie als Nächstes tun? Ich war gespannt und wartete auf Nachrichten von Victor. Der Handyempfang in der Wildnis von Zululand ist im besten Fall unzuverlässig, aber immer dann, wenn ich sehnsüchtig auf Nachrichten warte, scheint er für eine Weile ganz schlecht zu sein! Victor rührte sich nicht mehr, während meine verzweifelten Nachrichten an ihn nicht zugestellt wurden.

Schließlich kam wieder eine Nachricht von Victor.

Thabo hat sich hingelegt. Es sieht so aus, als würde er schlafen!

Was macht Rambo?

Er sieht Thabo beim Schlafen zu.

Wirklich, Thabo!

Fast hätte ich über unseren kleinen Racker gelacht – macht er doch einfach ein Nickerchen im Beisein dieses riesigen neuen Männchens! Ich erinnerte mich daran, dass Thabo dasselbe schon mal mit den Elefanten gemacht hatte: Er hatte sich mitten auf die Straße gelegt, ihnen den Weg versperrt und sie ignoriert. Die Elefanten hatte dieses Verhalten eindeutig verwirrt. War das seine Strategie? Wollte er sein Gegenüber irgendwie verunsichern? Machte er jetzt das Gleiche mit Rambo, oder war es eine Geste der Unterwerfung?

Minuten vergingen. Ich beobachtete Victor im Fahrzeug und wartete sehnsüchtig auf seine Nachrichten. Ich hatte große

Angst, dass die beiden Nashörner um die Vorherrschaft kämpfen würden, und die Vorstellung, dass eines von ihnen verletzt wurde, konnte ich nicht ertragen. Fast hätte ich unseren Tierarzt angerufen, nur für den Fall der Fälle, aber das erschien mir dann doch zu albern.

Irgendwann ertrug ich die Spannung nicht länger und schickte Victor eine Nachricht:

Schläft er noch?

Nein. Er steht jetzt auf und wartet. Rambo ist im Busch, um seine Waffen zu holen.

Ha ha …

Nicht wirklich lustig. Mein Herz schlug mir bis zum Hals!

Sind sie nah beieinander?

Der Abstand zwischen ihnen beträgt 5 m, wenn nicht weniger.

Und du?

Ich bin etwa 100 m entfernt. Keine Sorge, mein Auto ist nah, falls etwas passiert.

Ich danke dir, Victor. Bitte beobachte sie weiter und mach Fotos, wenn es geht.

Nach ein paar Minuten erhielt ich eine weitere Nachricht von Victor:

Rambo zieht sich zurück.

Vielleicht war Thabo schlauer, als ich gedacht hatte. Vielleicht ging seine Strategie ja auf. Auf jeden Fall kam es nicht zu einem Kräftemessen. Rambo trottete seelenruhig zu einem dichten Bereich des Busches und versprühte Urin, um zu zeigen, dass dies jetzt sein Revier war. Thabo stand auf und folgte ihm, um mit seiner Nase festzustellen, wo der Urin gelandet war. Rambo ging weiter und Thabo folgte ihm bis zum Savannenland gegenüber der *Boma*.

Von meinem Aussichtspunkt im Garten konnte ich die beiden jetzt deutlich sehen, aber es war mir ein Rätsel, was zwischen den beiden abging.

Victor kehrte zum Haupthaus zurück, um mir die Fotos zu zeigen, die er gemacht hatte. Die Ranger versammelten sich aufgeregt um ihn herum. Alle wollten seinen detaillierten Bericht über das Treffen der Nashörner aus erster Hand hören. Immer wieder wiederholte Victor seinen Bericht und reichte die Fotos herum. Wir sahen uns die Fotos an und unterhielten uns darüber. Dabei diskutierten wir, was jedes Detail bedeuten könnte, und suchten nach Hinweisen darauf, was das Verhalten von beiden ausdrücken und was als Nächstes geschehen könnte.

»Meinst du, dass es ein Zeichen von Unterwerfung war, als Thabo sich hinlegte?«, fragte Khaya.

»Keine Ahnung, aber ich erinnere mich, dass Thabo das schon mal gemacht hat, als er sich mitten auf die Straße vor die Elefanten gelegt und ihnen den Weg versperrt hat. Er hat sie völlig ignoriert, als wären sie ihm egal«, erwiderte ich.

»Ich erinnere mich. Es hat sie ganz schön verwirrt. Sie wussten nicht, was er vorhatte. Vielleicht ist das seine clevere Strategie.«

»Die Wege von Thabo sind unberechenbar und unergründlich«, sagte Victor lächelnd.

Aber Khaya ließ noch nicht locker. »Und als er Rambo folgte? Heißt das, dass sie jetzt Freunde sind?«

»Möglich. Vielleicht war er aber auch nur neugierig und wollte lediglich wissen, wer dieser Fremde ist.«

Ich war genauso verblüfft wie alle anderen, aber ich war froh, dass es keine Anzeichen von Aggression zwischen den beiden gab. Dafür konnten wir dankbar sein.

In dieser Nacht wälzte ich mich im Bett und fragte mich, was die beiden wohl vorhatten. Ich hoffte, dass der Frieden zwischen ihnen anhalten würde. Als ich bei Tagesanbruch aufwachte, las ich als Erstes die WhatsApp-Nachrichten der Ranger. Rambo war nach wie vor da, wo wir ihn zuletzt gesehen hatten, während Thabo in nördlicher Richtung zur Freiwilligen-Akademie gegangen war, so weit wie möglich von Rambo entfernt.

Wieder einmal konnten wir nur abwarten. Denn kein Mensch konnte mit Sicherheit sagen, wie ein Tier auf eine neue Situation reagieren würde.

Nur … was würde passieren, wenn Rambo auf die Nashorndamen trifft? Wir waren uns ziemlich sicher, dass sie bereits von der Existenz des jeweils anderen wussten, aber offenbar schienen sie keine Anstalten zu machen, sich zu treffen. Die Weibchen waren im Norden, während Rambo weiter südlich an Ort und Stelle verweilte und dort sein Revier absteckte. Ich wusste zwar nicht viel über die Fortpflanzung von Nashörnern, aber ich wusste, dass sie nicht klappen würde, wenn die Jungs auf der einen Seite des Reservats lebten und die Mädels auf der anderen!

Wir hofften, dass der Duft eines paarungsbereiten Weibchens ihn auf der Suche nach einer Partnerin zu ihr führen würde. Ein Weibchen versprüht seinen Duft, um Männchen anzulocken und andere Weibchen fernzuhalten, und gibt einen pfeifenden Laut von sich. Der Tag, an dem Rambo auf die Mädels treffen würde, würde ein großer Tag sein. Dann würde ein weiterer Traum in Erfüllung gehen!

39 DAS GELOBTE LAND

Muzi, Christiaan, Clément und ich machten uns auf den Weg nach Lavoni-Land, das seit der Entfernung des Zauns mit Thula Thula vereint war. Die Elefanten waren in das neue Land gewandert, und ich war gespannt, wie es ihnen dort gefiel. Es war ein schöner Tag, um im Busch unterwegs zu sein. Der Morgen war kühl, es wehte eine frische Brise. Angenehme Regenfälle hatten dafür gesorgt, dass das Wildreservat spektakulär aussah: Jeder Baum und jeder Grashalm leuchtete in einem kräftigen Grün, jedes Tier war wohlgenährt und gesund.

Der Dezember ist Baby-Zeit, und das Wildreservat füllte sich mit neuem Leben – kleine Nyalas, Impalas, Zebras und Gnus, die schon wenige Minuten nach der Geburt auf ihren Beinen standen und dicht bei ihren Müttern anfingen, die Welt zu erkunden. Ich bat Muzi, kurz anzuhalten, um ein neugeborenes, erst wenige Stunden altes Zebra zu bewundern. »Seht nur, wie lang seine Beine sind«, bemerkte Christiaan. »Schon bei der Geburt sind die Beine von Zebra-Babys so lang wie die eines ausgewachsenen Zebras. Das dient dazu, Raubtiere zu verwirren, die sich in Bodennähe aufhalten. Da die nur die Beine sehen, wissen sie nicht, ob es wehrlose Babys in der Herde gibt.«

Die Dezemberbabys sind die schönsten Weihnachtsgeschenke, die man sich vorstellen kann. Ihr Anblick erfüllt mich immer mit großer Freude. Aber als ich sie diesmal sah, musste ich an Savannah denken, von der wir gehofft hatten, dass sie dieses Jahr zu Weihnachten zum ersten Mal werfen würde. Aber sie war allein, noch immer ohne Partner und auch ohne Nachwuchs. Die Genehmigungen für die Männchen standen nach wie vor aus, aber ich beschloss, mich heute nicht mit dem Problem zu befassen.

»Lass uns die Elefanten suchen«, sagte ich zu Muzi, der schon darauf brannte, endlich weiterfahren zu können.

Am 26. November 2021 hatten wir die Zäune zwischen Thula Thula und dem Lavoni-Land entfernt, ein Ereignis, das wir mit Freunden, Mitarbeitern und Medien gefeiert hatten. Das eigentliche Fest aber war der Moment, als unsere Elefantenfamilie den Weg zum neuen Land entdeckte. Die Ranger hatten mich informiert, dass es endlich passiert war, und jetzt machten wir uns auf den Weg zu ihnen.

Es war ein Leichtes zu erkennen, welchen Weg die Elefanten gegangen waren, denn ihre Spuren waren unübersehbar. Als Muzi um eine Kurve fuhr, hielt er plötzlich an. Er stieg aus, um eine junge Weide zu untersuchen, die quer über der Straße lag und diese versperrte. Wie wir sehen konnten, war sie mit den Wurzeln aus der Erde gerissen worden. Die begeisterten Elefanten hatten Äste und Blätter abgerissen und verstreut und dann mit ihren Füßen zerquetscht.

Nachdem Clément und Christiaan Muzi geholfen hatten, den Baum von der Straße zu ziehen, setzten wir unseren Weg fort. Es dauerte nicht lange, bis wir auf die verstreut herumliegenden Überreste eines Kaktusbaums stießen, die zerrissen, angeknabbert und zertrampelt waren. Auf der Suche nach der Herde fuhren wir weiter in Richtung Fluss. Trotz des robusten Geländewagens und Muzis Fahrkünsten hatten wir alle Hände voll zu tun: Die Straße war übersät mit Spuren, welche die Elefanten im Rahmen ihrer übermütigen Erkundung des neuen Reviers hinterlassen hatten. Wir mussten noch ein paar Mal anhalten, um die Straße freizuräumen.

Als ich das vertraute Knistern von fressenden Elefanten hörte, drehte ich mich um, und sah Nandi und ET, die sich am frischen Grün der Bäume gütlich taten, junge Zweige abrissen und in ihre Mäuler stopften. Baby Tom, das verängstigte Elefantenbaby aus meiner Küche, kam mutig mit erhobenem Rüssel auf das Fahrzeug zugelaufen. Ich fragte mich, ob Tom mich erkannte. Wir beobachteten sie ein oder zwei Minuten lang und fuhren dann weiter, dem Fluss folgend. Wir kamen zu einer Lichtung im dichten Busch, welche die Elefanten als neuen Weg für sich geschaffen hatten. Am Ende des schlammigen Pfades befand sich ein großer Tümpel, in dem einige Elefanten von Nanas Familie schwammen und planschten.

Die Elefanten verhielten sich so, wie wir sie noch nie gesehen hatten. Sie waren wie Kinder in einem großen Freizeitpark, voller neuer Erlebnisse, neuer Fahrgeschäfte und Rutschen, unglaublicher Geschmackserlebnisse und Gerüche. Sie wirkten angeregt und heiter. Die Elefanten verweilten mehrere Tage auf Lavoni-Land, erkundeten ihre neue Spielwiese und kosteten all ihre Vorzüge aus. Ich war mir sicher, dass es Wochen dauern könnte, bis sie wieder ins vertraute Terrain zurückkehren würden, aber es machte mir auch nichts aus, wenn nicht.

Das Lavoni-Land enthielt alles, was wir uns vom ihm erhofft hatten, und noch mehr. Es war wirklich das gelobte Land für unsere Elefantenfamilie. Aber das Gebiet war ja noch nicht vollständig. Im März 2022 würden wir mit der Umzäunung des Dube-Ridge-Landes beginnen, sodass wir den Zaun zwischen Dube-Ridge und Thula Thula entfernen konnten und die Elefanten ein weiteres neues Stück Land bekommen würden, das sie erkunden konnten.

Ich musste an Frankie denken und daran, wie sehr sie dieses neue Gebiet geliebt hätte und wie zufrieden sie gewesen wäre, wenn sie ihre Familie so glücklich und aufgeregt gesehen hätte. Obwohl Frankies Tod jetzt schon ein Jahr her war, trauerte die Herde ihrer Anführerin immer noch nach. Anders als die Elefanten besuchen wir Menschen die Stelle, an der sie verstarb, nur selten, weil sie so unzugänglich ist und außerdem im Büffelgebiet liegt. Wer weiß, was unsere Elefanten fühlen oder woran sie sich erinnern, wenn sie Frankies Knochen hochheben, riechen und schmecken?

Brendon war derjenige, der am meisten von Frankies Tod betroffen war. Er war ein echtes Muttersöhnchen. Er blieb auch dann bei seiner Mutter, als sie immer kränker und schwächer wurde, bis sie ihn nur wenige Tage vor ihrem Tod fortjagte. Vielleicht tat sie dies, weil sie wusste, dass ihr Ende nahte und sie ihn dieses Erlebnis nicht hautnah miterleben lassen wollte. Brendon vermisste seine Mutter sehr, trauerte immer noch um sie und verhielt sich seltsam, wie Victor berichtete, der Zeuge einer dramatischen Konfrontation zwischen Brendon und den anderen Elefanten am Mkhulu-Stausee gewesen war: Brendon benahm sich einigen der Weibchen gegenüber schlecht – er berührte sie unangemessen und versuchte, sie ohne das übliche »Kennenlern-Techtelmechtel« zu besteigen. Er machte sich auf höchst unhöfliche Weise unsympathisch.

»Mit einem solchen Verhalten ist er in dieser Herde nicht durchgekommen«, sagte Victor, der sich über die schlechten Manieren des Burschen ärgerte. »ET hat gesehen, was los war, und hat dem schnell ein Ende gesetzt. Sie verfolgte Brendon bis ins Wasser des Stausees, drückte ihn nieder und hielt ihn dort fest. Brendon schrie. Es war unglaublich, wie laut er war. Doch ET hielt ihn dort fest und ließ ihn nicht aufstehen oder aus dem Wasser entkommen.«

Ich hatte etwas Mitleid mit dem armen Brendon, der es sich mit ET verscherzt hatte. ET ist ein mächtiger Elefant, der nicht klein beigibt.

»Und wie ging es aus?«, fragte ich Victor.

»Mabula, Brendons großer Bruder, schaltete sich ein. Er ging ins Wasser und spielte mit ihm, um ihn zu beruhigen. Es war, als würde er sagen: ›Komm her, Junge, ich kenne mich aus, ich weiß, was zu tun ist, halte dich zurück, benimm dich und die ganze Sache erledigt sich von selbst.‹ Das war schon ziemlich erstaunlich.«

Wieder einmal war ich beeindruckt, wie unglaublich groß die emotionale Intelligenz unserer Elefanten ist. Diesmal schritt Mabula ein, zeigte dem Jungen, wo es langging und entschärfte die Situation.

»Und damit hat sich alles in Wohlgefallen aufgelöst?«, fragte ich.

»Nicht wirklich. Nachdem sich Brendon beruhigt hatte, versuchte er, aus dem See zu kommen, aber ET ließ ihn nicht. Sie wollte ihn einfach nicht rauslassen.«

Verwundert schüttelte ich den Kopf. Diese ET war wirklich etwas Besonderes.

Victor fuhr fort: »Mabula stellte sich vor sie und sagte: ›Okay, das reicht, er hat seine Lektion gelernt, wir sind hier fertig.‹ Für einen Moment gab es eine Pattsituation und die beiden standen sich Kopf an Kopf gegenüber, während die anderen zusahen. Sie alle wollten sehen, wie dieses Drama ausgehen würde.«

»Und?«

»ET ließ ihn gehen.«

Auch Gobisa wirkte nach Frankies Tod verändert. Jetzt, wo er nicht mehr an der Seite seiner geliebten Frankie war, hatte er begonnen, Kontakt zu den anderen Elefantendamen der Herde aufzunehmen. Es war, als würde er nach ihnen sehen und sich vergewissern, dass es ihnen gut geht. Aber er schien auch sexuelles Interesse an ihnen zu zeigen, und sie an ihm. Schließlich ist so ein großer, älterer Bulle durchaus begehrenswert.

Am faszinierendsten aber war die sich verändernde Dynamik innerhalb der Herde. Natürlich diskutierten wir endlos über diese ganz eigene Seifenoper. Mit ihrer starken Persönlichkeit und den meisten Familienmitgliedern war Marula als Matriarchin zwar unangefochten, aber die Macht und Autorität von Frankie hatte sie noch nicht. Nanas Macht fußte auf ihrer Weisheit und

Erfahrung, und mit Marulas Entscheidungen war sie nicht immer einverstanden.

»Marula ist abenteuerlustiger als Frankie. Und sie ist jünger«, sagte Andrew. »Wenn sie beschließt, auf die andere Seite des Reservats zu wandern, um ein Abenteuer zu erleben, kann es sein, dass Nana sagt: ›Nein, danke, wir machen etwas anderes.‹«

Ihre Familie – Tom, Lolo und die anderen – folgen ihr als Anführerin, während Nandi immer an ihrer Seite ist, um zu lernen, wie es geht. Trotz ihres sanften Wesens ist Nana keineswegs schwach. Als Christiaan kürzlich im Lavoni-Land unterwegs war, versperrte ein großer Ast die Straße. Das war nicht ungewöhnlich. Christiaan stieg aus und zog den schweren Ast aus dem Weg. Nana war in der Nähe und beobachtete, wie er den Ast in den Busch zerrte.

»Als ich etwa zehn Minuten später wieder zu der Stelle zurückkam, traute ich meinen Augen nicht«, sagte er und schüttelte den Kopf. »Nana war gerade dabei, den Ast zurück auf die Straße zu schleppen! Dabei warf sie mir einen Blick zu, der mir ganz klar sagte: ›Leg dich nicht mit meinem Baum an, junger Mann. Wenn ich den Ast hier hingelegt habe, will ich ihn auch hier haben. Basta!‹«

Unter Marulas Führung ist die Herde nicht so geschlossen wie unter ihrer Vorgängerin. Frankies Familie hält zu Marula, aber Nanas Familie spaltet sich manchmal für eine Weile ab und macht ihr eigenes Ding. Irgendwo zwischen den Stühlen sitzt ET: Manchmal ist sie bei Marula, manchmal bei Nana, und manchmal geht sie mit ihrer eigenen Familie einen anderen Weg. Wir gehen davon aus, dass sich diese Dynamik noch eine Weile fortsetzen wird. Durch die Gebietserweiterung und durch den größeren Bewegungsspielraum könnte es zu einer Aufspaltung in zwei oder sogar drei Elefantenherden kommen.

40 LIEBE UND VERBINDUNG

Vom Bestsellerautor Robin Sharma stammt die Aussage, dass Leidenschaft das Geheimnis der Beharrlichkeit sei: Wenn man sich einmal in eine Vision verliebt habe, könne man nicht mehr zurück. Diese Aussage trifft auch auf mein eigenes Leben zu.

Meine Thula-Thula-Lebensreise war ganz und gar von Liebe bestimmt: Zuerst verliebte ich mich in Lawrence, dann in das Land und schließlich in die Elefanten. Irgendwie gelang es den Elefanten, in meine Seele einzudringen, und seitdem sehe ich es als meine Lebensaufgabe an, dafür zu sorgen, dass sie ein sicheres und glückliches Leben führen können. Diese Vision habe ich nie aufgegeben, wie hart der Weg manchmal auch war.

Unwillkürlich denke ich zurück an den Anfang von allem, als Lawrence mir vor 34 Jahren während meiner ersten Südafrika-Reise dieses Wildreservat gezeigt hatte. Wie aufregend es war, im kleinen »Windy Ridge Game Reserve« zum ersten Mal ein bescheidenes Impala und eine anmutige Giraffe zu sehen. Ich hätte mir niemals in meinen kühnsten Träumen vorstellen können, dass wir zehn Jahre später Besitzer desselben Reservats sein würden, das wir Thula Thula nannten und das zu einem Paradies für die Wildtiere wurde. Auch konnte ich nicht ahnen, dass Lawrence so plötzlich sterben würde und ich allein die Verantwortung für Thula Thula, seine Menschen und seine Tiere zu tragen hätte.

In den zehn Jahren seit Lawrence' Tod war ich mit extremen Herausforderungen konfrontiert worden, von Überschwemmungen und Wilderei über Verluste bis hin zu administrativen Problemen, Betrug und zuletzt der Pandemie. Ich durchlebte eine Achterbahn der Gefühle, die mich bis ins Mark erschütterte. Es gab Zeiten, in denen ich ans Aufgeben dachte. Aber ich machte dennoch weiter. Denn ich hatte mich in die Vision und in die Elefanten verliebt.

Es waren die Elefanten, die meinem Leben ein Ziel und eine Richtung gaben. Ihre Intuition, ihre Widerstandskraft und ihr Sinn für Familie und Gemeinschaft haben mich tief berührt. Sie waren mein Vorbild für ein perfektes Gesellschaftsmodell und für ein erfülltes Leben. Unter der Führung einer Matriarchin arbeiten sie gemeinsam für das Gemeinwohl. Diese Elefantenherde inspirierte mich und zeigte mir den Weg zu einem neuen Leben ohne Lawrence, zeigte mir, wie ich weitermachen und den Traum verwirklichen konnte, und wie ich das Team dorthin führen konnte, wo wir heute sind.

Ich wusste nicht, wie ich nach Lawrence' Tod weiterleben sollte, wie ich Thula Thula am Laufen halten konnte oder wie wir Covid überleben würden. Dass ich im Jahr 2022 hier an diesem wunderschönen Fleck im Zululand stehen würde, in dem Wildtiere frei und sicher umherstreifen, war alles andere als sicher. Und doch bin ich hier.

Corona hat uns gelehrt, dass wir nie etwas als selbstverständlich betrachten dürfen. Und dass wir das, was wir haben, selbst die alltäglichsten Momente, wertschätzen sollten. Denn wir wissen nie, was der nächste Tag bringen wird. Ich möchte die Jahre der Pandemie nie wieder durchmachen, aber dennoch habe ich in dieser Zeit sehr viel gelernt und Eigenschaften an mir entdeckt, von denen ich nicht wusste, dass ich sie habe. Ich weiß, dass Rückschläge und Tragödien uns dazu bringen können, Dinge anders zu machen, uns stärken und Talente zutage fördern, von denen wir vielleicht gar nicht wussten, dass wir sie haben. Und manchmal öffnen sie Türen zu neuen Möglichkeiten.

Das Geheimnis des Überlebens ist die Fähigkeit, sich an eine neue Situation anpassen zu können. Im Laufe der Zeit habe ich erkannt, dass Veränderungen unvermeidlich sind und dass Entwicklung und Wachstum immer mit Druck, Herausforderungen und Hürden einhergehen. Die Frage ist nur, wie wir darauf reagieren. Manchmal stellt sich zu unserer Überraschung heraus, dass das Unmögliche doch machbar ist.

Während ich diese Zeilen schreibe, kann ich von meinem Haus aus die grasenden Kudus, Gnus und Giraffen auf dem Grasland sehen, das im Spätsommer sehr saftig ist. Und in der Ferne machen sich die Elefanten nach ihrem Weihnachtsurlaub im Lavoni-Land, von dem sie vollgefressen und mit neuen Erinnerungen und Erfahrungen zurückgekehrt waren, auf den Weg zum Mkhulu-Stausee. Die Freude gesehen zu haben, die sie im neuen Teil des Reservats hatten, erfüllt mich mit immensem Glück. Aber gleichzeitig haben wir unsere Elefanten schrecklich vermisst und sind überglücklich, sie nach drei Monaten wieder im Süden des Reservats begrüßen zu können. Dieser wunderbare Anblick entschädigt für all die harten Lektionen, die meine neue Verantwortung, auf die ich überhaupt nicht vorbereitet war, mit sich bringt.

Durch die Erweiterung des Reservats, durch die wir heute mehr Tiere schützen und mehr Land für die Wildtiere zur Verfügung stellen können, habe ich zusammen mit meinem Team große Fortschritte bei der Verwirklichung von Lawrence' Traum gemacht.

Erst vor wenigen Wochen haben wir das Krokodil Luigi als neues Mitglied der Thula-Thula-Familie begrüßt, das auf der Farm, auf der es gefunden wurde, unerwünscht gewesen war und heute im Stausee seine Freiheit genießt. Als das Centre for the Rehabilitation of Wildlife (CROW) bei uns anfragte, ob wir es aufnehmen könnten, lautete meine spontane Antwort: Selbstverständlich! Bislang hatten wir nur ein Krokodil, Gucci, aber wir haben jede Menge Stauseen und Wasser. Luigi ist in einem Wildreservat besser aufgehoben als in einem Fluss oder in einem

See im Farmland, wo er eine Gefahr für die Menschen darstellen könnte. Als Luigi bei uns ankam, stürzte er sich, unter den Augen der gesamten Flusspferdfamilie, aus seiner langen Transportkiste in das Wasser des Stausees und war offensichtlich glücklich, hier zu sein.

Ein paar Wochen vor der Ankunft von Luigi war Rambo, unser großes Nashorn, nach Thula Thula gekommen. Er scheint sich bereits sehr wohlzufühlen. Er hat Thabo, die Elefanten und die Büffel kennengelernt und begrüßt sie alle mit Vertrauen und ohne jegliche Aggression. Für die Kontaktaufnahme mit den Nashorndamen nahm sich Rambo allerdings Zeit. Erst etwa zwei Monate nach seiner Ankunft machte er sich langsam, aber zielstrebig auf den Weg in den Norden des Reservats, wo sich unsere Nashorndamen aufhielten und wo er schließlich auch Ntombi begegnete, die dort zusammen mit Thabo graste. Rambo stellte sich der schönen jungen Dame vor, indem sie beide, wie in Liebesangelegenheiten bei Nashörnern so üblich, den einzigartigen Duft des anderen erschnupperten. Romantisch, nicht?

Dass sich dieser Eindringling an seine Liebste heranmachte, ließ Thabo jedoch nicht ganz kalt. Er schaute ihn mit einem »Was-soll-das-werden?«-Ausdruck an, senkte dann den Kopf und ging auf den großen Kerl los. Es kam zu einem kleinen Gerangel zwischen den beiden Anwärtern – zum Glück ohne Verletzungen –, aus dem Rambo schließlich als Sieger hervorging, Daraufhin spazierte dieser mit Ntombi der untergehenden Sonne entgegen.

Bald darauf verabschiedete er sich wieder von ihr und zog weiter in Richtung Norden, wo er ein paar Tage später die Bekanntschaft von Mona machte und das Geschnüffel und Flirten von vorne losging.

Nachdem man gegenseitig Bekanntschaft gemacht und gute Beziehungen aufgebaut hat, wartet Rambo darauf, dass eine der beiden Nashorndamen paarungsbereit ist. Er wird sie an ihrem

Geruch erkennen und sofort zur Stelle sein. Und dann, so hoffe ich, wird er mich bald zur Nashorn-Oma machen. Denn das ist schließlich seine Aufgabe!

Unseren armen Thabo hingegen hat die ganze Sache ganz schön mitgenommen. Es hat mir das Herz gebrochen, ihn allein wie eine verlorene Seele umherwandern zu sehen, als Ntombi ihm einen Korb gegeben hat. Inzwischen besucht er uns regelmäßig am Haupthaus und verbringt manchmal ganze Tage bei uns, als ob er bei uns Trost sucht.

Wir haben mehr Land, wachsende Wildtierbestände und die neu eröffnete Zululand-Auffangstation, bei der Anrufe aus der ganzen Region eingehen – ein Zeichen dafür, wie wichtig diese Einrichtung ist. Die Dame, die uns das Erdmännchen Daisy geschickt hatte, rief uns wegen eines weiteren Erdmännchens an, das aufgepäppelt und wieder in der Kalahari ausgewildert werden soll. Es freut mich, dass ich so vielen kleinen Wesen zu einem zweiten, gesunden und freien Leben verhelfen kann.

Wir reichten einen neuen Raubtiermanagementplan ein, diesmal für das gesamte Wildreservat Greater Zululand Wildlife Conservancy. Hoffentlich werden wir als Nächstes endlich die Genehmigungen für die beiden männlichen Geparden erhalten. Leider hindert die dichte Vegetation uns daran, Savannah zu beobachten, aber anhand ihrer Spuren und erbeuteter kleiner Antilopen kennen wir ihren Weg durch das Wildreservat. Savannah ist in der Nähe und aktiv – sie braucht nur dringend die Gesellschaft eines weiteren Geparden, eines Partners. Ich hoffe sehr, dass es in Thula Thula noch im Jahr 2022 Gepardennachwuchs geben wird: unser Beitrag zum Überleben dieser bedrohten Art. Ich werde diesen Traum nicht aufgeben. Sehnsüchtig warten wir auf den Tag, an dem wir die männlichen Geparden im Wildreservat begrüßen können.

Das Leben im Busch ist immer ungewiss. Das Einzige, dessen ich mir sicher sein kann, ist, dass die vor uns liegende Reise nicht einfach sein wird. Es wird weitere Herausforderungen und Hürden geben, aber Aufgeben ist keine Option. Wer ein Anliegen und ein Ziel im Leben hat, weiß, dass dieses einen durch schwere Zeiten lotst und einem die Kraft gibt, weiterzukämpfen und seinen Traum zu leben.

Das Leben im Busch war eine Entdeckungs- und Überlebensreise, und das wird es auch in Zukunft sein. An guten Tagen wird es sich wie ein großes Abenteuer anfühlen, an anderen eher wie ein Überlebenskampf. Aber jeder Tag ist eine Gelegenheit, Thula Thula zu einem besseren und größeren Ort für Tiere und Menschen zu machen.

Im Februar fiel mir die große Ehre zu, vom französischen Botschafter in Pretoria die *Médaille de Chevalier de l'Ordre National du Mérite* für meinen Beitrag zum Naturschutz in Südafrika zu erhalten. Es ist schön, Anerkennung zu bekommen für das, was man tut, aber ich mache nie den Fehler zu glauben, dass meine Leistungen einzigartig oder allein mein Verdienst wären. Deshalb habe ich diese Auszeichnung meinem großartigen Thula-Thula-Team gewidmet, das mir auf meinem Weg immer zur Seite stand und mir geholfen hat, aus Thula Thula das zu machen, was es heute ist. Jede Anerkennung, die ich erhalte, ist auch eine Anerkennung für all die anderen leidenschaftlichen Naturschützer, die stillen Helden, die alles dafür geben, eine bessere Welt für Tiere und Menschen zu schaffen und die afrikanischen Wildtiere vor dem Aussterben zu bewahren.

Vielleicht lesen Sie dieses Buch in einem weit entfernten, verschneiten Land, in einer großen, belebten Stadt oder irgendwo an einem Strand. Doch wo auch immer Sie sind, ich hoffe, dass Sie sich mit diesem besonderen Fleckchen Erde hier im Süden Afrikas, mit den Wildtieren und den Menschen, die sich um sie kümmern, verbunden fühlen. Denn wir Menschen und Tiere überall auf der Welt sind alle miteinander verbunden, im Guten wie im Schlechten, da wir denselben Planeten teilen.

Ich hoffe, dass meine Geschichte und die der Elefanten von Thula Thula dazu beigetragen haben, dass auch Sie sich ein wenig in die Elefanten verliebt haben und verstehen, wie wichtig es ist, sie zu schützen. Wie wichtig es ist, Menschen über den Naturschutz aufzuklären und das Bewusstsein für die schwindende Wildnis zu schärfen, damit mehr Platz für unsere wertvollen Wildtiere hier in Afrika und anderswo auf der Welt geschaffen wird. Wie wichtig es ist, die Wilderei zu bekämpfen. Und wie wichtig es ist, uns besser um unseren Planeten und alle seine Bewohner zu kümmern.

Wir alle sollten uns dieser Aufgabe mit Leidenschaft und Entschlossenheit stellen, damit auch künftige Generationen eine der tiefgreifendsten und schönsten Erfahrungen machen können, die man sich vorstellen kann: Elefanten, Nashörner, Geparden oder Löwen frei in ihrem natürlichen Lebensraum umherstreifen zu sehen. In der Wildnis Afrikas.

DANKSAGUNGEN

Zuerst möchte ich meiner Co-Autorin Kate Sidley für ihr großes Engagement bei diesem Buch und für die Dokumentations- und Recherchearbeit danken, aus der eine Informationsquelle über den Schutz der Wildtiere entstanden ist, und ich danke ihr dafür, dass sie all unsere zahlreichen Geschichten und Abenteuer aus dem Buschleben mit viel Humor erzählt hat.

Danke an mein Super-Rangerteam – Siya, Andrew, Victor, Muzi und Khaya – für ihre unterhaltsamen Buschgeschichten und Einblicke in das Leben unserer besonderen Elefanten, Nashörner und all der anderen wilden Kreaturen von Thula Thula.

Ein besonderes Dankeschön an Christiaan für sein enormes Wissen und seine Leidenschaft für Wildtiere und Naturschutz – eine echte Lernerfahrung für Kate und mich. Ich danke ihm für seine große Geduld und seine Bereitschaft, uns bei der Erstellung dieses Buches mit allen notwendigen wissenschaftlichen Informationen zur Seite zu stehen.

Ich danke meinem gesamten Team für seine Liebe und Hingabe an Thula Thula. Ich hoffe, dass ihre Kinder und Enkelkinder eines Tages dieses Buch lesen und stolz auf ihr Leben und ihre Leistungen sein werden, und ich hoffe, dass sie auch vielen künftigen Generationen eine Inspiration sein werden.

Vielen Dank an unsere talentierte Fotografin Kim, die dieses Buch mit den herrlichsten Fotos unserer Tierwelt illustriert hat.

Danke an Clément, den besonderen Mann in meinem Leben, für seine Liebe, seine unermüdliche Unterstützung und seine unglaubliche Geduld mit meinem verrückten Lebensstil.

Danke auch an meine Freundin Bella, eine Quelle des Wissens und der Weisheit, die mir immer eine große Stütze und

Orientierungshilfe ist, und die ich mit größter Dankbarkeit schätze.

Vielen Dank auch an alle unsere Freunde und großartigen Unterstützer von Thula Thula, die in den dunkelsten Momenten für uns da waren und uns geholfen haben, die schwersten Zeiten zu bewältigen. DANKE. Ohne euch hätten wir es nicht geschafft.

Und danke an unsere einzigartige Elefantenfamilie – Nana, Nandi, Marula, Mabula, ET, Gobisa, Mandla und alle anderen – danke, dass ihr meine Inspiration seid und mir die Kraft gegeben habt, niemals aufzugeben und das Thula-Thula-Team dorthin zu führen, wo wir heute stehen.

Und großen Dank an Lawrence und unsere Matriarchin Frankie: Euer Geist wird für immer in Thula Thula weiterleben.

Mit Dank an alle,

Françoise

BILDNACHWEISE

Alle Fotos im Bildteil sind von @ Kim Mcleod
mit Ausnahme von:
Seite 2 unten: @ Lynda Smith
Seite 3 oben, Seite 4 unten und Seite 16 oben:
@ Victor Ngwenya
Seite 4 oben: @ Michael Holthuysen
Seite 6 unten, Seite 10 oben rechts und Seite 15 oben:
@ Françoise Malby-Anthony
Seite 8 oben: @ Plony Bos
Seite 10 oben: @ Sunel Hills
Seite 12 oben: @ Siya Mbatha
Seite 16 oben rechts: @ Ayan Kamath Mehra

Auch als E-Book und Hörbuch erhältlich

384 Seiten
16,99 € (D) | 17,50 € (A)
ISBN 978-3-7474-0210-8

Lawrence Anthony, Graham Spence

Das letzte Nashorn

Was ich von einer aussterbenden Tierart über das Leben lernte

Lawrence Anthonys unermüdlicher Kampf für das Überleben der bedrohten Tiere

Als der Umweltschützer Lawrence Anthony erfährt, dass die Nördlichen Weißen Nashörner vom Aussterben bedroht sind, weiß er, dass er handeln muss. Doch die starke Nachfrage nach Nashornhörnern gefährdet nicht nur das Leben dieser seltenen Tiere, sondern auch das der Ranger, die sie beschützen.
Unerschrocken stellt sich Anthony der berüchtigten Rebellengruppe, die es auf die Hörner abgesehen hat, und der unbeweglichen Regierungsbürokratie, die seinen Kampf um die Rettung der aussterbenden Tierart zusätzlich erschwert.
Ein mutiger Kreuzzug, der sich wie ein Safari-Abenteuer, eine Geschichtsstunde und eine Warnung an die Menschheit liest.

mvgverlag